新 種苗読本

第2版

一般社団法人
日本種苗協会 編

農文協

はじめに

　種苗はあらゆる作物生産の基盤となる最も重要な生産材であり、一粒の小さな種子には、遺伝的改良の成果としてのDNA配列はもとより、健全で斉一な発芽や高い生産性を保証する高度な種苗生産・管理技術等、高い付加価値を有する幅広い科学技術成果が集積されている。このような種苗を社会に安定供給する種苗産業は、IT産業等と並んで、まさに現代における知識集約型産業の典型ということもできる。

　1977（昭和52）年に日本種苗協会により編集・発行された『種苗読本』は、新たに設けられた種苗管理士制度のための受講テキストとして、種苗に関する基本的な知識を取りまとめたものであり、その後25年余にわたり協会員必須の資料として活用されてきた。2002（平成14）年には、種苗や種苗業界に関わる技術や社会環境等の変化、また新たにシードアドバイザーカードが導入されたことを受け、『種苗読本』の全面改訂が行われた。

　その後15年余を経過する中、AIやIoTの利用、植物工場生産の進展、育種や検査業務へのDNAマーカー技術の導入、新たな育苗システムの開発と育苗・生産分業化の拡大、種苗の生産流通の国際化と国際企業による種苗産業の再編等、野菜や花き等の園芸作物を主な対象とするわが国の種苗産業を取りまく状況には大きな変化がみられている。これに伴い、生産材としての種苗の品質、また種苗の開発・生産・流通等に携わる関係者が身に付けるべき知識にも、これまで以上に広範かつ高い水準が求められている。

　このような認識の下、日本種苗協会では2018（平成30）年3月に「新・種苗読本」を刊行した。編集方針では、「種苗読本」の基本的な考え方を踏襲しつつ、新しい時代のニーズに対応して内容構成を全面的に見直し、既刊書のある分野については重複を避け、種苗に関する具体的な事項を分かり易く取り纏めた専門書を目指した。本書は多くの方々に利用いただいてきたが、刊行後6年を経過し、種苗法、植物防疫法、農薬取締法等関係法規の改正、ゲノム編集等の育種関連技術の進展等、種苗産業を取り巻く状況には大きな変化がみられている。このため本協会では、時代の変化を踏まえたアップデートが必要と判断し、2024（令和6）年8月に改定作業に着手した。なお、今回の改訂作業においても、協会員企業において品種育成から種苗の生産・管理・流通に携わる第一線の専門家に執筆をお願いしている。

　『新・種苗読本』は、これから種苗関係業務に携わる方に必要な知識を体系的かつ効率的に習得するためのテキストとして、また種苗関連業務に携われる方が日常的に手元において参照する資料集として活用されることを想定している。また、本書はこれまでわが国では類書が少ない種苗関係分野の知見を体系的にとりまとめた専門書であり、幅広い読者、とりわけ種苗に関わる技術や社会制度等に関心のある学生や一般社会人に広く利用され、種苗や種苗産業に対する理解深化の一助となることも期待している。

2025（令和7）年3月

一般社団法人日本種苗協会　新・種苗読本編集委員会

編集委員長　望月龍也

新・種苗読本

目次

はじめに ……………………………………………………… *1*

第1章　種苗の意義と重要性

Ⅰ．種子と種苗
1. 種子、「たね」、種苗 ————— *8*
2. 種苗の重要性 ————————— *9*
3. 高品質種子とは ———————— *10*
4. 高品質種子の重要性の高まり ——— *10*

Ⅱ．種苗業界と育種技術の変遷
1. 種苗業界の成り立ち ————— *11*
2. 育種技術の変遷 ——————— *13*

第2章　種子

Ⅰ．種子の構造と発芽
1. 種子の形成 ————————— *18*
2. 種子の構造 ————————— *18*
3. 発芽の生理 ————————— *20*
4. 種子の休眠 ————————— *22*
5. 発芽不良 —————————— *23*

Ⅱ．種子の生産
1. 種子の種類 ————————— *25*
2. 固定種の生産 ———————— *26*
3. F_1 種（交配種）の生産 ———— *27*
4. 花芽分化の条件 ——————— *29*
5. 採種地の選定 ———————— *30*
6. 無病種子の採種 ——————— *31*

Ⅲ．種子の精選と選別
1. 風力選別 —————————— *32*
2. 比重選別 —————————— *32*
3. 形状選別 —————————— *33*
4. 色彩選別 —————————— *33*
5. 磁力選別 —————————— *33*

Ⅳ．種子の乾燥
1. 通風乾燥 —————————— *34*
2. 天日乾燥 —————————— *34*
3. 加熱乾燥 —————————— *34*
4. 除湿乾燥 —————————— *35*

Ⅴ．種子の検査
1. サンプリング（ISTA 規定要約）—— *36*
2. 純潔検査（ISTA 規定要約）——— *37*
3. 発芽検査（ISTA 規定要約）——— *38*
4. 成苗検査 —————————— *39*
5. 含水量測定（ISTA 規定要約）—— *39*
6. 純度検査 —————————— *40*
7. 病害検査 —————————— *40*

Ⅵ．種子の寿命と貯蔵
1. 種子の寿命 ……………………… 41
2. 種子貯蔵の基本 ………………… 42
3. 貯蔵環境が種子寿命に及ぼす影響 ‥ 43
4. 相対湿度と種子含水率 ………… 44
5. 貯蔵庫での種子の管理 ………… 44

Ⅶ．種子の包装と保管
1. 防湿包装と種子の発芽 ………… 45
2. 乾燥度と発芽率 ………………… 45
3. 店頭での種子の保管 …………… 46

Ⅷ．種子の消毒
1. 種子伝染病及び土壌病害 ……… 47
2. 野菜・花きの種子伝染病と種子処理法 ‥ 49

Ⅸ．種子の加工
1. シードテープ …………………… 52
2. ペレット種子 …………………… 52
3. エンクラフト種子 ……………… 53
4. フィルムコート種子 …………… 53
5. 剥皮種子 ………………………… 53
6. プライミング種子 ……………… 54
7. 硬実種子の傷つけ処理 ………… 54

Ⅹ．種子の検疫
1. 種子の輸入 ……………………… 55
2. 種子の輸出 ……………………… 56

第3章　苗

Ⅰ．苗の基礎知識
1. 苗の需要について ……………… 58
2. 良い苗とは ……………………… 59
3. 苗形態の多様化 ………………… 59

Ⅱ．苗の種類と生産方法
1. セル成型苗 ……………………… 61
2. ポット苗 ………………………… 63
3. 接木苗 …………………………… 64
4. ネギ・タマネギ苗 ……………… 67
5. 栄養繁殖系苗 …………………… 68
6. 組織培養苗 ……………………… 69

Ⅲ．育苗技術
1. 育苗に影響する基礎要因 ……… 70
2. 育苗作業の機械化と効率化 …… 72
3. 育苗環境のコントロール ……… 73
4. 苗の貯蔵と出荷調整 …………… 74

Ⅳ．苗の取り扱い上の注意点
1. 流通上の注意点 ………………… 75
2. 出荷時の表示について ………… 76
3. 販売上の注意点 ………………… 77

第4章　球根類

Ⅰ．球根植物の特徴
1. 球根植物 ……………………… 82
2. 球根の形態 …………………… 82

Ⅱ．生育周期と花芽分化
1. 生育周期 ……………………… 83
2. 花芽分化 ……………………… 83

Ⅲ．球根の栽培
1. 球根の選び方 ………………… 84
2. 植え付け時期 ………………… 84
3. 植え付け方と栽培方法 ……… 85
   チューリップ／スイセン／ユリ／ヒヤシンス／
   クロッカス／アネモネ／ラナンキュラス／アイ
   リス／ムスカリ／フリージア／グラジオラス／
   ダリア／アマリリス／カラー／カンナ

Ⅳ．球根類の病害虫 …………… 89

Ⅴ．球根のふやし方 …………… 90

Ⅵ．球根の掘り上げと貯蔵
1. 掘り上げ ……………………… 91
2. 貯蔵 …………………………… 91

Ⅶ．店頭での管理
1. 春植え球根（販売時期：2〜5月）…… 92
2. 秋植え球根（販売時期：8〜12月）…… 92
3. 夏植え球根（秋咲き球根）
   （販売時期：7〜9月）…… 92

第5章　野菜類

野菜類　種子の形と大きさ ……………… 94
カブ ……………………………………… 96
ダイコン ………………………………… 97
ゴボウ …………………………………… 98
ショウガ ………………………………… 99
ニンジン ………………………………… 100
コンニャク ……………………………… 101
サトイモ ………………………………… 102
ジャガイモ ……………………………… 103
サツマイモ ……………………………… 104
ナガイモ ………………………………… 105
ホウレンソウ …………………………… 106
カリフラワー …………………………… 107
キャベツ ………………………………… 108
コマツナ ………………………………… 109
チンゲンサイ …………………………… 110
ハクサイ ………………………………… 111
ブロッコリー …………………………… 112
ミズナ …………………………………… 113
シュンギク ……………………………… 114
レタス …………………………………… 115
セルリー ………………………………… 116
アスパラガス …………………………… 117
タマネギ ………………………………… 118
ネギ ……………………………………… 119
ニラ ……………………………………… 120
ニンニク ………………………………… 121
オクラ …………………………………… 122
スイートコーン ………………………… 123
カボチャ ………………………………… 124

第6章 花き類

キュウリ	125
スイカ	126
メロン	127
トマト	128
トウガラシ	129
ナス	130
ピーマン（パプリカ）	131
イチゴ	132
インゲン	133
エダマメ	134
エンドウ	135
ソラマメ	136
スプラウト	137

その他の野菜

1. ハーブ（類）の種類 138
2. ハーブ（類）の栽培 138
3. 日本のハーブ類 139

花き類　種子の形と大きさ	144
アサガオ	146
アスター	147
カーネーション	148
カンパニュラ	149
キク	150
キンギョソウ	151
キンセンカ	152
ケイトウ	153
コスモス	154
サルビア	155
ジニア	156
スイートピー	157
ストック	158
ダイアンサス	159
デルフィニウム	160
トルコギキョウ	161
ニチニチソウ	162
ハボタン	163
バラ	164
パンジー・ビオラ	165
ヒマワリ	166
プリムラ	167
ベゴニア	168
ペチュニア	169
マリーゴールド	170
リンドウ	171

主な花き類の特性表 172
切り花、鉢物、花苗のふるさと（原産地） 178

第7章　飼料・緑肥・緑化作物

Ⅰ. 牧草・飼料作物
1. 主要牧草・飼料作物の生態的特徴と作型 ……………… 182
2. イネ科牧草 ………………………………………………… 184
3. イネ科飼料作物 …………………………………………… 186
4. マメ科牧草 ………………………………………………… 189

Ⅱ. 緑肥作物
1. 緑肥とは …………………………………………………… 190
2. 緑肥の主な効果 …………………………………………… 190
3. 主な効果と適する緑肥作物 ……………………………… 192

Ⅲ. 緑化作物 ………………………………………………… 198

Ⅳ. 主要な飼料・緑肥・緑化作物草種一覧表 ………… 202

巻末関係資料

Ⅰ. 種苗関連組織・法令・制度等
1. 種苗関連国際組織 ………………………………………… 204
2. 種苗関連国際条約 ………………………………………… 206
3. 種苗関連国内法 …………………………………………… 208
4. 種苗関連制度・組織等 …………………………………… 211

Ⅱ. 種苗関連技術事項 ……………………………………… 214

Ⅲ. 園芸関係年表 …………………………………………… 226

Ⅳ. 発芽試験基準概要表 …………………………………… 228

索引 ……………………………………………………………… 237
編集委員・執筆者一覧 ………………………………………… 241

コラム
コラム1　APSA 幕張大会（2001 年）……………………… 79
コラム2　改正種苗法による農業者の自家増殖の制限 …… 142
コラム3　APSA 神戸大会（2013 年）……………………… 180

— 6 —

第1章

種苗の意義と重要性

Ⅰ．種子と種苗

1．種子、「たね」、種苗

　植物学的には種子とは胚珠の発育したものであり、大部分の種子植物では胚珠は受精後、成熟して種子になるが、単為生殖により胚珠がそのまま発育して種子になる場合もある。農業上で繁殖あるいは生産の元となる種苗は「たね」または「たねもの」と総称されるが、これには植物学上の種子だけでなく、栄養体の一部など広範囲のものが利用されている。

　植物学上の種子をそのまま「たね」として利用している植物種にはウリ科、ナス科、アオイ科、マメ科、ヒガンバナ科、アブラナ科、マツカゼソウ科などがあり、野菜類の種子の多くはこれに含まれる。種子を含む果実全体を利用する植物種もあるが、これは乾燥した果肉が種子に付着した成熟果実全体を利用しており、セリ科、キク科、シソ科野菜の「たね」はこれにあたる。また、種子が果実やそれ以外の部分と一体となっている植物種もあり、ヒユ科やタデ科野菜の「たね」はこれにあたる（表1）。

表1　繁殖に種子を用いる野菜類（松村、1963、一部改変）

種子を用いるもの

ウリ科	キュウリ、シロウリ、マクワウリ、メロン、カボチャ、スイカ、ズッキーニ
ナス科	ナス、トマト、トウガラシ、ピーマン
アオイ科	オクラ
マメ科	エンドウ、ソラマメ、インゲンマメ、ササゲ、エダマメ
ヒガンバナ科	タマネギ、ネギ、リーキ、ニラ（株分けも行われる）
キジカクシ科	アスパラガス
アブラナ科	ダイコン、カブ、ハクサイ、ツケナ、カラシナ、キャベツ、メキャベツ、コールラビー、カリフラワー、ブロッコリー、ワサビ（通常は栄養繁殖）
マツカゼソウ科	サンショウ

果実を用いるもの（子房が発達したもの）

セリ科	ニンジン、セルリー、パセリ、ミツバ
キク科	ゴボウ、レタス、シュンギク
シソ科	シソ

仮果を用いるもの（果実以外の部分、花被なども含むもの）

ヒユ科	ホウレンソウ、フダンソウ、ビート
タデ科	タデ

　種子繁殖ではなく栄養繁殖が一般的な作物も多く、それらでは地上茎、匐枝、珠芽、塊茎、球茎、鱗茎、地下茎などが利用され、または株分け法により繁殖される種類もあるが、これらも全ていわゆる「たね」であり、種苗あるいは苗として利用される（表2）。なおこのような作物には、サトイモやタケノコなどのように栄養繁殖以外に繁殖方法がないものもあるが、種子繁殖は可能であるが種子からでは苗養成に長期間を要する、あるいは品種としての斉一性が保てないなどの理由から栄養繁殖が利用されているものも多い。

　花き類の無性繁殖は、挿し木と株分けによる種類が多いが、鱗茎を用いる種類も比較的多い。鱗茎を用いる種類は大きく3種類に分けられ、挿し木による種類は挿す部位により枝、芽、葉、根に分けることができる（表3）。

— 8 —

1章　種苗の意義と重要性

表2　繁殖に栄養体を利用する野菜類（松村、1963、一部改変）

1. 地上茎	セリ、カンショ（種いもを伏せ込み採苗）、ウド（軟化茎を挿す）、サンショウ（接ぎ木、通常は種子繁殖）
2. 匐枝（ランナー）	イチゴ
3. 珠芽	オニユリ、ヤマイモ（むかご）
4. 株分け	ワサビ、ウド、ニラ（種子繁殖も行なう）、ミツバ（通常は種子繁殖）、アスパラガス（前同）
5. 塊茎	バレイショ、サトイモ
6. 球茎	クワイ
7. 鱗茎	ユリ、ワケギ、ラッキョウ、ニンニク
8. 地下茎	フキ、ハス、ショウガ、ミョウガ、タケノコ
9. 塊根	カンショ、ヤマイモ

表3　無性繁殖する花き類

1. 株分け	ガーベラ、フィソステジア、カンパニュラ、ヘレニウム、ガイラルディア、バーベナ、リアトリス、コヒマワリ、シャクヤク、シャスター・デージー、ミヤコワスレ、宿根フロックス、シオン、ダンギク、トラノオ、ホトトギス、シュウメイギク、宿根プリムラ、アルメリア、ハナショウブ、ドイツアヤメ、イチハツ、カキツバタ、キキョウ、トリトマなど
2. 球茎	グラジオラス、フリージア、クロッカス、モントブレチア、バビアナ、アキダンテラなど
3. 鱗茎	①鱗茎葉の基部の新しい生長点が新球を形成 　……チューリップ、タマスダレ、シラーなど ②分球した球根の新鱗片葉周辺の不定芽から子球を形成（多年性鱗茎） 　……アマリリス、ヒヤシンス、ムスカリ ③球根中心部の生長点が分裂して子球を形成 　……スイセン類
4. 塊茎	カンナ、シクラメン、カラー、ジャーマン・アイリスなど
5. 塊根	ダリア、テンモンドウ、ラナンキュラス、アルストロメリアなど
6. 匐枝（ランナー）	オリヅルラン、エビスシア、タマシダ、フィットニアなど
7. 挿し木	①枝挿し…フヨウ、サルビア、ゼラニウムなど ②頂芽挿し…アゲラタム、カーネーション、キク、球根ベゴニア、キンギョソウ、キンレンカ、クレマチス、グロキシニア、コスモス、コリウス、シャスター・デージー、ゼラニウム、ナデシコ、ニオイスミレ、ニオイツツジ、トラディスカンティア、フクシア、ベゴニア、ペチュニア、ペンステモン、ポインセチア、ホトトギス、マーガレット、マツバギク、マリーゴールドなど ③葉挿し…イワハビ、グロキシニア、サンスベリア、セントポーリア、ベゴニア・レックス、ペペロミアなど ④根挿し…オニゲシ、シャクヤク、ストケシア、ニホンサクラソウ、ブーバルジアなど

2.　種苗の重要性

　種苗がなければ作物生産は成立しない。第二次世界大戦中や戦後には、わが国でも野菜や花の種子が不足して不十分な品質の種子の利用を余儀なくされた時期があり、現在でも海外では被災直後などに種子不足が発生することも少なくない。一方現在のわが国において種子の重要性や改善策が議論される場合には、量よりも品質がより重要とされる。なお、一般に「種子の品質」という際には、「品種特性をも含めた品質」と広く捉えられる場合もあり、「種子を制する者は世界を制する」における「種子」には「品種」の意味合いが強い。

　種苗は農業生産上極めて重要な生産財であることから、国はその適正な生産流通を図るため、1947（昭和22）年に農産種苗法、1978（昭和53）年に種苗法を制定し、さらに1998（平成10）年

に種苗法は権利法として全面改正された。これらの法律により種苗検査が実施され、これと並行して採種技術が進歩し、また多くの野菜類等でF₁品種化が進んだ結果、流通種子の品質は大きく向上し、農家の種子に対する信頼も時代とともに高まってきた。近年、野菜や花きなどの種苗については、国際的な流通が急速に拡大する一方で、栽培の周年化や大型化に伴い、セル成型苗などの新しい育苗技術が導入されるなど、種苗に対するニーズは多様化、高度化しており、種苗の品質に対する要求水準はさらに高まっている。

3. 高品質種子とは

「高品質種子」とは「均一で健康な種子」と言い換えることができる。

種苗法では「各個体が十分に類似していること」が品種登録の要件の一つとされており、「品種」にはその種子に「均一性」が求められる。雑草や他作物の種子混入のないことは言うまでもなく、野菜や花きで主流となっているF₁品種（一代雑種品種）では親品種の自殖種子が混入していないことが重要であり、そのためには両親品種・系統間での十分な受粉のために開花期の一致を図るなど、採種栽培中の周到な管理技術が必要となる。

種子が健康であるための条件としては、活力（ビガー）の強いこと、そして病虫害に侵されていないことが重要である。種子活力の程度は、最も劣る発芽しない種子から、子葉や初期葉欠損種子、発芽の遅い種子、生育途中で挫折する種子などと様々である。ISTA（国際種検査協会）の発芽試験規定による標準発芽試験では、作物の種子発芽に最適な温度や水分条件下で実施されるため、実際の圃場や育苗条件における苗立ち率と結果が異なることも多い。この苗立ち率と標準発芽試験の差が種子活力の程度を示すものとも考えられるが、実際の圃場や育苗条件は多様であり、標準的な評価基準を定めることは容易でない。種子活力の向上技術としては、採種栽培、特に種子登熟期間中の管理技術、収穫後の精選技術、種子加工技術、貯蔵輸送技術等が重要となる。

4. 高品質種子の重要性の高まり

花き分野では以前より企業意識の高い生産者が数多く存在してきたが、近年では野菜分野においても生産販売を専業とする企業意識の高い大規模農家が増加傾向にある。これらの経営では労働力不足が大きな課題となっており、近年開発されたセル成型苗などの新たな苗生産技術が、野菜と花きに共通して生産管理の省力化に大きく貢献してきたが、このような場面において高品質種子の果たしてきた役割は極めて大きい。

セル成型苗を中心とする省力・大規模育苗技術の確立を受けて、各地に苗生産施設や育苗センターが設置され、野菜や花き生産農家では購入苗による省力化や効率化が進められ、これが規模拡大と分業化を可能としてきた。現在では、野菜類の苗生産は果菜類からキャベツ、レタス、ハクサイなどの葉菜類、さらにネギ、タマネギなどにまで拡大・普及している。

セル成型苗などでは、培土や育苗管理技術の改良が進んだ結果、現在では均一性と活力の優れる高品質種子であれば、播種した種子のほぼ全てを苗に育成することができるため、1セルに1粒あるいはごく少数の種子しか播種する必要がない。これに対して、ダイコンやニンジンなどの直根性野菜では、育苗による移植栽培は困難であるが、シードテープやペレット種子による機械播種技術が飛躍的に向上している。これまでの手播きと比べて粒数や間隔を正確に播種でき、間引き労力を省略できることから、必要株数だけを播種するようになってきているが、ここでもこれまで以上に高品質種子が求められている。

高品質種子は、これから期待される管理作業や収穫作業における省力・機械化の進展においても、生産の効率化や安定化を支える基盤となることは言うまでもない。

Ⅱ. 種苗業界と育種技術の変遷

1. 種苗業界の成り立ち

　わが国において、いつ頃種苗業という業態が確立したかははっきりしない。しかし、江戸期の1835（天保6）年に創業し、現在まで続く歴史と伝統を有する種苗会社もあることから、遅くとも江戸期には現在の種苗販売の業態が存在していたという。

　各地方の特産野菜は、自家採種されたものが人手により伝播され、長い年月をかけて各地の気候風土に順化し、選抜・淘汰されて育成されてきた。特に、栽培の上手な篤農家と言われるような、技術的に優れ、人望もあり指導的立場にあった人々が、望まれて自家採種した種を分譲していたことは、「京野菜・京たね」という言葉からも推察できる。

　京都では、東寺、古御旅、出町、閻魔堂、三条粟田口などの街道筋や門前に種子を商う店があった。江戸においても、明治から昭和の初期まで中仙道の巣鴨から滝野川にかけては「種子屋通り」とよばれ、最盛期には20軒もの種子問屋が軒を連ね、全国各地の農産種子を取り扱う大集散地であった。名古屋などの大きな城下町の近くには必ず近郊野菜産地が存在し、種子の流通も盛んであった。そこで扱われる種子は篤農家が副業的に自家採種したもので、当然のことながら青果の販売においてもよりよいものが高く売れ、その種子の価値が認められる中から種子生産を本業とする者も現れた。一方、そのような種子を農家の求めに応じて本格的に取り扱う者も現れ、種苗業という業態が形成されてきた（表4）。

　明治維新後は、政府が種苗の配布を目的として官営農場を設け、試作を踏まえて海外から種子を輸入し、一方で国内種子も一般の求めに応じて本格的に配布事業を行った（表5）。また、民間の種苗業者も、政府の開催する種苗交換会などでの情報交換を通じ、品種改良や計画的な採種に取り組むようになった。1872（明治5）年の郵便制度、1874（明治7）年の鉄道開通などにより、広範囲かつ多量に種子が流通するようになり、やがて生産卸売と小売の分業が始まった。

　1892（明治25）年から1907（明治40）年にかけて、近代的な法人組織

表4　明治初期の代表的な種苗業者

地域	場所	名前	屋号
東京	下谷稲荷町	谷本浅次郎	丸浅
		谷本清兵衛	丸藤
		松本屋銀太郎	
	滝野川（板橋街道）	越部浅五郎	丸浅
		榎本銈太郎	桝屋
		鈴木政五郎	丸政
		鈴木安左衛門	丸政
		清水由右衛門	
	本所	市川藤八	四ッ目屋
大阪	天王寺	赤松久兵衛	
	堺大寺	吉田利右衛門	種利
	大融寺	金沢茂七	八百茂
	長柄	西尾久次郎	
京都	三条粟田口	岡村作右衛門	大文字屋
	千本三条	前田庄次郎	玉庄
	東洞院七条	武田源兵衛	
	伏見一本松	種村伊兵衛	
	伏見街道筋	西村鹿之助	
		多田　某	十字屋
	古御旅町	大島徳兵衛	丸ト
		高岸吉蔵	種吉
		大八木権兵衛	枡権
		瀧井弥右衛門	丸タ
	東九条	大原乙次郎	
金沢	泉村	松下仁右衛門	小松屋
福岡		種屋長右衛門	

— 11 —

表5　明治初期における園芸種苗の輸入状況

年次	品目	取寄先	備考
明治4年	桃、苺、無花果、桜桃、苹果、グズベリ、葡萄等の苗	米国	
6年	オリーブ	澳国	
7年	こるれんと	―	外国人所有の物を購入
8年	シュガーメープル、ほっぷ、醸造用及生食用葡萄、苹果、ラズベリー、オレンジ、レモン、オリーブの苗	米国	
8年	支那産果樹苗木、紫葡萄、白長葡萄、苹果柿、白桃、白杏、沙梨、水蜜桃、花紅梨、核桃、沙菓、大鴨梨、西桃	支那	
9年	桜桃苗木（砧木）	澳国	マハレブ
9年	オレンジ、レモン、阿利襪	米国	
10年	生食用葡萄、醸造用葡萄	仏国	
11年	蔬菜種子（蕪菁9種）、人参（5種）、コールラビー（2種）、茄子（2種）、馬鈴薯（9種）	英国	サットン商会
11年	幾那、珈琲	瓜哇	小笠原に植付く
12年	葡萄（15種）、蔬菜（124種）、馬鈴薯（4種）、甘藷	米国	
12年	アスパラガス、甘藷、花椰菜、人参、塘蒿、ホースラディッシュ、チシャ、玉蜀黍、胡瓜、茄子、西瓜、オクラ、芥菜、アメリカ防風、豌豆、蕃椒、ラディッシュ、バラモンジン、菠薐草、トマト、蕪菁、馬鈴薯	英国	
13年	球根類27種寄贈あり	和蘭	
15年	醸造用葡萄（7種）	米国	
16年	マンゴスティン（13株）	米国	小笠原に植付く
19年	葡萄苗（8種）	仏国	仏人より寄贈

（明治前期勧農事蹟輯録上下）S14年版

　の種苗会社が設立されるようになり、種苗販売目録を発送して大規模に通信販売する業者も出現した。1893（明治26）年には、東京・西ヶ原に国立農事試験場が設置され、これに各地の県立農事試験場が続き、1902（明治35）年頃からは野菜の試験も行われるようになり、採種の研究や栽培試験、品種改良も活発に行われるようになった。1912（大正元）〜1919（大正8）年にかけて、それぞれの産地で採種組合が結成され、行政の協力の下で採種技術の研究が進められた。野菜の消費も増加し、1923（大正12）年には卸売市場が整備された。これらと時を同じくして、多くの近代的な種苗会社が設立されていった。

　1928（昭和3）年5月、東京において種苗業者が集まり「全国種苗大会」を開催し、種子の品質向上、取引の改善、不正業者の排除などを決議した。1941（昭和16）年6月に「大日本種子協会」が結成、1942（昭和17）年には「種苗統制要綱」が公布され、新たに「大日本種苗会」が設立された。戦時下においては、種苗の生産・販売も「蔬菜種苗等統制規則」により管理された。

　1945（昭和20）年の終戦を機に種苗の統制管理が解かれ、1947（昭和22）年3月に「社団法人日本種苗会」が設立され、1948（昭和23）年3月には「農産種苗法」が施行された。1950（昭和25）年には第1回全日本そ采原種審査会が開催され、以後現在まで継続して実施されている。この時期には、キャベツやハクサイのF₁品種が発表され、その優秀性が広く認識された。これにより、様々な野菜等でF₁品種の開発が活発化し、多品目にわたるF₁品種が開発・普及され、わが国は野菜・花き種苗開発の先進国と認められるようになった。

　1952（昭和27）年7月には「全国種苗業連合会」が創立され、1973（昭和48）年12月にはこれが発展的に解消して「社団法人日本種苗協会」となった。その後1977（昭和52）年に、種子に対す

る知識や作物特性などをアピールできるプロの種苗業者であることを示す資格としての「種苗管理士」認定制度が日本種苗協会独自の制度として発足した。なお、日本種苗協会は、公益法人制度改革に伴い 2012（平成 24）年 4 月 1 日に一般社団法人に移行した。

2. 育種技術の変遷

　育種技術の基本は、遺伝変異の作出・拡大と選抜・固定による新品種の作出にあり、育種利用可能な遺伝変異の拡大と選抜・固定の効率化を目的として、様々な新技術が開発されてきた。歴史的には、昭和期のハイブリッド利用、昭和期後半に大きく進展した植物組織培養法、そして平成期に入ってからは分子生物学の先端的成果を踏まえ、遺伝子組み換えや DNA マーカーの利用が試みられるようになり、さらに最近ではゲノム編集などの新しい育種技術が注目されている。このように時代とともに新しい技術が開発されてきたが、これを野菜や花きの育種に活用するためには、それぞれの技術自体の特徴に加え、対象植物種とその育種目標形質に対する深い理解が必要となる。

1）ハイブリッド利用

　初期の育種技術は、異なる品種や種類を他所から導入し、その地に適する遺伝子型を選抜・固定することであったと考えられる。明治初年に欧米から導入されたキャベツは、地中海沿岸原産の野菜でありわが国の風土には必ずしも適さなかったが、このような育種操作が加えられた結果、幅広い作期に適する多様な品種が誕生したことは、わが国の育種技術の優れた成果として特筆に価する。

　ハイブリッド利用は蚕で先行し、外山亀太郎博士の先駆的な研究を受け、1911（明治 44）年に原蚕種製造所が設立され、一代雑種（ハイブリッド）蚕種の開発と普及が図られ、約 10 年後にはほぼ 100％の普及率となった。本成果は、米国におけるハイブリッドコーンの普及に先行してハイブリッド利用の有利性を実証するものである。

　野菜では、1925（大正 14）年に埼玉農試の柿崎洋一博士によりナスの一代雑種が試みられ、昭和初期にはナス科やウリ科の野菜を中心にハイブリッド種子の生産が行われるようになった。この時期に世界を席巻したオールダブルのペチュニアもハイブリッド品種であった。また、他殖性のアブラナ科野菜などでは、1930（昭和 5）年に柿崎博士により自家不和合性が強いアブラナ科野菜で蕾受粉や老花受粉により自殖種子が得られることが明らかにされた。この成果を受け、伊藤庄次郎、治田辰夫両博士により、1949（昭和 24）年にハクサイやキャベツの自家不和合性を利用したハイブリッド種子生産システムが発表され、これを契機としてわが国においてハイブリッド利用が飛躍的に拡大した。

　その一方、雌しべは健全であるが雄しべに遺伝的に問題があるために花粉ができない、したがって自殖できない雄性不稔性という現象が、米国において 1925 年にタマネギで発見され、これがハイブリッド採種に利用された。後にこの雄性不稔性は細胞質遺伝することが明らかにされ、細胞質雄性不稔性（CMS）と呼ばれるようになった。CMS の利用法は 1940 年代にわが国にも紹介され、タマネギのみならずニンジンやアブラナ科ではあるが自家不和合性が弱いダイコンのハイブリッド採種に利用されるようになった。因みに、中国で育成されたハイブリッドライス品種にも CMS が利用されている。

　自家不和合性と雄性不稔性により園芸作物のハイブリッド利用が拡大し、世界が注目するわが国のハイブリッド品種時代が到来した。しかし、自家不和合性や雄性不稔性の育種への利用では、完全な自家不和合性あるいは雄性不稔性細胞質に、ハイブリッド品種育成のための高い組み合わせ能力と優良な特性を併せ持つ両親を育成するため、交配と選抜・固定といった育種の基本技術が不可欠であることに変わりはない。

2）組織培養法の利用

　20世紀初頭に始まった植物組織培養法は、茎頂、胚、葯などを対象とした器官培養、組織（カルス）培養、細胞（プロトプラスト）培養とその範囲を拡大し、1980年代には育種分野への利用が広く期待されるようになった。

（1）胚培養、胚珠培養

　　1930年代に、種間交配などで発育停止する交雑胚珠を摘出して培養することで植物体を獲得する胚培養法が開発され、また操作がより簡便な胚珠培養法も1970年代にはほぼ確立され、現在ではこれらは容易に利用できる技術となっている。

　　わが国では、1959年に西貞夫博士らがキャベツとハクサイの雑種野菜「はくらん」を胚培養によって作出した。それ以前にも両種間の雑種は作られていたものの偶発的で作出効率が低く、胚培養の利用による効率的な雑種植物の獲得が新野菜の誕生につながった。その後も、ミカンやユリなどの栄養繁殖性作物の種間交配に利用され、新品種が育成されている。

　　本手法は、異種植物の遺伝子、例えば病害抵抗性遺伝子を導入するための第一段階としての交雑にも広く利用されている。なお、種間交配などにおいて交雑不和合性により受精しない場合に雑種を獲得するための手法として試験管内受精技術も開発されている。

（2）葯・花粉培養

　　1960年代に、インドの研究者によりチョウセンアサガオの一種で未熟葯の培養による花粉起源の半数体植物が得られることが示された。続いてわが国の研究者により、タバコやイネでも半数体植物の得られることが報告された。半数体の染色体倍加により直ちに純系が得られることから、固定すなわち純系化に世代数を重ねる必要のある従来の育種手法に比べて大幅な育種年限の短縮が期待された。1980年代には、限られた植物種ではあるが、葯から取り出した未熟な花粉を直接培養して半数体を得る花粉培養法も開発された。現在までに、20科以上の100種を超える植物種で半数体植物が報告されている。1970年代には、わが国において、本手法を利用して短い育種年数でタバコの品種が育成された。また、中国では1970年代から1980年代に本手法により多数のイネ品種が育成され、わが国でも1980年代から1990年代に北海道をはじめいくつかの県農試でイネの実用品種が育成されている。

　　イネでは、親品種が植物体に復元しやすい遺伝的特性を有していたこと、培養法の改良が進んだことが実際的な成果に繋がったが、多くの作物では当初の期待に反し葯・花粉培養は育種現場であまり効果を挙げていない。タバコなどの一部の植物では花粉が胚様体を経て植物体を形成するのに対し、多くの植物では花粉からカルスを経て植物体を生じるため培養操作が複雑となる。また、いずれの場合も半数体の獲得効率はかなり低く、通常の交雑育種に匹敵する個体数の半数体を得るためには多大な労力や経費を要する。しかし、ハクサイとカブの交雑では、葯培養により葉色を固定して新品種を育成した成功事例もある。

（3）細胞融合

　　1960年代から1970年代にかけて、わが国の研究者により、植物細胞に普遍的に存在する細胞壁を取り除いた裸の細胞（プロトプラスト）を効率よく単離培養し、これから効率よく植物体を復元する方法が開発された。

　　プロトプラストは類縁関係に関係なく融合させることができるため、その性質を利用して遠縁植物間での雑種植物（体細胞雑種）の作出が期待され、1978年にドイツの研究者に

よって発表されたトマトとポテトの体細胞雑種「ポマト」がその嚆矢となった。しかし、その後いくつかの遠縁植物間で体細胞雑種が作出されたものの、「ポマト」をはじめとしていずれも全く稔性がないため育種に利用できなかった。一方、近縁種間などでは稔性のある体細胞雑種が多数作出され、例えばキャベツとハクサイの体細胞雑種は、得られた雑種個体への反復戻し交配により他種遺伝子を取り込むことに利用されている。

また、プロトプラストの融合に先立ち、X線照射により片方の細胞核を破壊してから細胞融合を行なう非対象融合技術も開発されている。融合細胞の細胞質は細胞分裂を繰り返す間にいずれかの細胞質に収束することが明らかにされており、目的とする植物種の核に異種の細胞質を組み合わせる細胞質置換あるいは核置換が可能である。この方法により、優良な母本の細胞質を雄性不稔性細胞質に効率よく置換することができる。

3）分子生物学的手法の利用

（1）遺伝子組換え

1970年代から1980年代の前半にかけて、土壌細菌のアグロバクテリウム・ツメファシエンスが植物に感染して根頭癌腫（クラウンゴール）を形成する機構が解明された。本菌が保有する特殊なプラスミド（Tiプラスミド）の働きにより植物細胞核に送り込まれたDNA（t-DNA）に座乗する遺伝子によりゴールが形成される。これを利用すれば植物細胞核に外部からDNAを導入することができるため、これを契機として植物の遺伝子組換えが現実化した。従来の育種技術では交配植物種の全遺伝子を組み合わせ、その後代の分離世代から求める遺伝子型を選抜するのに対し、遺伝子組換えでは類縁関係とは関係なくどのような特定遺伝子（DNA）も組み込む対象とすることができる。

これまでにTiプラスミドを加工した様々なDNAベクターが構築されており、これに目的とする特定DNAを組み込み、アグロバクテリウムに戻して植物細胞あるいは細胞塊に感染させることにより目的のDNAを細胞核に導入することができる。本方法以外にも、特定DNAを付着させた金属微粒子をパーティクルガンで細胞に打ち込む方法などが開発されている。

遺伝子組換え処理後には、特定DNAが導入された細胞あるいは細胞塊のみを選抜し、これから植物体を復元させる必要がある。一般的には抗生物質抵抗性（カナマイシン抵抗性等）遺伝子（DNA）を特定DNAと同時に導入し、その抗生物質を加えた培地上で生き残った細胞や細胞塊を選抜する手法が利用されてきた。しかし、抗生物質抵抗性遺伝子は目的とする遺伝子組換え植物には不必要であるばかりか利用上の障害となることもあり、再生植物体に選抜のための遺伝子が残らないベクターも工夫されている。

多数遺伝子が関与する複雑な形質への適用、導入植物における遺伝子発現を制御するためのプロモーター開発、ゲノムDNA上での導入位置制御など、遺伝子組換え技術の効果的な利用のためには残された課題も多いが、現在では比較的単純な形質については遺伝子組換え植物が実用化されている。アメリカやカナダなどでは、害虫抵抗性トウモロコシやバレイショ、除草剤抵抗性ダイズ、トウモロコシ、ワタ、日持ちのよいトマト（アンチセンス）などの遺伝子組換え品種が市販されてきたことはよく知られているところである。

組換え植物品種を市販するためには、公的な指針に基づいて隔離温室、開放温室、隔離圃場、開放圃場と段階を踏んだ環境安全性の評価を受けなければならない。さらに食用あるいは飼料を目的とするためには、それぞれの指針に基づいた安全性の評価を受けなければならない。さらに、組換え植物やこれを利用した食品などに対する消費者の不安感、また品種に関わる知的財産権にも十分な配慮が必要である。

（2）DNAマーカーとゲノム育種

　生物における遺伝的変異の簡便な検出方法として、ゲノム上の特定DNA領域の塩基配列多型をマーカーとして利用する技術が開発され、育種への利用が進められている。マーカーとしては、制限酵素によりゲノムDNAを消化した際に得られるゲノム上の特定DNA領域に対応した断片長の多型（RFLP：制限酵素断片長多型）、ゲノムDNAを鋳型として塩基数の少ない（5〜20）合成プライマーを増幅した際に得られるDNA多型（RAPD：無作為増幅多型DNA、AFLP：増幅断片長多型）、さらに特定DNA領域における一塩基単位の多型（SNP：一塩基多型）などを利用する手法が開発されている。これらの手法は、ごく少量のDNAで正確な検査が可能であるため、種子の遺伝的な純度の検定、病害抵抗性等の特定遺伝子と連鎖するマーカーを利用した早期検定などに大きな威力を発揮している。

　ところで、実用形質などの多数の微動遺伝子に支配される特性を対象とする育種では、植物種の全ゲノムを対象としたDNA解析が必要となるため、これに要する労力や試薬などのコスト面からこれまでは部分的な解析に留まってきた。しかし、医療分野などの強いニーズからDNA解析のための手法や機器類などの開発が急速に進んだ結果、地球生物として共通したDNAを有する植物においても、シロイヌナズナのような比較的ゲノムサイズが小さい実験植物だけでなく、最近ではトマトやイネなどの主要な作物でも全ゲノムの解読が進展している。ゲノム全体に詳細に配置されたDNAマーカーを利用して、複雑な形質などに関する効率的な選抜を可能とするゲノム育種による新品種育成が現実のものとなりつつある。

（3）ゲノム編集技術

　現在様々な植物等で利用が広がっているゲノム編集技術は、生物が普遍的に有する2つの重要な機構、すなわち自らの設計図であるDNAを正確に複製・維持する機構、及びDNAが切断された場合に正しく修復する機構を利用し、人為的に新たな変異を導入する技術であり、標的変異と標的組換えに大別される。

　標的変異は、形質転換等により導入した人工ヌクレアーゼが、ゲノムDNA中の標的配列においてDNA二本鎖を切断することを利用して、標的となる配列部位に欠失、重複、挿入等の変異を導入する技術である。切断されたDNAは多くの場合に正確に元と同じ配列に復元されるが、切断と修復を繰り返すなかで異なる配列に修復されることがあり、結果として変異が導入される。DNA配列中の特定領域にのみ変異を導入するためには、当該配列を特異的に認識してDNAを切断する人工ヌクレアーゼが必要である。最も利用が進んでいるCRISPR/Cas9は、DNA二本鎖切断活性が高いCas9タンパク質とDNA配列中の標的部位を特異的に認識するガイドRNA（gRNA）の複合体である。自然突然変異や人為突然変異も同様の機構により生じるが、標的変異により特定のDNA配列への変異導入頻度を人為的に大幅に高めることができる。標的変異は細胞外で加工した外来DNAを移入することなく、人工ヌクレアーゼによるDNA切断後の自然修復過程に生じる変異を利用する技術であり、これにより新たな変異を導入された植物は「カルタヘナ法」に定める遺伝子組換え生物には当たらない。

　育種の基本はあくまでも遺伝変異の拡大と選抜・固定にあるが、現在では変異拡大、選抜・固定の各段階で、従来からの技術に加えて多種多様な新技術が開発されており、その利用可能性も急速に広がっている。対象植物と育種目標形質、そして新旧の育種技術の特徴をよく理解し、これらを縦横に使い分けることにより、効率的な品種育成に向けた戦略的な取り組みが求められている。

第2章

種　子

Ⅰ. 種子の構造と発芽

　種子の発芽は栽培の起点であり、その後の生育を大きく左右する。そのため、種子を取り扱う者にとって、植物の種類によって異なる種子の基本的な構造の違いや、発芽の生理を理解することは極めて重要である。

1. 種子の形成

　被子植物の花には、種子を作る雌性の器官としてめしべがあるが、このめしべは花粉を受ける柱頭と、将来種子となる胚珠の入った子房と、この両者をつなぐ花柱という3つの部分から成り立っている。種子は、めしべ（雌蕊）の子房内にある胚珠という器官が成熟したものである。花が咲いてめしべの柱頭に花粉がつくと、2つの精細胞が花粉管を通って子房内にある胚珠に到達する。胚珠に到達した2つの精細胞のうち、1つは卵細胞と受精して胚へと発達し、もう1つは、中央細胞と融合して胚乳へと発達する。

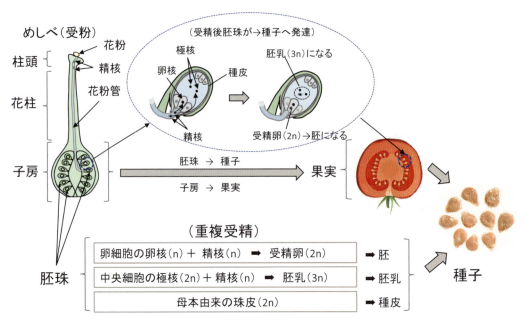

図1. 種子の形成（受粉→重複受精→胚珠が発達→種子）

2. 種子の構造

（1）種子の基本構造

　種子は、主に胚・胚乳・種皮の3つの部分で構成される。
【胚】卵細胞と精細胞が合体した受精卵が発達してできる部分で、子葉、胚軸、幼芽、幼根の4つの部分を分化する種子の最も重要な部分である。

【胚乳】種子の発芽時（胚の発育）に必要な炭水化物、脂肪、タンパク質などの栄養分を蓄えた組織である。この胚乳に栄養分を蓄えた種子を有胚乳種子と呼ぶ。また植物によっては、種子の成熟過程で、胚乳となる細胞が退化し、子葉に栄養分を蓄えるものがある。これら胚乳を欠く種子を無胚乳種子と呼ぶ。

【種皮】胚珠の外側にある内外2枚の珠皮が発達したもので、内種皮と外種皮の2つから成り立っている。外種皮は硬く、内種皮は柔らかい組織でできている。胚と胚乳を乾燥や病害虫などの外的ストレスから保護する役割を果たしている。

【臍（へそ）】種子が、珠柄または胎座に直接付着していた部分。種子が発育するとき胎座からの養分供給は、珠柄の管束を通して行われる。これが離脱した痕が臍である

【発芽孔】胚珠の珠孔がそのまま残った部分。種子には発芽孔が明瞭なものと、そうでないものとがある。インゲン種子では明瞭で、種子の水分吸収の経路となっている。

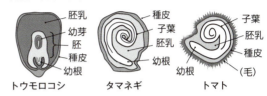
（有胚乳種子）
トウモロコシ／タマネギ／トマト

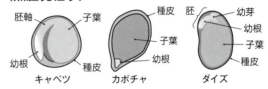
（無胚乳種子）
キャベツ／カボチャ／ダイズ

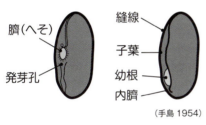
図2. インゲン種子の構造 （手島 1954）

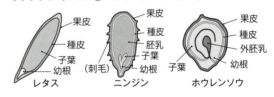
（果実を「たね」としているもの）
レタス／ニンジン／ホウレンソウ

図3. 各種子の内部構造

表1. 有胚乳種子と無胚乳種子

有胚乳種子		無胚乳種子	
イネ科	トウモロコシ、イネ、オオムギ	キク科	レタス、ゴボウ
ヒガンバナ科	タマネギ、ネギ	アブラナ科	キャベツ、ハクサイ、ダイコン
ナス科	トマト、ナス、トウガラシ	ウリ科	キュウリ、スイカ、カボチャ
セリ科	セルリー、ニンジン、ミツバ	マメ科	ダイズ、エンドウ、ラッカセイ

（2）農業生産に用いられる「たね」の構造的違い

植物学上の種子をそのまま「たね」としているものはウリ科、ナス科、アオイ科、マメ科、ヒガンバナ科、アブラナ科などがあり、野菜種の大部分はこれに含まれる。

一方、種子を含んだ果実を「たね」として用いるものもある。これは果実が成熟すると果肉が乾燥して種子にはりつき、果皮や果肉がそのまま種子に付着しているもので、セリ科、キク科、シソ科などの「たね」がこれに相当する。

また種子と果実とそれ以外の部分が一緒になったものを「たね」として用いるものもある。これは、果実を用いるものと同一と考えてよく、ヒユ科、タデ科の「たね」がこれにあたる。

表2 繁殖に用いられる「たね」の構造的違い

●胚珠の発達したもの	
ウリ科	キュウリ、メロン、カボチャ、スイカ
ナス科	ナス、トマト、トウガラシ、ピーマン
アオイ科	オクラ
マメ科	エンドウ、ソラマメ、インゲン、ダイズ、ラッカセイ
ヒガンバナ科	タマネギ、ネギ、リーキ、ニラ
アブラナ科	ダイコン、カブ、ハクサイ、ツケナ、キャベツ、ブロッコリー
●種子と子房の発達した果実を含むもの	
セリ科	ニンジン、セルリー、パセリ、ミツバ
キク科	レタス、ゴボウ、シュンギク、ヒマワリ
シソ科	シソ、サルビア
●種子と果実及びその外部組織を含むもの	
イネ科	エンバク、オオムギ、イネ
ヒユ科	ホウレンソウ、フダンソウ、ビート
タデ科	タデ、ソバ

3. 発芽の生理

(1) 発芽の生理

　発芽の定義については諸説あるが、一般には幼根あるいは幼芽が種皮を突き破って出てきたことをもって「発芽」とされる。この発芽に至るまでのプロセスでは、種子の内部で様々な生理反応が行われる。例えばコムギ種子（図4）では、種子が吸水すると胚で植物ホルモン（ジベレリン）が合成され、これによって糊粉層内にある酵素（アミラーゼ）が活性化する。次にこの酵素によって、胚乳にある貯蔵デンプンが糖に分解され、胚がこの糖を利用して生長する。このプロセスが進行して、やがて生長した胚の幼根が種皮を突き破って発芽に至る。種子は、「水分」「温度」「酸素」といった環境条件が適切に整うと発芽する。これらは主要な3条件であるが、植物によっては「光線」の有無が発芽に影響するものもある。

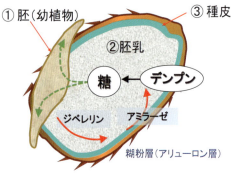

図4. 発芽時の代謝（コムギ）

【水分】

　種子は乾燥状態であれば、決して発芽することはなく、水分を得て初めて発芽する。そのため、発芽には水分が最も重要で不可欠である。発芽に必要な水分量は、植物の種類によって異なり、イネ科種子では原重量の25〜30％をマメ科種子では80〜120％を必要とする。しかしながら、発芽のための水分量は、少なくても多過ぎてもよくない。水分が多過ぎると、呼吸に必要な酸素の供給が妨げられて発芽が阻害される。

　一般的な種子の発芽過程における吸水様式は図5のように、3段階に区分される。

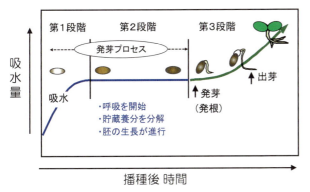

・第1段階　乾燥した種子が、急速に吸水して膨潤肥大する。
・第2段階　水分は平衡状態で、発芽にかかわる代謝が進行する。呼吸と生化学反応（酵素活性）に、酸素と適温が必要となる。
・第3段階　胚が生長した結果、幼根が種皮より突出し、再び水分吸収が起こり、外見的にわかる発芽が起こる。

図5. 種子の吸水様式と発芽プロセスの進行

【温度】
　種子が発芽する温度範囲は植物によって異なるが、大半の野菜種子は20～25℃の温度を適温としてよく発芽する。中には30℃ほどの比較的高温を好むもの（スイカ、メロン、カボチャなど）や、15～20℃ほどの比較的低温を好むもの（ホウレンソウ、レタスなど）もある。また大半の品目は、終始一定の温度（恒温）を与えるとよく発芽するが、ミツバやナスのように変温によって発芽が促進される品目もある。

表3. 主要な野菜種子の発芽適温

品目	発芽適温(℃)
ハクサイ	20-25
キャベツ	20-25
ブロッコリー	20-25
ホウレンソウ	15-20
コマツナ	20-25
セルリー	15-20
レタス	15-20
ダイコン	15-25
カブ	15-25
ニンジン	15-25
タマネギ	20

品目	発芽適温(℃)
トマト	20-25
ピーマン	25-30
ナス	20-30（変温）
キュウリ	25-30
カボチャ	25-30
スイカ	25-30
メロン	25-30
オクラ	25-30
スイートコーン	20-30
インゲン	25-30
エンドウ	15-20

【酸素】
　種子は、水分を吸収すると呼吸を始める。したがって、大半の植物は発芽するのに酸素を必要とする。発芽に必要な酸素の濃度は植物によって異なるが、一般的には10％以上の酸素濃度が必要といわれている。空気中には十分な酸素（大気中の酸素濃度＝21.4％）があるため、通常は問題になることはない。しかし、播種後の長雨や水のやり過ぎなどで過湿状態になると、種子の周りや土壌粒子の隙間に水の膜が生じて通気性が低下し、呼吸が妨げられて発芽が阻害される。

【光線】
　光線で発芽が促進されるものと、抑制されるものがある。前者を好光性種子と呼び、後者を嫌光性種子と呼ぶ。また光線の影響を受けない種子もある。
・好光性種子（レタス、ミツバ、ゴボウ、セルリー、シソ、シュンギクなど）
・嫌光性種子（ダイコン、ニラ、スイカ、カボチャなど）
　発芽に対する光線の影響は、発芽温度や休眠の有無によっても変わることが知られている。例えばゴボウ種子は、恒温では各温度で好光性を示すが、変温下では明暗による発芽率の差

はほとんど認められない。レタス種子では、休眠期間中は高温下ほど好光性が強いが、休眠の消失とともに光線の影響も少なくなる。またカボチャやスイカ種子は、各温度で嫌光性を示すが、低温ほど嫌光性を顕著に示す。

(2) 芽生えの構造

種子の発芽形態は、地中で発根した芽生えが地表に出芽する際の形態によって2つのタイプに区分される。インゲンのように子葉が地上に持ち上げられるタイプを地上子葉型発芽（図6）と呼び、エンドウのように子葉が種皮に包まれたまま地中に残るタイプを地下子葉型発芽（図7）と呼ぶ。

図6. 地上子葉型発芽：インゲン

図7. 地下子葉型発芽：エンドウ

また芽生えの特徴的な構造の違いとして、子葉の枚数によっても2つのタイプに区分される。子葉が1枚のものを単子葉植物、2枚のものを双子葉植物と呼ぶ。

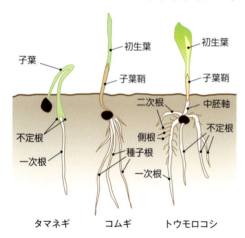

図8. 単子葉植物の芽生えの構造

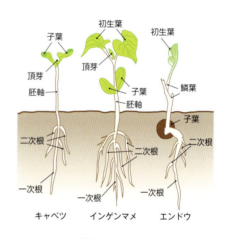

図9. 双子葉植物の芽生えの構造

4. 種子の休眠

【一次休眠と二次休眠】

種子が完熟し、発芽能力を備えているにも関わらず、好適な条件下におかれても発芽しない現象を「休眠」という。種子の成熟に伴って自然的に誘導される休眠を「一次休眠」といい、これに対して種子の発芽に不適切な条件下で誘発される休眠を「二次休眠」という。ただし、発芽に不適切な条件が取り除かれると直ちに発芽する場合は、二次休眠とはいわない。

2章　種子

　休眠は、多くの野菜種子で見られるが、特にナスやシソでは採種後に数ヶ月～1年程度の休眠を示すことが多い。草花ではパンジー、ペチュニア、サルビア、ハゲイトウなどで休眠が見られ、牧草種子では、シバ、チモシー、レンゲなどで休眠現象を有するものが多い。

　休眠しているかどうかを確認する方法として、次のような処理がある。
1）チオ尿素：0.2％溶液で発芽床を湿らす。ダイコン、ブラシカ類、レタス、ゴボウ、シュンギクなど。
2）硝酸カリウム：0.2％溶液で発芽床を湿らす。グラス類、草花種子など。
3）ジベレリン：100ppm溶液で発芽床を湿らす。ナス、シソなど。
4）予冷：種子を湿らした発芽床に置床して、5～10℃の低温に一定期間保つ。ダイコン、ブラシカ類、レタス、シソ、タデ類。
5）高温乾燥：60℃に2～3日間、通風のもとに処理する。ホウレンソウ、ラッカセイなど。

【硬実】

　種皮が硬い、または厚くて水を通さないために吸水膨潤できず、種子が発芽し得ない現象を「硬実」という。硬実は、種子の登熟過程で含水量の低下とともに生じる。エンドウ、インゲン種子では乾燥貯蔵した場合、含水量が一定以下になると、ある程度の硬実を生ずることがある。またオクラ種子も、乾燥により硬実を生ずることが知られている。
　硬実を生じている種子に対しては、種皮に傷をつけるなど、発芽をよくするための処理が行われる場合もある。硬実を生じる品目の例を表4に示した。

表4．硬実を生じる品目

アオイ科	ワタ、オクラ、ハイビスカス
フウロソウ科	ゼラニウム
カンナ科	カンナ
ヒルガオ科	アサガオ、ヒルガオ
マメ科	エンドウ、インゲン、クローバー、レンゲ等　一般マメ科作物

5. 発芽不良

　種子の発芽には、前述のように様々な要因が影響をおよぼすため、期せずして発芽不良を生じる場合がある。このような発芽不良について原因を考える場合、「種子に起因する場合」と「環境に起因する場合」の2つに大別できる。

（1）種子に起因する発芽不良

①種子の未熟や老化による場合。
②種子の休眠や硬実による場合。
③種子伝染性病害などに侵されていている場合。

（2）環境に起因する発芽不良

　温度・水分・酸素・光の諸条件、また土壌条件（pHの偏り、未熟堆肥によるガス害、立枯病菌）等の影響により、既述の発芽プロセスのどこかで不具合が生じると、発芽の遅延や低下などの症状が現れる。ただし、実際の栽培で生じる発芽不良の原因は複数の要因が影響していることが多い。以下に発芽不良の事例を挙げる。

①ホウレンソウの過湿障害

　ホウレンソウの種子は、播種後の降雨などで過湿状態になると、種子を包んでいる外皮（果皮）の通気性が悪化し、呼吸に必要な酸素を取り入れることができず、酸素不足が原因となって発芽不良を生じやすい。

②エダマメの過湿障害

　エダマメの種子は、播種直後の降雨や潅水によって発芽不良を生じやすい（図10）。原因は、含水率の低い種子が、多量の水分を吸水することによって、種子の組織がその急激な膨潤肥大に耐えられず損傷してしまうことにある。その結果、出芽率の低下や、発芽しても子葉に大きな亀裂が生じて生育が遅れたり、子葉が正常に緑化せず枯死したり、子葉を欠く芽生えが生じるなどの発芽障害が発生する。

過剰吸水による組織の損傷

子葉の損傷

図10. エダマメの過湿障害

③スイートコーンの低温障害

　スィートコーンの種子は、地温が低い春先に過度な早まきをすると、地中での腐敗もしくは発芽後に立枯れを生じることがある。温度の不足によって発芽プロセスが長期化し、種子が土壌中の腐敗菌によって侵されることによる。

④レタスの高温障害

　レタスの種子は、一般的に25℃以上の高温条件下で発芽が抑制されるため、夏季の高温期栽培では発芽不良を生じやすい。播種後の高温により、二次休眠に入る場合もある。

⑤ニンジンの高温障害

　ニンジンの種子は形態上、未成熟な胚を有しており、発芽までの日数が長い。種子は小さく、吸水力はほかの作物に比べ弱い。そのため、特に35℃を超えるような高温では、乾燥による発芽不良を起こしやすい。

Ⅱ. 種子の生産

　種苗業にとって種子の生産(採種)は事業そのものであり、その技術は最も重要な根幹となるものである。この項では種苗会社が実際に行う採種の基本理論と技術を解説する。

1. 種子の種類

　種子生産の観点では品種は固定種とF_1種(交配種)の2種類に分けられ、現在種苗会社が開発している品種の大半はF_1種である。

固定種

　長年にわたる自然淘汰や人間による選抜の結果、遺伝的に植物としての特性が固定(安定)している品種のことである。ある程度は遺伝的多様性を持つため、形状や色といった形質に多少の変異があるが、親から子、子から孫へとほぼ同様の性質が受け継がれていく。

F_1種 (First Filial Generation)

　性質の異なる2種類の親系統(原種)を交配して作り出した雑種第一代のこと。交配種、一代雑種、ハイブリッド種も同意。
　生物の遺伝的性質を改良することを「育種」と言う。植物では、異なる性質を持つ系統を交配することにより優れた新品種をつくることができる。的確な栽培検定により、多数の素材の中から目的とする形質を備えた系統を選抜し交配を重ねる。1つのF_1種を育成するには、約10年の年月を要する。F_1種の採種では、この親系統(原種)の維持管理が重要となる。

F_1種の特徴

①雑種強勢により生育が旺盛なため、不良環境下においても栽培が安定する。
②親系統(原種)に付与した優良形質を兼ね備えることができる(図12)。
　　例)「病気に強い」親×「味がよい」親=「病気に強くおいしい」F_1種。
③形質の揃いがよい。両親の形質が固定化されているので、品種特性が均一に発揮される。
④自家受精を経た後代(F_2世代)の種子では形質がバラつき不揃いになる(図11)。

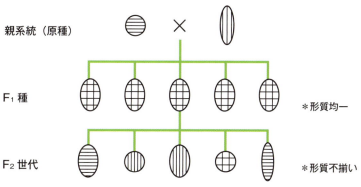

図11. F_2世代における形質の不揃い(イメージ図)

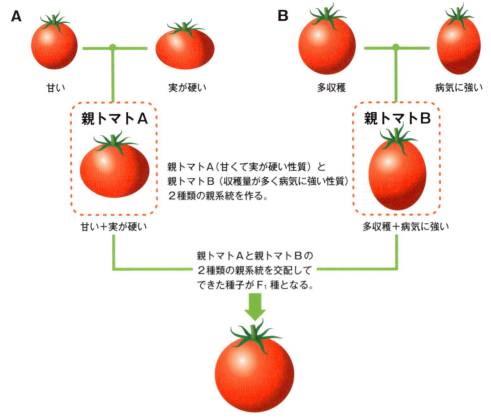

図12. F₁種の特徴

良い種子の条件

"遺伝的に均一で健全な種子"を生産すること。
①よく生える種子：高い発芽率に加え、生え揃いがよい種子が望まれる。
②遺伝的に均一な種子：両親（固定種の場合は親）の特性を受け継いだ、高い遺伝純度。
③無病種子：種子病害の無い種子→連作回避、防除薬剤散布、防虫ネットによる隔離栽培。

親系統（原種）の維持と自殖弱勢

　育種選抜で遺伝的形質が固定（安定）した親系統でも、自家受精による世代更新を繰り返すと、採種栽培に適さないほど草勢が衰える場合がある。この現象を自殖弱勢という。トマトやマメ類など、自家受粉によって種子を残す植物（自殖性植物）では強く現れないが、タマネギやトウモロコシなど、他家受粉によって種子を残す植物（他殖性植物）において現れやすい。

2. 固定種の生産

　固定種は、人間が何世代も採種生産を重ねるうちに、その特性が固定（安定）したものであり、ある程度の遺伝的多様性を持つが、形状や色といった形質が極端に異なるものは抜き取る必要がある（図13）。

固定種の代表例

葉菜：レタス、カラシナ、シソ、パセリ
根菜：ゴボウ
豆類：エダマメ、インゲン、エンドウ、ソラマメ

図13. 固定種の生産（イメージ図）

3. F₁種（交配種）の生産

①手交配 ------ 果菜類・草花など
・手作業によって除雄（おしべを取り除く）、受粉（めしべに花粉をつける）する。
・交配労力がかかるため、種子単価の高い果菜類や草花を中心に利用される手法。

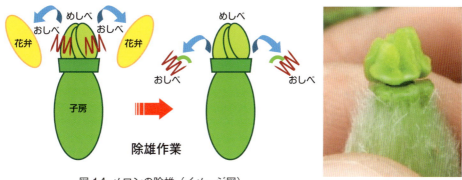

図14. メロンの除雄（イメージ図）

②ミツバチなどの訪花昆虫を利用した交配

　㋐自家不和合性 ---- アブラナ科キャベツ・ハクサイ・ダイコン・ハボタンなど

・雌しべや花粉になんら障害がないにも関わらず、柱頭に同じ個体あるいは同じ系統の花粉を受粉しても種子ができない性質。他の系統の花粉を受粉すれば種子ができる（和合性を示す）（図15）。

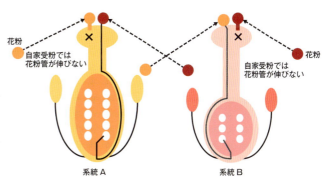

図15. 自家不和合性のモデル

図16. 交配前のキャベツの草姿（上：親系Aと下：親系B）

図17. キャベツの採種圃場

　④雄性不稔性（MS = Male Sterility）--- タマネギ、ニンジン、ネギ、ヒマワリ、シュンギク、トウガラシ、カリフラワー、ブロッコリー、ダイコン、キャベツなど
・遺伝的原因によっておしべに異常を生じ、花粉が形成されない（図18）。
・雄性不稔性を利用すると、除雄することなく F_1 採種を行うことができる（図19）。手作業による除雄に比べ採種効率がよいため、この性質を利用した採種品目が増えてきている。

図18. 雄性不稔により花粉の出ないタマネギの花（左）と花粉が出ている花（右）

図19. タマネギの採種圃場

③風を利用した交配（風媒）--- ホウレンソウ、トウモロコシ、ビート
・風媒：花粉が軽く、風により運ばれやすい特性を利用した手法。
　　ホウレンソウは株によってめしべをつけるものと、おしべ（葯）をつけるものとに分れており（雌雄異株植物）、抽苔や開花の仕方によって雌性株、栄養雄性株、純雄性株のほか、雌性間性株、雄性間性株に分類される。このうち開花するほぼ全ての花にめしべをつける雌性間性株を母親系統として利用し、父親系統の花粉を風媒受粉することで F_1 採種を行う（図20）。
　　母親系統である雌性間性株では、受粉が行われない場合にはめしべの付け根から葯・花粉が発生する雄化（性転換、セックスリバース）が起こり、この花粉利用による採種で原種系統を維持していく（図21）。

— 28 —

図20. ホウレンソウのF₁種子生産圃場
　　　母親系統（左）　父親系統（右）

図21. 雌性間性株の性転換
　　　ヒゲがめしべ、球体が葯

4. 花芽分化の条件

　採種のためには植物体が花芽分化（開花）しなければならない。それまで生長点で葉に分化生長していた部位（葉原基）が花芽に変化し抽苔開花に至る。花芽が分化する条件には、（ア）日長条件（長日と短日）、（イ）温度条件（高温と低温）、（ウ）栄養生長条件（植物体の大きさ）などがある（表5）。花芽分化の要因は植物によって決まっているが、下記に示す緑植物春化型のように温度条件と栄養生長条件が相互に影響する植物もある。

表5. 野菜類の主な花芽分化条件

花芽分化の条件			主な品目名
日長	長日		ホウレンソウ、タカナ、シュンギク、ラッキョウ、ニラ
	短日		シソ、食用ギク、サトイモ、サツマイモ
温度	低温	種子春化型	ダイコン、ハクサイ、ツケナ類、エンドウ、ソラマメ
		緑植物春化型	キャベツ、ブロッコリー、カリフラワー、セルリー、ネギ、タマネギ、ニンニク、ニンジン、パセリ、ゴボウ、イチゴ
	高温		レタス
茎葉の生長			トマト、ナス、ピーマン、キュウリ、インゲンマメ

種子春化型（シードバーナリゼーション）
　　：種子が吸水した時点から、低温の影響で花芽分化する。
緑植物春化型（グリーンプラントバーナリゼーション）
　　：植物体が一定の大きさに生育した後、低温の影響で花芽分化する。
- ホウレンソウは長日で花芽分化し、その後の温度条件で抽苔開花する。性発現は日長と温度が関与しており、高温長日で雄化し、低温短日で雌化する傾向にある。
- ダイコンは種子春化型に分類され、低温で花芽分化し、その後、温暖条件で抽苔開花する。
- レタスは、株が一定の大きさになると高温で花芽分化し、その後、温暖長日条件で抽苔開花する。
- トマトなど果菜類は花芽分化に日長や温度の影響を受けない中性植物に分類され、茎葉の生長が進行することで花芽が形成される。出蕾・開花(生殖生長)と茎葉の生長(栄養生長)が平行して進むため、トマトの採種では適切な肥培管理を行い、生殖生長と栄養生長のバランスを保つことが重要である。

5. 採種地の選定

　高品質種子の安定生産のためには、品目品種に適した採種地の選定が必要不可欠である。近年では、付加価値の高い種子は露地生産から種子品質が安定し交雑の心配が少ないハウス内生産に移行してきている（表6、7）。

表6. 採種地の条件

気候・時期		品目や品種の特性に合った気候、環境を選択する。 栽培・入荷の時期により北半球、南半球を選択する。
国内 / 海外	国内生産	細やかな採種管理が可能で少量生産に対応できる。 比較的高価格となるが植物検疫を含む海外輸送上の問題が少ない。
	海外生産	採種に適した乾燥・適温条件下で大量生産が可能。
採種環境	施設生産	ハウスなどの施設を利用した生産。雨による過湿害が起きにくく病虫害防除が容易なため高品質種子を安定的に生産できる。
	露地生産	大量生産が可能だが、天候により作柄が影響を受けやすい。

表7. 採種における留意事項

栽培に関わる特性	生理生態的特性	直播性、根の強さ、吸肥性、草勢の強弱など
	環境適応性	ストレス耐性（過湿・乾燥・寒冷・高温）、耐病・耐虫性など
開花に関わる特性	開花特性	早晩性、開花時期、1日の開花量、混植比など
	開花調整	播種・定植期の調整、摘芯の時期と程度など
	花粉特性	花粉の質・稔性、花粉の発生量など
交雑・混種の予防	予防策	他品種との隔離栽培、異株の抜き取り、収穫・精選時の他品種の混種防止など

※採種栽培の隔離距離：虫媒作物では、地形にもよるが最低1.5〜2.0km、風媒作物では、風向きにもよるが10km以上必要。

6. 無病種子の採種

種子伝染病の対策は、第一に採種地での種子汚染を防ぎ、無病種子を採種することである。

（1）種子汚染の回避対策

①種子汚染の原因となる病害が発生していない、あるいは発生しにくい採種地を選ぶ。
②採種用原種には検査済みの無病種子、あるいは消毒した種子を用いる。
③雑草の防除や圃場の排水など栽培環境を改善する。マルチ栽培は感染防止に有効。
④栽培資材は、使用前に農業用資材消毒剤で消毒する。
⑤採種圃（ハウス）に入る前には、靴の履き替え・消毒（図22）、手指や鋏などの洗浄・消毒（図23）を徹底し伝染源の持ち込みを防ぐ。作業中にも適宜消毒を行う。
⑥予防的に徹底した薬剤散布を行い、発病が疑われる株は速やかに抜き取り処分する。
⑦種子調製時は植物残渣や土壌の混入を防ぎ、果実からの種子洗いには井戸水や水道水など清浄な水を使う。

なお、ウリ科果実汚斑細菌病については、旧（独法）農研機構 野菜茶業研究所作成の、防除マニュアル『種子生産・検査用』を参照すること。

図22. 靴の履き替えと消毒　　　　図23. 手指の消毒

（2）無病種子の確認と取扱い

採種種子は対象病害について検査して汚染の無いことを確認し、必要に応じて種子消毒を行う。検査・消毒の方法については、該当頁を参考のこと。

オランダを始めとする欧州各国、一部の中東及び北部アフリカ諸国では重要な種子伝染病であるトマトかいよう病の汚染種子流通を防止するため、栽培管理から、検査、消毒、流通に至るまでの工程管理を厳密に定め、生産された種子を認証するGSPP（Good Seed and Plant Practices）が運用されている。

（3）栄養系利用による無病化

通常の種子採種によって原種を量産増殖できない場合、培養苗を原種にすることがあるが、この際、生長点培養を行うことで苗（原種）をウイルスフリー化でき、対象ウイルスに無病のF_1採種を行うことができる（図24）。

図24. ペチュニアの生長点培養

Ⅲ. 種子の精選と選別

　生産現場（採種地）から入荷した種子は、未熟種子（しいな）やゴミなどの夾雑物を除去して品質の高い種子に仕上げなければならない。これを精選という。

　また近年は、高い発芽率や発芽揃いへの要求がますます高まってきており、目的にあった精選方法と調製が必要である。

1. 風力選別

　種子が空気中を落下するときの抵抗（落下する速度）を利用した選別方法である。

　図25のように、垂直な筒の下方から送風機で風を送り、種子を上方から投入し、その風速より落下する種子の速度が大きいもの（重い種子）は下方へ、小さいもの（軽い種子、種皮、ホコリなど）は上方へと移動することで選別する。

　種子の種類により、モーター回転数あるいは送風口の開閉幅により風速（送風）を調節する。風力選別機には現在では様々なタイプがある（図26）。

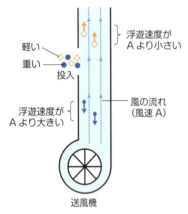

図25. 風力選別の原理（農林水産省HP改）

図26. 風力選別機の一例

2. 比重選別

　風と振動とデックの傾斜（上下と前後）を利用した選別方法である。種子をデック上（布や金網を敷きつめたもの）に広げ、図27のようにデック下部からの風とデックの振動と傾斜を調整して、充実種子（重い）と未熟種子（軽い）を選別する（図28）。

図27. デック下部から上部へ風を送る

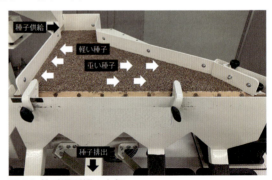

図28. 比重選別機の上部

3. 形状選別

　種子の粒径、長さ、厚みなどの形状で選別する方法。形状選別にはパンチ網やサンドペーパー、ゴムベルトなどを利用した様々な方法があるが、以下代表的な例を挙げる。
・サイジング…パンチ網や平織網で篩うことにより、莢などの夾雑物や小粒種子を除去したり、複数の網を利用することで種子をサイズ別に選別する（図29、30）。

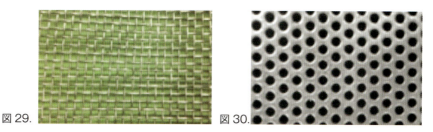

図29.　　　　　　　　　　図30.

・振動デック…傾斜をつけたデック（サンドペーパーなどを貼った板）を振動させることで、種子を球形と扁平、割れ種子に選別する方法（図31）。

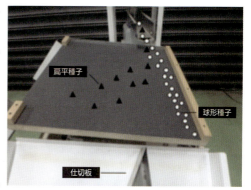

図31.

4. 色彩選別

　カメラやセンサーで色を識別させることで、良品種子と不良種子（割れ、裂皮、芽きり、虫食いなど）を選別。また種子に混入する植物片やゴミなども選別する。

図32.　　　　　　　　　　図33.

5. 磁力選別

　強力な磁石により種子に混入している金属物や磁力を帯びた土などを選別する（図34）。

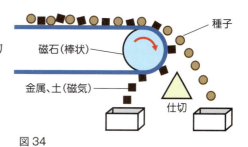

図34

— 33 —

Ⅳ. 種子の乾燥

　種子の乾燥の目的は、採種した種子を貯蔵や販売に適した含水量に調整することである。
　その1つは、収穫直後の湿った種子に対して行う乾燥で（普通の室内貯蔵ができる程度の軽い乾燥）、収穫後の種子の蒸れによる急速な活力低下を防ぐことを目的としている。例外もあるが、キャベツやニンジンなどのように種子が収穫時に十分乾燥している場合は、特にそれ以上乾燥する必要はない。トマトやキュウリなどのように水分の多い果実から採種される種子は水分を含んだ状態で収穫されるため、果実から種子を取り出した後に、できるだけ早く乾燥する必要がある。
　2つ目は、収穫後に乾燥された種子が貯蔵に適さない含水量（種子に含まれる水分）であった場合に、適正な含水量にする目的で行う乾燥である。
　3つ目は、種子の消毒及びペレット、フィルムコート、プライミングなどの加工処理後に行う乾燥で、その目的は販売（密封包装）に適した含水量にすることにある。
　いずれの場合も種子の温度（品温）が35℃以上になると発芽低下をもたらすため、注意が必要である。

1. 通風乾燥

　種子を通気性のよい寒冷紗などに薄く広げ、外気もしくは送風機によって風を送り込み乾燥する方法である。この方法は、収穫直後の含水量の高い種子の乾燥に適しており、種子のダメージも少ない。この場合の乾燥度は外気の相対湿度に影響される。

2. 天日乾燥

　通風乾燥と同じように種子を広げ、外気に当てると同時に、日光にさらす（太陽熱）乾燥方法である。ただし、この方法では、太陽熱で種子の温度が急上昇する場合があり（特に含水量の高い種子）、また、地表からの湿気で種子にダメージを与えることがある。したがって、ある程度乾いた種子に用い、地表からの湿気を断つことに注意する必要がある。

3. 加熱乾燥

　自然の空気をバーナー（灯油、ガス）や電気ヒーターで加熱することで乾燥空気を作り、この温風で種子を乾かす方法である。ただし、高温すぎると種子にダメージを与える恐れがある。
　種子の乾燥には、温度だけでなく、含水量や乾燥速度も影響する。中村（1958）は、乾燥温度が同じでも、種子の含水量が高い場合は、低い場合よりも発芽が低下しやすいと述べている（図35）。

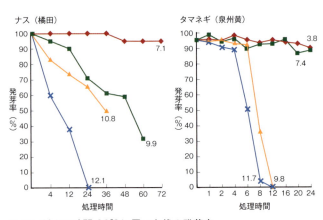

図35. 種々の時間60℃に置いた後の発芽率
　　（中村 1958 より抜粋。数字は処理開始時の含水率）

温度（℃）	水蒸気の量（g/kg）
0	3.8
10	7.6
20	14.7
30	27.2
40	48.8
50	86.3

表8. 空気1kg中に含まれる飽和水蒸気の量（山田治夫 1958 より抜粋）

Harrington（1972）は異なる種類の種子に対して安全な乾燥温度の上限は、穀類、ビート及びグラス類では45℃、大部分の野菜種子では35℃であると言っている。

野菜種子の乾燥温度の上限が35℃とすると、日本では6～9月の高温・高湿期に加熱乾燥によって、種子の含水率を密封包装に適する程度（20～25%RHと平衡する含水率）にまで下げることは困難である。なぜなら、空気が30℃・70% RHの場合、仮に温度を10℃上げたとしても、表8から計算されるように（27.2 × 0.7/48.8 ≒ 39%）、相対湿度は39% RHとなり、到底25%までには下がらないためである。

4. 除湿乾燥

前述のように、日本の高温・高湿の時期に加熱乾燥で種子の含水率を密封包装に適する程度にまで下げることが困難であるため、近年では温度を上げずに、図36のように、冷却機で除湿した空気を循環させる乾燥機も開発されている。除湿乾燥は、低温でも種子の含水率を下げることができ、経費は掛かるが推奨される。

また、シリカゲルなどの吸湿剤を利用した乾燥方法もある。含水率12%程度の種子と、同量のシリカゲルを防湿容器に7日間密閉することで、含水率を5～7%程度までに低下させることができる。シリカゲルのほかにも、塩化カルシウムやゼオライトなどの吸湿剤がある。これらの除湿乾燥は特に温度を上げる必要がなく、種子を乾燥させることができる。

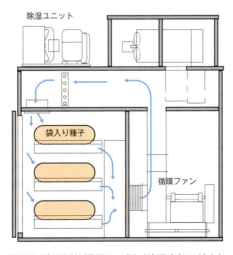

図36. 除湿型乾燥機の一例（除湿空気の流れ）

Ⅴ. 種子の検査

　国内では「種苗法」及び「指定種苗の生産に関する基準」において種子の物理的純度、遺伝的純度、発芽率、含水率及び種子伝染性病害に関して種苗業者が遵守すべき基準が定められている。
　これらの品質要素を確認する検査の他、健全な苗の割合を求める成苗検査などがある。
　サンプリングと種子検査の方法は国際種子検査協会（ISTA）が定める国際種子検査規定が標準化された手法として広く認知されている。
　「サンプリング」、「純潔検査」、「発芽検査」及び「含水量測定」に関してはISTA規定の要約を、「成苗検査」「純度検査」及び「病理検査」に関しては検査の目的を述べる。

1. サンプリング（ISTA規定要約）

　サンプリングの目的は荷口を代表する検査に適した量の種子を得ることである。サンプリングは種子検査の基本であり、適切なサンプルを検査に供しなければ、正しい検査結果を得ることはできない。手順は倉庫で種子荷口の一次サンプルを抽出するところから、検査室で検査を行うサンプルを得るところまでを対象とする。抽出したサンプルは検査に供するのみでなく種々のクレームに備えて一定期間保管した方がよい。

《定義》
　一次サンプル：種子荷口から1回のサンプリング動作で抽出した種子。
　複合サンプル：一次サンプル全てを合わせ、混合した種子。
　送付サンプル：検査機関に送付される種子。
　検査サンプル：品質検査を行う種子。送付サンプルの一部。

《手順》
　①種子荷口から一次サンプルを抽出する。
　　・専用の器具を使用して行う（図37）。
　　・サンプリング回数は表9参照。
　　・サンプリングを行う容器及び部位は種子荷口全体から無作為に選ぶ。
　②一次サンプルを合わせて、複合サンプルを作る。
　③均分器（図38）を使ってサンプルを混合し、種子検査に必要な量の送付サンプルを作る。
　　・含水量測定用サンプルはアルミやビニールなど、気密性の高い素材の袋に入れ、その他の検査用サンプルは紙素材の袋に入れる。
　④検査室で送付サンプルから各検査に必要な量に調整し、検査サンプルを作る。
　⑤検査サンプルから発芽検査や純度検査に使用するサンプルを抽出する際、選抜がかからないよう注意する。

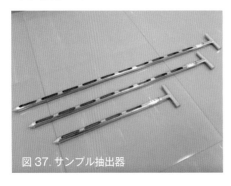

図37. サンプル抽出器

図38. 均分器

2章　種子

表9. 最小サンプリング回数（ISTA規定参照）

容器数	サンプリング回数
1〜4個	それぞれの容器から各3回
5〜8個	それぞれの容器から各2回
9〜15個	それぞれの容器から各1回
16〜30個	15個の異なる容器から各1回、計15回
31〜59個	20個の異なる容器から各1回、計20回
60個以上	30個の異なる容器から各1回、計30回

＊種子が15〜100kgの容器に入っている場合は容器数を表に当てはめる。
＊15kg以下の容器に入っている場合、100kgを超えない範囲で1単位としてまとめ、単位数を表に当てはめる。

2. 純潔検査（ISTA規定要約）

　目視により種子の物理的純度を求める検査。サンプルを「純潔種子」、「異種種子」及び「夾雑物」の3つの組成分に分け、それぞれの重量百分率を求める。

　純潔検査は送付サンプルから抽出された2,500粒に相当する種子量を対象に行う。

《手順》

　①サンプルを「純潔種子」、「異種種子」及び「夾雑物」の3つの組成分に分離する。

　②組成分ごとに秤量する。

　③合計重量を元に各組成分の重量百分率を求める。

　④百分率の合計値が100.0%とならない場合は最も大きい値に対して0.1%を加減して補正する。

　＊秤量は、各組成分ごとに小数点第1位までの百分率を求めるのに必要な小数位まで秤量する。

　　（サンプル量が1g以上10g未満の場合は少数点第3位まで秤量する）

《純潔種子の定義》

　・破損していない完全な種子。

　・破損しているが元の大きさの半分より大きい種子。

　・未熟種子、または罹病種子でも同じ種だと判別可能な種子。

《異種種子の定義》

　純潔種子以外の種子。

《夾雑物の定義》

　純潔種子または異種種子と定義されない種子単位及び他のあらゆる異物及び構造物を含む。

　・元の大きさの半分以下の破損した種子。

　・茎、葉、菌核、土壌、砂、石、その他の種子ではないあらゆる物質。

3. 発芽検査（ISTA 規定要約）

　発芽検査は種子荷口の最大発芽能力を判定することを目的とする。検査は純潔種子を用いる。種子は反復区を設け、品目ごとに定められた適切な条件で検査を行う。
　100粒を1単位として播種し、定められた期間で調査を行い、正常芽生、異常芽生、硬実種子、新鮮種子、死滅種子の割合を求める。

《定義》
　　正常芽生：好適条件下で健全な生育が期待できる芽生。無傷の芽生、軽度の損傷がある芽生、二次感染により腐敗した芽生が含まれる。
　　異常芽生：好適条件下で健全な生育が期待できない芽生。重度の損傷がある芽生、弱々しい生育を示す芽生、一次感染により腐敗した芽生が含まれる。
　　硬実種子：試験期間の終了時に吸水していない種子。
　　新鮮種子：試験期間の終了時に吸水しており、組織がしっかりしている種子。
　　死滅種子：試験期間の終了時に吸水しており、組織が腐敗している種子。

《発芽床及び容器》
　発芽床として国内では発芽試験紙や砂（2mm 以下）の使用が一般的であるがピートモス主体の培土の使用も認められている。
　試験容器としてシャーレ、プラスティックケースなどを用いる（図40）。

《管理温度》
　ISTA 規定に品目ごとの管理温度が設定されている。播種後、試験容器は温度が調整されたインキュベーター（図39）などで管理する。

《評価基準》
　各品目の主要器官（子葉、胚軸、根系、子葉鞘（イネ科）など）の発育程度を観察して評価する。子葉は50%以上の組織が機能していない場合、胚軸・根系は通導組織に達する傷がある場合など、健全な生育が期待できないと判断した場合は異常芽生と評価する。

図39. 発芽インキュベーター

図40. シャーレを使った発芽検査

図41. 完全な芽生（キャベツ）　　　　　図42. 異常な芽生（キャベツ）

4. 成苗検査

　セルトレイ、育苗培土など一般的な資材を用いて苗を育て、健全に生育する苗の割合を求める検査。苗の子葉・本葉・胚軸のいずれかに損傷があるもの、生育が遅れているものなど使用が見込めない苗は異常として評価する。

　再現性の高い検査を行うためには同一環境で栽培するのが望ましく、温度・光量・水分量などの条件をできる限り揃えるとよい。

図43. キャベツの正常苗（左）異常苗（右）

5. 含水量測定（ISTA規定要約）

　オーブンを用いて種子に含まれた水分を完全に蒸発させ、蒸発した水分量を元の種子重量で除して含水量を求める。含水量は小数点第1位まで求める。
　品目により下記の2種類の方法で種子を乾燥させる。
①高恒温乾燥法
　　対象：揮発性油分の少ない種子
　　（ニンジン、ホウレンソウ、レタス、キュウリ、トウモロコシなど）
　　乾燥方法：高温（130℃）1時間または2時間
②低恒温乾燥法
　　対象：揮発性油分を多く含んだ種子
　　（キャベツ、ダイコン、タマネギ、エダマメ、ヒマワリなど）
　　乾燥方法：低温（103℃）17時間
　＊豆類、トウモロコシ、スイカなど大粒種子は乾燥前に粉砕し水分が蒸発しやすい状態に調製しておく。

6. 純度検査

　品種特有の形質を持つ個体の割合を求める検査。栽培検査では植物の草丈、色、形、熟期などの形態的特性を調査し、品種特性に相違がないか確認する。また、形質の異なる植物体の混入率を調査し、正常個体の割合、純度を確認する。
　DNA検査では、品種固有の遺伝情報を分析することにより、迅速に純度を確認することができる。

図44. 栽培検査圃場

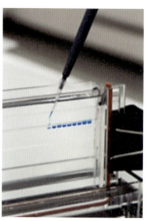
図45. DNA検査

7. 病害検査

　種子への種子伝染性病原体の付着を確認する検査。病原体には、糸状菌(菌類、かび)、細菌、ウイルス、ウイロイドなどがあり、国際種子検査協会(ISTA)や国際健全種子推進機構(ISHI)が採用している検査法を基本に、それぞれの病原体に対して最適な手法で検査を行う。主な検査手法には、土播きして発病を確認するグローアウト法、ろ紙まきしてかびの胞子などを確認するブロッター法、種子洗浄液を対象病原体の選択培地に塗布、もしくは種子を直接培地に置床し病原体の生育を確認する培養法、植物体に接種して病徴などを確認する生物検定法、病原体のタンパク質を検出する血清学的検査法や病原体の遺伝子を検出する遺伝子検査法などがある。近年では、種子汚染リスク上昇により、遺伝子検査法の中でもさらに高感度検出できるリアルタイムPCRの採用が増えている。
　種苗会社のほか、(国研)農業・食品産業技術総合研究機構の種苗管理センターをはじめとする国内外の検査機関や検査会社でも検査を行っており、これらからは第三者機関による検査証明書を得ることができる。

図46. グローアウト法

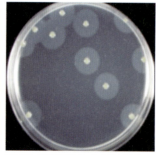
図47. 選択培地による培養法

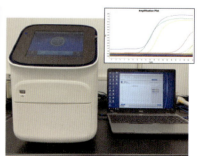
図48. リアルタイムPCRによる遺伝子検査法

2章　種子

Ⅵ. 種子の寿命と貯蔵

　植物の種子には土中で 100 年以上経っても発芽力を維持できる種もある。このような種子は埋土種子と呼ばれ、強い休眠性や硬実性のおかげで長期間寿命を維持している。一方、栽培種は長い年月をかけ発芽しやすいように選抜されており、休眠性は弱く改良できたが、それに伴い種子寿命も短くなっている。このため種子の生産や販売においては、発芽品質を維持できる、よい環境で貯蔵することが重要である。

1. 種子の寿命

　19 世紀中ごろ以降、種子の寿命について多くの研究結果が公表されている（表 10）。日本でも、近藤（1933）や加藤（1967）らの調査に基づく分類が参照されてきた。近年は、採種技術の向上や地球環境の変化に伴って、従来の分類とは異なる傾向が出てきている。表 11 は、現在の採種技術で採種した種子に対して、種苗会社の経験に基づいた寿命の分類である。ただし、種子寿命は採種年の天候、作柄によって影響されるため、常に一定したものではない。

　種子が成熟するときに、トマトのように果実のなかで大事に育てられた種子は寿命の長い種子が多く、ネギのように外部環境にさらされやすい種子は寿命の短い種子が多い。

表 10. 1879 年に W.J.Beal が開始した 120 年間の貯蔵試験の結果

種	分類	5年	20 年	40 年	80 年	120年[a]
Capsella bursa-pastoris	アブラナ科ナズナ属	100	42	0	0	0
Lepidium virginicum	アブラナ科マメグンバイナズナ属	94	58	2	0	0
Malva rotundifolia	アオイ科ゼニアオイ属	2	6	0	0	2
Portulaca oleracea	スベリヒユ科スベリヒユ属	38	14	2	0	0
Oenothera biennis	アカバナ科マツヨイグサ属	82	28	38	10	0
Rumex crispus	タデ科スイバ属	90	16	18	2	0
Verbascum blattaria[b]	ゴマノハグサ科モウズイカ属	―	―	―	70	46

数値は発芽率（%）　　　　　　　　　　　　　　　　　　　　　　Telewski and Zeevaart (2002)
a: *Malva rotundifolia* と *Verbascum blattaria* は、正常な植物に育って開花し、種子をつけた。
b: この種の分類には異論があった。以前の学名は *V.thapsus* 。

表 11. 種子の寿命の分類

分類	作物
寿命 4 年以上	ナス、トマト、トウガラシ、スイカ、カボチャ、キュウリ
寿命 2〜4 年	ダイコン、キャベツ、ハクサイ、ツケナ、レタス、ホウレンソウ、ニンジン、ミツバ、ゴボウ、エンドウ、インゲンソラマメ
寿命 1〜2 年	ネギ、タマネギ、ラッカセイ、シソ

— 41 —

2. 種子貯蔵の基本

　種子は植物体の上で完熟したときに最大の活力を持つが、その後は次第に老化が進行し決して若返ることはない。種子を長もちさせるには、次の3つが基本になる。

①完熟した活力の高い種子を採種すること

　一般的には完熟した種子ほど活力が高く寿命が長い。種子の活力は、発芽できる環境条件の広さや貯蔵性を総合的に現している。活力の低い未熟な種子は、胚の成熟度が低く貯蔵養分も少ないため、不良環境では発芽できず、また貯蔵性も劣る場合が多い。

　種子活力は、種子の発育期間中に母植物が障害に遭遇することが原因で低下する。この障害には、水分、温度、高濃度の土壌塩分、病害、虫害及び霜害などがある。

②貯蔵に適した状態に種子を調製すること

　種子をロット単位で扱うと、その中には完熟種子から未熟種子まで含まれているため、未熟種子を除去して活力の高い種子を貯蔵する。刈り取り後に乾燥が十分に行われていない場合には、種子含水率を適切な範囲に調整する。

　調製方法を誤ると種子寿命を短くしてしまうこともある。例えば、脱穀や精選工程で機械的に種子が損傷する、収穫後の乾燥工程で種子が蒸れる、種子の温度が過剰に高くなる、種子消毒や種子加工工程で種子が吸水し生理的なストレスを受けた場合などである。種子に過剰なストレスを与えないように調製作業を行う必要がある。

③適切な環境で貯蔵し老化の進行を抑制すること

　同じ種子でも、貯蔵環境によって老化のスピードに大きな差がでる。老化の進行に影響する最も大きな要因は、相対湿度、温度と酸素である。低湿度・低温とし、通気を遮断することで老化の進行をできるだけ遅くする。

　種子貯蔵の際、容器内を真空にしたり、窒素や二酸化炭素を封入する試みも古くから実施されているが、適切な環境下では明らかな効果は確認されていない。

3. 貯蔵環境が種子寿命に及ぼす影響

種子の適切な保管には、種子含水率と温度が大きく影響する。Harrington (1959) は、経験則として次の法則が当てはまるとしている。

①種子の含水率が1%上昇するごとに種子の寿命は2分の1に低下する
（種子含水率5～14%の間で成立）
②種子の保管温度が5℃上昇するごとに種子の寿命は2分の1に低下する
（温度0～50℃の範囲で成立）

種子の老化の原因は、酸化を端緒とする化学反応が起こることで、種子成分が変性して機能しなくなることである。種子含水率や温度が高くなると細胞内の流動性が増し、老化につながる反応速度が速くなるため、低温低湿で保管し反応速度をできるだけ遅くする必要がある。

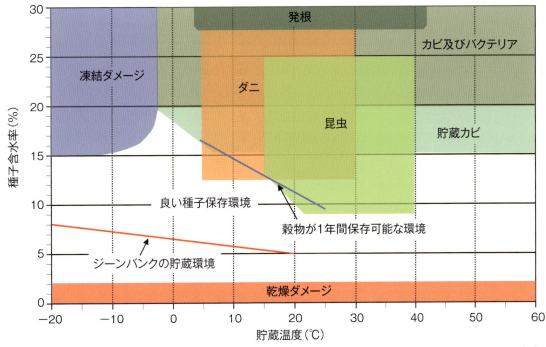

図49. 貯蔵中の種子含水率と温度の影響

種子に含まれる水分は、貯蔵物質の構造に組み込まれている結合水と、溶媒として流動性を高める働きをする自由水に分けられる。結合水まで奪い取るほどの極端な乾燥をすると乾燥ダメージを生じることがあるので、自由水がなくなる程度の乾燥度が適当である。

温度と水分がともに高いと、菌類の増殖や、種子に産み付けられた卵から昆虫がふ化することがある。また、自由水が残った状態で種子を凍結させると、結晶化した水が細胞を破壊することにより凍結ダメージを生じる。

4. 相対湿度と種子含水率

　種子含水率は、種子周囲の相対湿度（RH; Relative Humidity）と平衡する。そのときの種子含水率は作物によって違うので、貯蔵に最適な含水率を一律に決めることはできない。これは、作物ごとに種子の主成分である貯蔵物質（炭水化物、脂質、タンパク質）のバランスが異なるためである。例えば、マメ類は水分を持ちやすいタンパク質が多く、ナタネなどアブラナ科の種子は水分を吸着しない脂質が多い。そのため、同じ相対湿度で種子を保管すると、マメ類の種子は含水率が高くなり、アブラナ科の種子は含水率が低くなる。

　保存に適した種子含水率は、おおよそ相対湿度20〜30%と平衡する含水率である。このときの種子含水率を表12に示す。

表12. 相対湿度ごとの種子含水率の違い

品目	各相対湿度での種子含水率（%）				
	RH20%	RH30%	RH45%	RH60%	RH75%
キャベツ	4.6	5.4	6.4	7.6	9.6
ハクサイ	3.4	4.6	6.3	7.8	9.4
ニンジン	5.9	6.8	7.9	9.2	11.6
トウモロコシ	5.8	7.0	9.0	10.6	12.8
キュウリ	4.3	5.6	7.1	8.4	10.1
ナス	4.9	6.3	8.0	9.8	11.9
レタス	4.2	5.1	5.9	7.1	9.6
タマネギ	6.8	8.0	9.5	11.2	13.4
ネギ	5.1	6.9	9.4	11.8	14.0
エンドウ	7.3	8.6	10.1	11.9	15.0
ダイコン	3.8	5.1	6.8	8.3	10.2
ホウレンソウ	6.5	7.8	9.5	11.1	13.2
トマト	5.0	6.3	7.8	9.2	11.1

（室温25℃）　　　　　　　　　　　　　　　　Harrington(1960)のデータによる

5. 貯蔵庫での種子の管理

　どんなに高活力の種子でも、不適当な環境で保管すればごく短期間で活力は低下してしまう。種子を健全に保管するためには、貯蔵期間を通じて良好な環境を維持することが大切である。種子は、高温多湿を避け、低温低湿で保管する方がよい。含水率を適切な範囲に調整したあとは、密封して酸素の流入を制限する方がよい。

　貯蔵庫では、設定環境がよくても、現場の倉庫内では環境のばらつきがある。倉庫内全体の様子を把握できるようにモニターし、定期的に発芽率を検査することが欠かせない。

2章　種子

Ⅶ. 種子の包装と保管

　種子は様々な包装形態で販売されるが、種子は「生きもの」であることから、適正な包装と保管を行わなければ品質低下につながる恐れがある。

1. 防湿包装と種子の発芽

　種子は乾燥剤を入れたデシケーター内で貯蔵すると長くその寿命が保たれることは古くから知られていたことである。種子を長期間保管するためには、乾燥状態を保ち、防湿性の優れた包装資材を選ぶことが非常に重要である。

　表13は、ペット素材とアルミ素材の防湿性データを表したものである。これによるとアルミ素材の包装資材は、酸素や水蒸気をほとんど透過しないことがわかる。

　表13の12ヵ月保管後の含水量上昇率は、レタス種子をそれぞれの包装資材で密閉し、外気と同じ常温の条件下で保管したものと、保管開始時の含水量を比較したものであり、アルミ素材では、含水量が変わらないことがよくわかる。

　このようなアルミ素材を用いた包装資材であれば、開封しない限りは発芽が極端に低下することは少ない。

表13. 包装資材別防湿性データ

項目	ペット素材	アルミ素材
酸素透過度 [ml/㎡·d·MPa]	1.68	≒0
水蒸気透過度 [g/㎡·d]	0.13	≒0
遮光性（透光度）[%]	0.1	0
突き刺し強度 [N]	10.1	13.8
12ヵ月保管後の含水量上昇率 [%]	33.9%（6.44%⇒8.62%）	2.2%（6.44%⇒6.58%）

2. 乾燥度と発芽率

　種子の含水量が高いまま密封包装し、さらに直射日光などで高温状態になると、内部の種子が蒸れ、短期間で発芽が低下する場合がある。したがって密封包装するときは、十分に種子を乾燥させる必要がある。

　農林水産省が定めた「指定種苗の生産等に関する基準」にもとづく各品目の発芽率は、次の表14のとおりである。しかし、生産現場で求められる発芽率は野菜の生種子で85%以上、ペレット種子で90%以上の発芽率が求められている。

　発芽率を維持するため、密封包装するときは、この表に記載されている含水量以下にすることが推奨されている。

表14. 指定種苗の生産等に関する基準

種類	発芽率（%）	含水量（%）	種類	発芽率（%）	含水量（%）
アスパラガス	70	7.0	タマネギ	70	7.5
インゲン	80	8.0	トウガラシ	75	5.5
エダマメ	75	8.0	トウモロコシ	75	8.5
エンドウ	75	8.0	トマト	80	6.5
オクラ	70	7.0	ナス	75	7.0
カブ	85	6.0	ニラ	70	8.0
カボチャ	80	6.5	ニンジン	55	8.0
カラシナ	85	6.0	ネギ	75	7.5
カリフラワー	75	6.0	ハクサイ	85	6.0
キャベツ	75	6.0	パセリ	60	8.0
キュウリ	85	6.5	ブロッコリー	75	6.0
ゴボウ	80	7.0	ホウレンソウ	75	9.0
ナタネ	85	6.0	ミツバ	65	8.0
シュンギク	50	7.0	メキャベツ	75	6.0
スイカ	80	7.0	メロン	85	6.5
セルリー	70	8.0	ユウガオ	75	7.0
ソラマメ	75	8.0	レタス	80	6.5
ダイコン	85	6.0			

農林水産省告示第九百三十三号より抜粋
最終改正 令和三年四月一日

3. 店頭での種子の保管

　種子の包装には、種苗法が定める発芽率、有効期限、生産地及び農薬処理の有無が表示されている。種子の保管が、気温15〜20℃であれば、有効期限内に発芽が低下する危険は少ない。ただし、高温で保管した場合は有効期限内であっても発芽が低下することがある。高温期（6〜9月）は低温低湿の保管が望ましい。

　特にプライミング（発芽促進処理）種子は、普通種子よりも劣化しやすいため、15℃以下の低温保管が望まれる。少量であれば、家庭用冷蔵庫に保管してもよい。

　また、シードテープは吸湿性のある素材で加工されているので、低温低湿での保管が望ましい。ペレット種子は落下などの衝撃で割れることがあり、取り扱いには注意する必要がある。

2章　種子

Ⅷ. 種子の消毒

　病原体に汚染された種子によって病気が発生し広がることを防ぐため、種苗会社では採種段階から徹底した管理を行っている。しかし、病原体による種子汚染を完全に防ぐことは難しい。そこで、採種した種子を対象病原体に応じた方法で検査し、さらに、植物や病原体に応じた適切な方法で消毒することが必要になる。

1. 種子伝染病及び土壌病害

（1）種子伝染病とは

　病原体が種子に付着、組織内に侵入あるいは混入して運ばれ、広がる病気を種子伝染病という。このうち、汚染された種子から発病することを種子伝染（Seed transmission）と限定し、発病の有無にかかわらず、幅広く、病原体が種子によって運ばれることを種子伝播（Seed borne）として区別されている。特に前者の種子伝染の防除が重要である。このほかにマメや穀類のように食用や飼料に供される種子そのものが腐敗する場合を含めて、広い意味で種子病害と呼ぶこともある。

　作物の病原体には、糸状菌（菌類、かび）、細菌、ウイルス、ウイロイド、さらに線虫などがあり、このうち糸状菌が原因となる病気が一番多い。また、これらの病原体のどれにも種子伝染する病気がある。

（2）種子伝染の様式

　病原体の種子伝染様式には大きく分けて侵入型、付着型、混入型の3つがある。侵入型には導管病を起こす病原体が全身感染して胚珠に到達するもの、果実に侵入して果肉を腐敗させるもの、莢や果皮から直接侵入するものなどがある。付着型は病原体そのもの、あるいは病原体に汚染された残渣や土が種皮に付着しているもので、混入型は病原体の菌糸、菌核あるいは発病残渣が種子袋に混入しているものである。

（3）種子伝染病の伝染環、土壌伝染との関係

　果菜類の種子伝染病の伝染環を図50に示す。汚染種子の播種により苗場や圃場で病原体が増殖し、周囲の植物体にも伝染、発病することで大きな被害につながる。また、発病果実から採れた種子も汚染されており、これを播種した場合は次作の伝染源となる。種子伝染以外に土壌伝染もする病原体の場合、発病残渣などで圃場が汚染され、土壌伝染につながる。たとえ汚染種子からの発病が確認されていない病原体でも、土壌伝染するものでは、汚染種子が新たな圃場への病原体の持ち込みにつながるため注意が必要である。

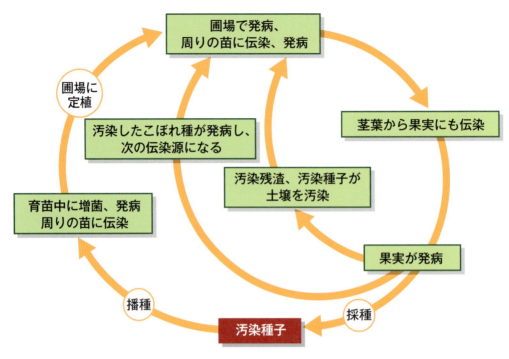

図50. 果菜類での種子伝染病の伝染環

(4) 種子における病原体の生存期間

　基本的に病原体は種子の貯蔵期間中に、徐々に死滅、病原性を失っていく（図51）。糸状菌、細菌に比べ、ウイルスは生存期間が長く、病原体によっては10年以上生存した例もある。高温、高湿条件にあると病原菌も早く死滅するが、種子寿命も短くなる。種子貯蔵に最適の低温、低湿条件は病原体にとっても好適条件であり、種子の発芽能力がある限り、病原体も生存していると考えるべきである。

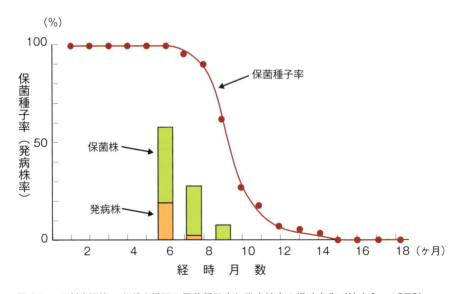

図51. つる割病汚染ユウガオ種子の保菌種子率と発病株率の経時変化（竹内ら、1978）

2章　種子

2. 野菜・花きの種子伝染病と種子処理法

（1）野菜・花きの種子伝染病

　野菜や花きには種子伝染することが確認されている病害がたくさんあるが、そのうち主なものを示す。

表 15. 野菜・花の主な種子伝染病

病原体の種類	植物	病名と病原体 （糸状菌・細菌は属名、ウイルスなどは略記号）
糸状菌	ウリ科	つる割病・立枯病（*Fusarium* 属菌）
		つる枯病（*Didymella* 属菌）
		炭疽病（*Colletotrichum* 属菌）
	アブラナ科	黒斑病・黒すす病（*Alternaria* 属菌）
		根朽病（*Phoma* 属菌）
	ジニア	黒斑病（*Alternaria* 属菌）
	ヒマワリ	菌核病（*Sclerotinia* 属菌）
細菌	アブラナ科	黒腐病（*Xanthomonas* 属菌）
	トマト	かいよう病（*Clavibacter* 属菌）
	ウリ科	果実汚斑細菌病（*Acidovorax* 属菌）
		斑点細菌病（*Pseudomonas* 属菌）
		褐斑細菌病（*Xanthomonas* 属菌）
ウイルス	トマト ピーマン	トマトモザイクウイルス（ToMV） ピーマン微斑ウイルス（PMMoV） 他トバモウイルス＊
	トマト	Pepino mosaic virus（PepMV）
	ウリ科	スイカ緑斑モザイクウイルス（CGMMV）
		キュウリ緑斑モザイクウイルス（KGMMV）
		メロンえそ斑点ウイルス（MNSV）
	レタス	レタスモザイクウイルス（LMV）
ウイロイド	トマト ピーマン ペチュニア	ジャガイモやせいもウイロイド（PSTVd＊＊） トマト退緑萎縮ウイロイド（TCDVd＊＊） 他ポスピウイロイド＊＊

＊　従来の ToMV、PMMoV やタバコモザイクウイルス (TMV) に加えて、近年、海外では Tomato brown rugose fruit virus(ToBRFV) や Tomato mottle mosaic virus(ToMMV) が問題になっている。

＊＊ウイルスより小さい病原体であるウイロイドの中で、PSTVd、TCDVd などのポスピウイロイドが種子伝染することが明らかとなっている。ピーマンやペチュニアでは潜伏感染にとどまり、発病することはほとんどないが、トマトやジャガイモへの伝染源になる恐れがあることから、同じ仲間の別種のウイロイドも含めて輸入検疫の対象になっている。ウイロイドは熱や薬剤に対して非常に安定であり、効果のある種子消毒法がない。

（2）種子伝染の防除対策

　第一に種子汚染を防ぐことが重要である。そのためには、①病害が発生していない、あるいは発生しにくい採種地を選び、採種栽培中には徹底した防除を行い健全な種子を採ること、②採れた種子が種子伝染病に侵されていないことを検査確認すること、③適切な消毒を行うことである。さらに青果栽培の苗場や本圃でも発病に注意し、発病株を見つけたらすぐに抜き取って処分し、薬剤散布などでまん延を防止する。

（3）種子処理法（種子消毒）

　種子消毒には物理的、化学的、生物的な方法がある。

●物理的消毒法の基本は熱処理である。この方法は化学的消毒法などで効果が不十分な種子内部の病原体にも有効である。

　現在では、主に乾熱処理が細菌やウイルスを対象に用いられている。例えばトマトやピーマンなどのトバモウイルス（TMV、ToMV、PMMoV）には70℃、3日間の処理を行う。発芽低下を避けるため、本処理前に35〜40℃で予備乾燥し種子含水率を下げておく必要がある。種子の耐熱性（発芽に影響しない）と病原体の死滅温度の違いを利用しているため、処理温度・処理時間の管理は厳密に行わなければならない。

　その他、穀類などに用いられる温湯処理を野菜種子にも適用してきたが、大量の種子では温度の維持が難しいこと、大型種子では熱が伝わりにくいこと、アブラナ科種子などでは濡れることで種皮が破れ、発芽低下を招くため、野菜、花きを対象に用いられる場面は少なくなっている。

●化学的消毒法としては、次亜塩素酸カルシウムや次亜塩素酸ナトリウムが細菌や糸状菌に、また強アルカリであるリン酸三ナトリウムがウイルスに効果があることが古くから知られているが、どちらも農薬登録されていない。

　農薬の種子処理には種子表面や内部の細菌や糸状菌を直接消毒するものと、あらかじめ農薬を付着させておき、発芽時に種子に付着している病原体や土壌中の病原体から守るものがある。実際の処理は、浸漬、粉衣、塗抹などの方法が用いられ、ペレットやフィルムコートなどの種子加工と合わせて処理されることが多い。

　農薬は対象植物・病害虫、処理方法などを区別して登録されており、このうち種子処理について登録のある農薬の例を表16に示す。現在は「野菜類」「花き類」「豆類」「飼料作物」といった大きなグループで登録されている農薬もあり選択肢が増えている。このうち、「野菜類種子消毒用ドイツボルドーA」は、唯一、細菌病に使える農薬であり、特定防除資材（特定農薬）である食酢（0.01M）で溶かして使うことで効果が上がる。

●生物的消毒法は病原体に対して拮抗的に働く微生物を処理することである。古くから研究されているものの、有効な微生物の探索、処理方法、価格、さらには農薬登録の点から一般的な方法には至っていない。

●近年では、欧州を中心に糸状菌や細菌を対象として、蒸気処理技術が実用化されるなど、各国で化学農薬の使用量低減に向けた新技術の開発が進められている。

2章　種子

表16. 種子処理に登録のある農薬（抜粋）

(2024年9月現在)

一般名	商品名（例）	対象植物	対象病害虫
イプロジオン	ロブラール水和剤	野菜類、花き類	アルタナリア菌による病害
		ニンジン	黒葉枯病
イミノクタジンアルベシル酸塩	ベルクート水和剤	ニンジン	黒葉枯病
塩基性塩化銅	野菜類種子消毒用ドイツボルドーA	野菜類	種子伝染性細菌病（かいよう病、斑点細菌病、黒腐病など）
キャプタン	オーソサイド水和剤80	野菜類、花き類、飼料作物未成熟トウモロコシ	ピシウム・リゾクトニア菌による病害（苗立枯病など）
		キュウリ、スイカ、メロン、シロウリ、カボチャ、トマト、ピーマン、ナス	苗立枯病
ジアゾファミド	ランマンフロアブル	エダマメ	茎疫病
ジエトフェンカルブ・チオファネートメチル	ゲッター水和剤	ダイズ	紫斑病
チウラム	チウラム80	野菜類、花き類、豆類（種実）・飼料作物	フザリウム・リゾクトニア菌による病害（立枯病など）
		未成熟トウモロコシ	苗立枯病
		レンゲ	菌核病
		豆類（種実・未成熟）	立枯病
チウラム・チオファネートメチル	ホーマイ水和剤	野菜類、花き類、豆類（種実・未成熟）	フザリウム・リゾクトニア菌による病害
		キュウリ	つる割病、苗立枯病
		スイカ、スイカの接木用ユウガオ	つる割病
		トマト	萎凋病
		ストック、アスター、ケイトウ、ベニバナ、シクラメン	苗立枯病
	ホーマイコート	キュウリ	炭疽病
		アスター、ケイトウ、ベニバナ	苗立枯病
チウラム・ベノミル	ベンレートT水和剤20	野菜類、花き類、観葉植物、豆類（種実）	フザリウム・リゾクトニア菌による病害
		キュウリ	つる割病、つる枯病、苗立枯病
		スイカ、接木用ユウガオ	つる割病
		カボチャ	フザリウム立枯病
		トマト	萎凋病
		トウモロコシ	苗立枯病
		ダイズ	紫斑病
		ベニバナ	炭疽病
チオファネートメチル	トップジンM水和剤	ダイズ	紫斑病
TPN	ダコニール1000	ニンジン	黒葉枯病
トリフミゾール	トリフミン水和剤	カボチャ	フザリウム立枯病
トルクロホスメチル	リゾレックス水和剤	トマト、キュウリ、ナス、ピーマン、ホウレンソウ	苗立枯病（リゾクトニア菌）
		サヤエンドウ、実エンドウ	茎腐病
ヒドロキシイソキサゾール	タチガレン粉衣剤	トウモロコシ	苗立枯病
ベノミル	ベンレート水和剤	野菜類、トウモロコシ	フザリウム菌による病害
		ダイズ	黒根腐病
		ミツバ	菌核病
メプロニル	バシタック水和剤75	野菜類、花き類、豆類（種実）、飼料作物	リゾクトニア菌による病害（苗立枯病など）
		ダイコン、トマト、ミニトマト、キュウリ、スイカ、ホウレンソウ	苗立枯病（リゾクトニア菌）
		ネギ	黒穂病

＊　色付きは「種子処理機による処理」に限定されており、一般農家は種子処理に使えない。
＊＊使用にあたっては、農林水産省農薬登録情報システム (https://pesticide.maff.go.jp/) や各農薬メーカーの農薬登録情報を確認すること。

— 51 —

Ⅸ. 種子の加工

近年、農作業の省力化、効率化を目的とし、機械播種への対応、薬剤処理による病害虫防除、発芽率や発芽速度の向上などの付加価値をつけた高品質種子が求められており、多くの企業で種子加工、処理技術の改良が進められている。

1. シードテープ

水溶性の繊維や微生物分解性の原料を使用したテープに種子を一定間隔で封入したものをシードテープという（図52）。シードテープで播種された種子は、均等な間隔で、一直線上に発芽・生育するため、栽培管理の効率がよい。

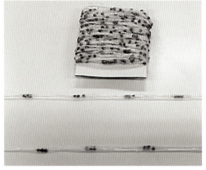

図52. シードテープの一例

2. ペレット種子

野菜や草花の種子を造粒素材で包み、一定のサイズまで丸粒状に成型したものをペレット種子という（図53）。形状が不均一な種子（ニンジン、レタスなど）や微細で播種が困難な種子（ペチュニア、ユーストマなど）も、ペレット種子にすることで播種が容易になる。

造粒素材では天然粘土鉱物や珪藻土、タルク、炭酸カルシウムなどが知られている。

ペレット種子のサイズは種子を自然に置いた状態の短径を計測する。サイズ規格は作物によって異なり、一般的な例を表17に示す。

また、圃場でばらまきする牧草種子などは、風で飛ばされないために薄層のペレット種子にすることがある。その他、根粒菌などの有用菌を添加したペレット種子もある。

図53. ニンジンのペレット種子とその内部

表17. 一般的なペレット種子のサイズ

サイズ	3L	2L	2L	L	L	L	3S	4S
規格 mm	4.5～6.0	3.5～4.5	3.5～4.5	2.5～3.5	2.5～3.5	2.5～3.5	1.3～1.5	0.9～1.2
品目	ダイコン	タマネギ	トマト	ニンジン	レタス	キャベツ	ペチュニア	ユーストマ

3. エンクラスト種子

野菜や草花の種子を造粒素材で、種子の形状が残る程度に薄く被覆したものをエンクラスト種子という（図54）。

エンクラスト種子は表面が滑らかになり播種が容易になる。また保管、移送中の種子の絡み付きや損傷を軽減できる。

図54. 人参エンクラスト種子

4. フィルムコート種子

病害虫防除のために、薬剤（登録農薬）を加えた水溶性ポリマー溶液（糊剤）で薄層に種子を被覆したものをフィルムコート種子という（図55）。

フィルムコート種子は、粉衣よりも均一にしっかりと薬剤が種子に固着している。そのため薬剤効果が高く、飛散も極めて少なくなることから、作業者の安全面にも有効である。また、降雨や灌水で一気に農薬が流れないため、徐々に農薬の効果を発揮させることができる（徐放性）。

さらに、フィルムコート種子は、基本的に顔料などで着色されているため、播種後の視認性が向上する。

図55. フィルムコート種子の一例

5. 剥皮種子

ホウレンソウなどの果皮を剥皮した種子を剥皮種子という。剥皮処理により発芽が容易になり、果皮に付着している病原菌を除去できる。ただし、種子を守る果皮がなく播種後土壌病害に侵されやすいため、登録農薬で前述のフィルムコートを行う場合がある。

6. プライミング種子

　本来、植物の種子は、一定の水分、酸素、温度があれば発芽（発根）するが、発芽に要する時間は種子個々によって異なる。そこで、種子に発根しない程度の水分を吸水させ、あらかじめ発芽しようとする力（内部代謝）を進めたものがプライミング種子である（図56）。

　プライミング種子は発芽までの時間短縮、苗立ちの均一化、不適環境下での発芽揃いの向上などの効果が得られる。ただし、見かけの発芽率（発芽勢）は無処理の種子に比べ高くなるが、真の発芽率、すなわち最終発芽率は変わらない。

　種子への水分制御は、様々な方法が知られているが、各種苗メーカーや種子加工を専門に扱う企業が個別に研究を重ね、独自のノウハウがある。

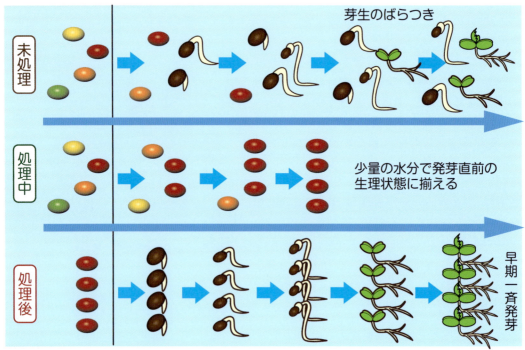

図56. プライミングの原理（概念図）

7. 硬実種子の傷つけ処理

　硬実種子（P.23参照）は種皮が硬く、あるいは厚いため、そのままでは発芽に必要な水分を吸水しにくい。

　このような硬実種子に対しては、種皮を傷つけることで発芽を改善することができる。

X. 種子の検疫

　種子の国際的な流通はますます拡大しており、それに伴い新たな病原体や害虫が自国内に持ち込まれる危険性が高まっている。そのため各国とも種子の輸出入に関しては、さらなる植物検疫措置をとっている。これらは公正な国際貿易を担保するため、世界貿易機関（WTO）の「衛生と植物防疫のための措置」（SPS協定）に従って、科学的見地から実施されたリスク評価に基づいて実施されることになっている。

1. 種子の輸入

　日本においても種子による海外からの病害虫の侵入を防ぐため、植物の種類及び輸出国によって検疫措置を定め、輸入の禁止、輸出国での栽培地検査や採種親株または採種種子の検査などの輸出前措置などを要求し、さらに日本での輸入検査を実施している。

（1）輸入禁止

　種子について無条件で輸入禁止になっているのはイネもみ（朝鮮半島と台湾を除く全世界対象）のみである。

（2）輸出国での栽培地検査、あるいは採種親株または採種種子の検査

　栽培地検査とは、採種栽培中の指定の時期（栽培後半、収穫前など）に輸出国の政府機関による検査を受けて、対象病害虫が発生していない確認を受けることである。また、採種親株、採種種子検査とは、採種栽培中に採種親株からサンプリングした植物体の一部、あるいは、採種した種子について、所定の検査を受けることであり、その検査法としては、PCRなどの遺伝子検査法が指定される病害が増えている。

　栽培地検査や採種親株検査、採種種子検査が求められる病害・病原菌はウリ科とナス科に多く、その他にマメ類、トウモロコシ、牧草にもある。詳細は、植物防疫所のホームページ（http://www.maff.go.jp/pps/）の「輸入条件データベース」で、輸入元国、植物、部位（種子）を入力することで、輸入検疫の該当の有無と検査などの条件が確認できる。

（3）輸入検査

　輸入された種子は図57のように植物防疫所によって輸入検疫が行われ、輸入検査としては輸入現場での肉眼による一次検査と、そこで採種されたサンプルによって植物防疫所内で顕微鏡下での二次検査が実施される。必要に応じてブロッター検査や遺伝子検査も行われる。

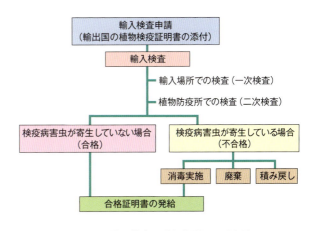

図57. 種子の輸入検疫の流れ（長尾、1999）

2. 種子の輸出

　各国ともそれぞれの環境、状況に基づいて植物検疫措置をとっており、日本から輸出される種子が相手国の植物検疫要求に適合しているかを植物防疫所が検査している。各国からの主な要求内容は、①輸入禁止、②事前輸入許可、③輸出前に輸出国の植物検疫機関での検査と植物検疫証明書（phytosanitary certificates）添付、④輸出国での消毒措置、⑤輸出国での栽培地検査、⑥輸送方法、植物形態、輸入時期、輸入場所及び梱包形態の制限などである。植物防疫所では、相手国からの検疫要求に従い、栽培地検査、遺伝子検査を含む所内での検査、立会消毒などを実施して、植物検疫証明書を交付している。

　2023年より輸出検査の一部を登録検査機関が行うことができるようになり、大学、公的機関、民間検査会社や関連団体などが、登録検査機関として実施している。

　各国の輸入検疫条件の詳細は植物防疫所のホームページに掲載、随時更新されており、それを参考にしたうえで、取引先などを通じて輸出相手国の植物検疫機関に確認する必要がある。また、新たな輸入検疫措置が出された時はWTOのSPS通報で公開されることになっている。

第3章

苗

Ⅰ. 苗の基礎知識

1. 苗の需要について

　近年の農業における購入苗の重要性は年々大きくなっている。以前は、栽培農家が種子を播種し育苗する自家育苗が一般的であった。しかし、農業従事者の減少や高齢化が進んだことで育苗労力は年々負担が増加していた。一方では、発芽の難しい品種の利用、耐病性台木の利用とそれに伴う接木作業などで育苗労力は増加してきていた。このような背景から、自家育苗は困難な状況になり、本圃栽培と育苗の分業化が図られ苗の購入が一般的になってきた。

　育苗の重要性は古くから「苗半作」と言われる通りであるが、育苗専門業者に任せることによって高品質苗を確保しようとする傾向が進んでいる。また、この要望に応えるべく育苗を担う苗生産者は接木技術の向上や苗生産の効率化で商品の安定供給を目指してきた。これに大きく貢献したのはセル成型苗の生産システム導入であった。また、コンピューターの利用により、受注・生産管理を行い多種多様な品目や規格に対応できるように情報管理能力の高度化を推し進めた。

　当初、栽培農家は幼苗を購入し、鉢上げを行って定植苗を育苗するスタイルが多かった。しかし、近年では高齢化や労力不足がさらに進んだこと、作期の多様化、農業経営の規模拡大などによって一層の分業化が進み、定植苗での購入割合が増える傾向にある。このような需要変化への対応や付加価値向上を目指し、育苗業者は軽量でコンパクトな定植苗など独自の規格開発を行い、さらなる需要を掘り起こしている。

　自家育苗に対し購入苗の比率は年々上昇してきており、この傾向は果菜類の接木苗で顕著である。花苗では、栄養生殖系苗や切花生産用の定植苗以外では購入の増加率は少ないが、これは元来消費形態が苗である場合が多いためである。

　苗の需要量を調査している統計はほとんど見当たらない。ここでは購入苗の比率が高い果菜類4種の使用苗数と接木・自根の苗数、購入苗数を推測した例として表1に示す。

表1. 苗の使用苗数と購入苗数の推測　　　　　　　　　　　　　　　　　　　　　※単位：100万本

	使用苗数	接木苗数	自根苗数	購入苗数	購入接木苗数
キュウリ	150.0	138.9	11.1	93.3	89.9
トマト	300.0	173.1	126.9	145.5	103.2
ナス	95.4	75.4	20.0	66.0	63.1
スイカ	61.5	57.7	3.8	22.6	21.7

注）使用苗数は作付面積（平成28年産　野菜生産出荷統計）から一般的な栽植本数を基に推測。
　　接木苗数、自根苗数、購入苗数、購入接木苗数については「野菜茶業研究所資料第7号」（平成23年発表）を参照して推測。

2. 良い苗とは

消費者が望む良い苗とは、以下に示すような苗が一般的である。

①茎が太く、葉色が濃い。
②老化していない。
③健康で徒長していない。
④病害虫に侵されていない。
⑤茎葉量と根量のバランスがよい。

しかし、良苗の判断基準は、消費者の需要条件により以下に示すように変化していく。

A. 営利用苗と小売・家庭菜園用苗の好みの違い

営利用苗は定植時のサイズが基本となり、一般的な良苗の認識に近いものがある。一方、小売用苗は店頭に長くおけることを重視するため、定植時より小さい苗を好む。

B. 植物重視の苗と作業性重視の苗

一般的に、育苗における根巻は定植時の活着鈍化につながり、順調な植物の生長に悪影響となる。しかし、セルトレー育苗では移植の作業性を重視しているため、根巻の進んだものが好まれる傾向にある。またトマトでは、着花性を高める目的で、根巻をさせて吸肥力を制御する場合がある。

C. 定植時期により変化する理想の苗

夏季と冬季では日長、気温条件が異なるため生育日数に大きな差が生じる。冬季の営利用苗では、寒さに耐えうる強さや青果収穫までのハウスの暖房代節約などの理由から大きめの苗を望まれる。一方、夏季では根巻が無く活着の早い小さめの苗が好まれる。

このように、一般的な良苗の定義は、求められる用途や季節によって変化するものであることを理解しておくことが重要である。

3. 苗形態の多様化

苗の形態は、流通が盛んになり始めた当初は、ほとんどがセル成型トレーを用いたものかポットを用いたものであった。近年では、ユーザーからの要望により苗の形態や性質が多様化してきたことに伴い、苗生産者側では、通常の苗と差別化された高利便性を付与した苗を研究開発する動きが活発化している。以下にその例を示す。

(1)作業性の追求

定植時・移植時の効率をあげるために、固形培土を利用したものが普及してきている。セル成型苗では、根鉢が形成されないと移植・定植が困難であった。しかし、固形培土を利用した苗では、根量が少なくても抜き取りが可能であり、若苗でも移植・定植作業の効率に優れる。特に挿し芽増殖や断根された苗の移植・定植作業に高い効果を発揮する。また、培土を不織布で円筒形に包み込んだ形態の苗も同様な考え方ができる。

ネギ苗については、連結式ペーパーポットを利用した育苗により、定植作業の効率化まで大きく貢献している。

（2）輸送性の追求

苗は、箱に梱包されて輸送されることが多い。輸送箱に入る苗数が多いほど1本あたりの輸送コストは低く抑えることができる。品目によって育苗に適したセル成型トレー穴数は大体決まっているが、より多くの苗を輸送するためには穴数が多く1穴容量の小さなトレーでの育苗が必要となる。このことは、育苗培土の改良や、断根苗の移植などの技術で実現される。また、断根されたまま培土無しで輸送する苗が開発されており、飛躍的に輸送性が向上しているが、活着の難易度は高い。

（3）経済性の追求

果菜類では土壌病害回避や収量増加のために接木苗の利用が増加している。トマトでは、従来の整枝方法は主枝1本仕立てが一般的であったが、苗コスト低減や労力削減のため2本仕立てが取り入れられるようになってきた。育苗業者では、これらの要望を踏まえ2本仕立ての苗供給を開始し、適した品種の選定や伸長させる側枝の位置などの研究を行っている。

（4）健苗性の追求

トマトの接木苗では、台木と穂木の接合部位を通常より高くした高接ぎ苗が開発されている。高接ぎ苗は、地表から穂木の位置までの距離があるので、潅水時の土壌飛散による土壌病害感染を防止することができる。また、青枯れ病激発圃場においても病気の発現を遅延し、収量を高く維持できる結果が報告されている。

（5）環境性の追求

苗の生産・輸送時には、セル成型トレーやポリポットなどの資材が利用されているが、これらの資材は処分する段階で環境に悪影響を及ぼしている。この問題を緩和するためペーパーポットの利用や生分解性の容器の利用をする苗もある。

Ⅱ. 苗の種類と生産方法

1. セル成型苗

　セル成型苗は、小さな栽培ポットが連結しているセル成型トレーを用いて生産される。この形態は大量生産に適しており、播種から出荷までの作業を省力化・システム化できる。セル成型トレーには穴数が異なる規格が多数用意されており、品目・育苗日数・栽植密度を考慮しながら適したトレーを選定する必要がある。外寸もインチサイズとセンチサイズの2種類が存在し、これらは定植機に互換性が無いため注意が必要である。また、夏季の高温条件を緩和するため、従来黒色であったものを白色にして光を反射させることによりトレー自体の温度上昇を抑制する工夫がなされたものもある。

　表2に主な品目と一般的に利用されるトレーの関係を示す。

表2. 育苗品目とセルトレーの関係

	果菜類			葉菜類
	トマト・ナス		キュウリ	キャベツ・ハクサイ レタスなど
	自根	接木	接木	
288穴	◎			
200穴	○	○		◎
128穴	○	○	○	◎
72穴	○	◎	○	
50穴			◎	

　セル成型苗の生産工程は、土詰め、播種（栄養繁殖性の場合は挿し芽や株分け）、育苗の順となる。セル成型苗を大量生産するためには、各生産工程で専門的な設備の有無が生産性に大きく関与してくる。播種時の土詰め機・播種機・覆土機などの利用や適温管理のための発芽室が重要な役割を担う。また、育苗においては自動灌水装置や、トレーの移動についてはローラーコンベアや移動式の育苗ベンチを使用する例もある。

　セル成型苗を生産するにあたって留意する点は、セルトレー内の各セルの環境をなるべく同一に整えるということが重要となる。前提として種子の発芽がよく揃い、生育も均一であることが必要であるが、栽培条件に対しても同様である。各工程で栽培環境の均一性を維持するための注意点を以下に示す。

(1) 土詰め

　セルトレーの土詰め作業を行う際、土詰め機を使用しない場合では均一な培土充填が難しい。肥料含量は培土量と比例するため、培土が均一に充填されていないと肥料供給に偏りが生じる。覆土に培土を使用した場合には肥料分の不足は緩和されるが、播種穴の深さが変わってしまう。バーミキュライトで覆土した場合は、肥料含量と播種穴位置が不均一な状態となる。土詰め機を使用する場合には、特に意識をすることなく均一かつ効率的な培土充填ができる。この土詰めの精度が、今後の発芽、育苗の全てを支配することになる。

(2) 播種から発芽

　播種時の灌水は、種子に充分水分が行き渡るよう行う。播種後は、発芽適温条件にするため、発芽室や温床を利用する。発芽室でラックを使用して収納する場合、上段側で温度が高くなるため発芽が早く、下段では発芽が遅れる。トレー間の均一性にも配慮する必要がある。
　発芽後は、徒長防止のために、培土が盛り上がった段階で育苗ハウス内に移動する。発芽が揃うまでは温床上で管理することが好ましい。

(3) 育苗管理

　育苗管理でもセルトレー内の各セルの栽培環境が均一になるように留意する。セルトレーは、中心部に比べ周辺部で乾燥しやすい。灌水装置で一斉灌水する場合は、この乾湿の差は常に生じたままであり、中心部と周辺部では生育量の差となって現れる。水分含量を均一にするために、周辺部は多めな灌水を心がけ、セルトレー内の乾湿の差を緩和すべきである。また、周辺部の灌水量が増えると肥料の流亡も増加するので、セル周辺部の培土充填が甘い場合は、肥料欠乏の危険性も増加する。

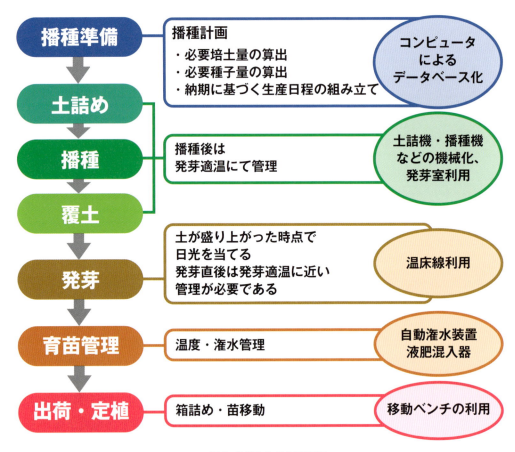

図1.自根セルの生産工程

2. ポット苗

　果菜類では、定植苗の大きさに適したポット苗の形状で流通していることがほとんどである。ポットには様々なサイズがあり、現在は6～12cm径が多く流通している。流通コスト面と定植しやすい苗齢を考慮すると9cmポットが大半を占めている。

　ポット苗では、セル成型苗とは異なり、培土量が多く根圏が広く取れるため、鉢上げ後の潅水管理はセル成型苗ほど気を使う点は少ないが、生育量を見ながら潅水を行う。1ポットあたりの培土量を均一にすることは、セル成型苗生産時の注意と同様である。播種箱や育苗箱に播種した苗を鉢上げする場合は、植え傷みに注意する。また近年では、作業性の良さからセル成型苗を鉢上げすることが多くなっている。しかし、カボチャなど根量が多くなる品目では、セル内の根巻が激しいため、鉢上げ後の育苗日数は伸びるので注意が必要である。

　ポット苗に使用する培土は、播種用培土と比較して粗い素材で構成された通気性を重視したものが適している。市販のポット培土も流通しているが、ポット培土は、使用量が多いため苗生産業者が自家混合して作る場合が多い。

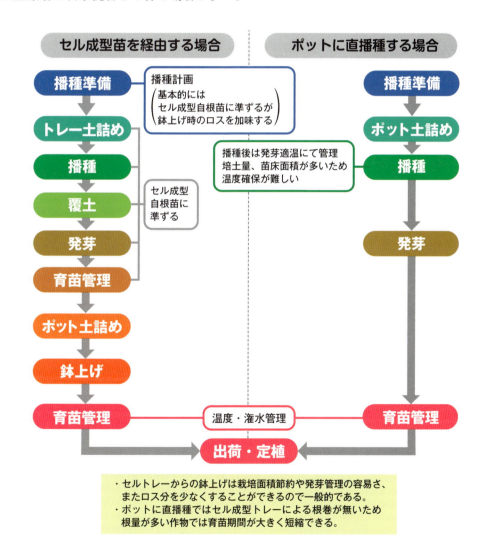

図2. 自根ポット苗の生産工程

3. 接木苗

近年は、セル成型苗やポット苗などの流通形態にかかわらず、接木苗の需要が増加している。接木苗の依存度が高くなっている背景には、本圃場においての土壌病害の汚染が挙げられる。一般的に、接木苗のメリットとしては以下の事項が挙げられる。

　①土壌病害の回避……連作障害軽減
　②キュウリのブルームレス化……青果の品質向上
　③草勢の維持、強化……多収や病害虫への抵抗性強化
　④低温伸張性や高温耐性の付与……作期の拡大

接木苗では、穂木の青果の高品質化と台木による耐病・健苗性を同時に授かることができる。この特性を生かすためには、台木の品種選定は重要である。本圃場において、どのような土壌病原菌が存在しているのか、草勢の強さはどうなのかを確認した上で、対応した品種を選択する。

接木にはいくつかの方法がある。接木の技術そのものは古くからあり、呼び接ぎ、割接ぎなどの方法が慣行法として行われている。これらの作業は、高度な技術と多大な労力を要し、セル成型苗のようなシステム的な生産体系には対応しにくいものであった。近年では、チューブを用いた接木方法が一般的となり、生産効率を大きく高めている。また、従来の居接ぎに対して、台木を断根して新たな培土に植え直す方法も多く行われ、生産効率化や輸送コスト削減に寄与している。挿し接ぎは、キュウリなどウリ類の接木で断根法と併用した断根挿し接ぎ方が多く利用される。

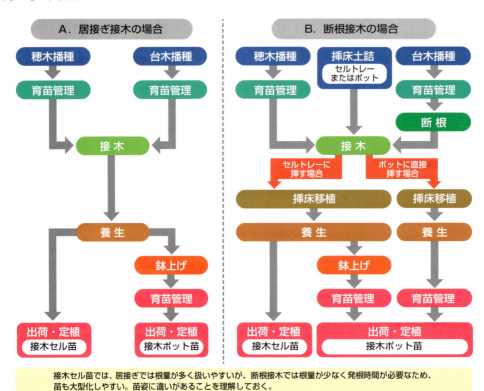

図3. 接木苗の生産工程

3章 苗

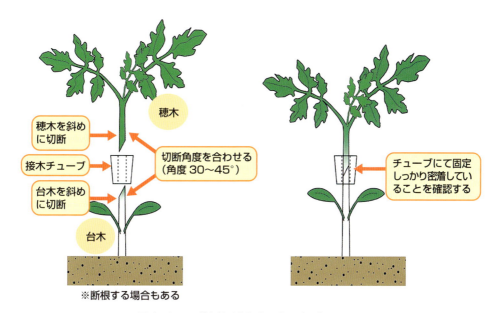

図4. チューブ接ぎ（主にトマト、ナス）

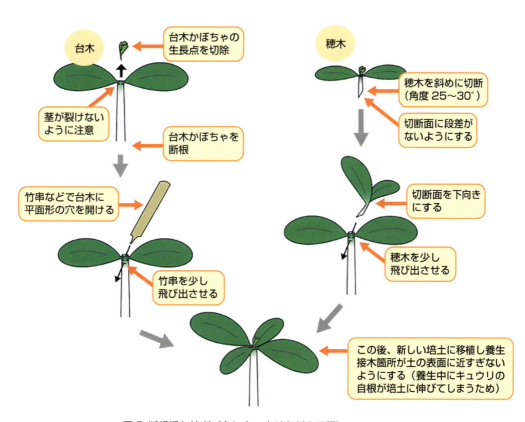

図5. 断根挿し接ぎ（主にキュウリなどウリ類）

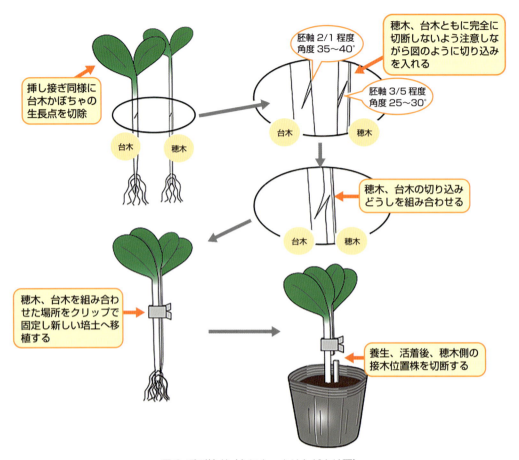

図6. 呼び接ぎ（主にキュウリなどウリ類）

　接木を行った苗は、台木と穂木が癒合するまで養生を行う必要がある。特に、断根したものは、発根するまで水分吸収力が著しく低い状態のため、組織が癒合しやすい湿度・温度条件で管理する必要がある。このような環境を整えるためには、養生室を備えた施設が有利となる。養生に適した湿度は、トマトでは85～90%であるのに対しキュウリでは100%に近い湿度でよい結果が得られる。呼び接ぎは、台木、穂木ともに根を残しているため湿度管理が必要ない。このため、養生が楽に行えるので自家育苗で利用が多い。

　接木では、作業の方法に注意がひかれるが、実際には、接木時期に穂木と台木の茎径を希望通りの太さにするという育苗管理が最も重要である。特にチューブ接ぎでは、台木と穂木の茎径が同じ、または若干台木が太い必要がある。またセルトレーの中での揃いがよいことが接木作業のしやすさを生み、生産効率を上げることに繋がる。穂木、台木の茎径が大きく異なる場合は、チューブにしっかりと固定できないため、切断面同士に隙間ができ、活着不良となりやすい。育苗管理の向上は、接木の成功率に大きく影響する。

4. ネギ・タマネギ苗

　従来、ネギ・タマネギ苗は地床に播種し、生長した苗を"抜き苗"として流通させていた。抜き苗の生産は、ハウス内で行うと徒長が懸念され、露地で栽培すると播種後の降雨など天候条件に著しく左右され、過湿による病原菌感染など安定的な供給に問題があった。また、抜き苗での定植作業は、多大な労力を要するものであった。

　従来、ネギ・タマネギ苗は栽培期間が長く、セル成型苗のような少ない培土量で定植適期まで育苗することが困難であった。近年では、少量でも長期間育苗が可能となる培土が開発され、セルトレーやチェーンポットを用いた育苗が広く普及してきている。これにより、土詰めから播種・覆土まで機械化された生産環境が構築できる。

　ネギの育苗で多く利用されるチェーンポットは、ペーパーポットを連結したもので、育苗箱内で展開した状態で培土充填を行う。一端を引っ張ると一列になってほどけるので、定植時にはこのまま本圃場に定植することができ、労力を大幅に抑えることが可能である。

　ネギの育苗では、自動定植機を利用するために、先端をカットした苗を生産することが多く、何度か切揃えることで苗の茎径も太くすることができる。

　またタマネギでは、セル成型苗での流通や、機械化定植に適した形状の専用トレーを利用した苗の流通が増加している。セル成型苗では、チェーンポットより一層少ない培土量となるので、培土の性能が非常に重要となってくる。専用トレーでは、定植前に培土固化材を添加し固形培土化した状態で定植作業を行う。このトレー栽培は、ネギにも使用されている。

　このように、ネギ、タマネギ苗においては、以前の抜き苗から近年のチェーンポットなどの利用により急激に機械化が進み、システム化されてきている

図7. ネギチェーンポット土詰め・播種・覆土ライン

5. 栄養繁殖系苗

(1)栄養繁殖

　栄養繁殖とは、植物体の一部（根、葉、茎など）が次世代の基になり繁殖する無性生殖（種子を経由しない）のことであり、次世代は遺伝的に親と同じ形質を継承し、均一な個体を増殖することができる。しかし、ウイルスなどの病害も継承するため優良個体の確保が困難な場合もある。

(2)栄養繁殖系苗の作出

　栄養繁殖系苗の作出には、親株を基に挿し芽、挿し木、接ぎ木、株分け、分球、ランナー、組織培養などを利用して増殖する方法がある。増殖するにあたり病虫害に侵されていない健全な親株を確保することが重要である。

　ランナーで増殖させるタイプとしてはイチゴ、挿し芽で増殖させるタイプとしては花き類のカーネーションやキクなどがある。また、種イモから多くの苗を採苗し培地なしのつる苗として流通しているカンショも栄養繁殖系苗である。特に、これらの作物は病気などに感染していないことが重要であるため、親株は、組織培養から作出された無病苗で、病気に感染しないように厳重に管理されている。

表 3. 栄養繁殖様式作物の種類

繁殖様式	種　　　類
挿し芽 挿し木	カーネーション、キク、宿根カスミソウ、ペチュニアなどの草花 アジサイ、バラ、ツツジ、ラベンダーなどの花木 ブルーベリー、イチジクなどの果樹
接ぎ木	サクラ、ウメ、花モモなどの花木 リンゴ、サクランボ、モモ、ナシ、ブドウ、かんきつ類などの果樹
株分け	ミョウガ、ショウガ、レンコンなどの野菜 ガーベラ、シバザクラ、ジャーマンアイリス、フクジュソウなどの草花
分　球	ニンニク、ラッキョウ、アサツキなどの野菜 チューリップ、グラジオラス、ラナンキュラスなど多くの球根
ランナー	イチゴ、オリズルラン、ユキノシタなど
組織培養	イチゴ、カンショなどの野菜 スターチス、ガーベラ、クリスマスローズ、ラン類などの草花

6. 組織培養苗

(1) ウイルスフリー化技術

　ウイルスに感染した栄養繁殖性植物からウイルスを除去する作業をウイルスフリー化といい、この際利用される技術が茎頂培養である。0.2〜0.5mmの茎頂組織にはウイルスは存在しておらず、この小さな茎頂組織を基に、組織培養技術を利用して作成されたものがウイルスフリー苗である。

(2) 組織培養苗とメリクロン苗

　組織培養苗は、健全な親株の一部(脇芽など)を組織培養技術で増殖したものを鉢上し作出された苗のことで、メリクロン苗は、組織培養苗のなかで茎頂組織を基に増殖し作出された苗のことでありウイルスフリーである。メリクロンとは、メリステム(分裂組織：主に茎頂)とクローンを合わせた造語である。

　メリクロン苗は、ウイルスに感染していない形質の揃った均一の良苗が大量に作成でき、秀品率や収量性の向上というメリットがある。また、一般にウイルスフリー苗というのは、メリクロン苗を親株として厳重に管理された環境下で挿し穂、挿し木、ランナーなどで二次増殖した苗にも当てはまる。これらの苗は、メリクロン苗と同じ性質であるため広く利用されている。

図8. メリクロン苗、ウイルスフリー苗の作出方法

Ⅲ．育苗技術

1．育苗に影響する基礎要因

　育苗に影響する要因は、温度、光、水、培土、肥料などである。苗の生産は、ハウス内で行われることがほとんどで、水、培土、肥料については人的制御が可能な要因である。しかし、光については、遮光以外の制御は難しい。温度についても、低温期の加温や日中の換気により、ある程度の制御は可能であるが、過度の高温条件や日照不足により昼温確保ができないなど、制御不可能な場面も多い。これらの各要因は複合的に育苗に影響するため、育苗現場においてそれぞれ分離して考えることはできない。

（1）温度が及ぼす影響

　　植物が順調に生長するためには、発芽適温、生育適温を考慮する必要がある。発芽において迅速かつ高い斉一性を求めるなら、播種後から発芽まで発芽適温内で管理する必要がある。育苗に対する温度条件よりも厳密に管理することが望ましい。育苗段階では、温度管理によって生育速度を調整することができる。生育適温では、植物の活力が十分発揮されるが、高温では徒長や花芽の形成不良の原因になり、低温では生育速度は鈍化する。また、過度の場合は生理障害や枯死が発生する。

　　これらの事象は、一般的に知られるところであるが、温度は他の環境要因に影響を及ぼす。温度が高いと肥料の溶出が早くなる。また、育苗培土の乾燥が進み潅水量も増加する。この結果培土中の肥料分は、低温時と比較して流亡量が増し、育苗後期に肥料欠乏があらわれやすくなる。一方、低温時には肥料分の溶出が減り、加えたはずの肥料分が効いてこない場合が多い。温度変化は、水分や肥料濃度に大きな影響を及ぼすことも考慮しておく必要がある。

（2）光が及ぼす影響

　　光量は、遮光カーテンの利用以外は制御が困難であるが、植物の光合成能に直接的に作用するため重要な要素である。弱光下では徒長や葉色の薄い苗の原因に、強光下ではハウス内温度を高温にしてしまう原因となる。光量は、温度と密接な関係にある。また、日長時間の影響も大きく、品目によって異なるが短日条件と長日条件では、花芽形成や生育速度に強い影響を及ぼす。光の波長も影響を及ぼし、ガラスハウスのナス育苗では、紫外線不足により紫色が薄く、緑色の強い葉色となる。

（3）水の影響

　　潅水量は、植物の生育速度や苗姿を大きく変化させる。過剰な潅水は、徒長の原因となり、また根量の低下や、根腐れの原因にもなる。少なめな潅水量は、強靭な組織を形成し徒長を防ぐが生育速度は鈍化する。これらは定植以降も継続する場合があるので注意が必要である。

　　また、潅水量は肥料濃度にも影響し、潅水量が多いと肥料の溶出が増加し、少ないと低下する。過度の潅水では、肥料分の流亡に注意が必要である。

　　苗生産現場では、潅水は井戸を利用していることが多いが、水質も生育に大きく影響する。pH は各肥料成分の吸収量を左右し、高 EC は肥料濃度が高くなることに留意する。

3章　苗

（4）培土、肥料の影響

　　近年の苗生産現場では、セル成型苗や播種床では購入培土の利用が一般的となっている。一方、鉢上げ用の培土では、使用量の多さからコスト増となるため自家混合培土を利用する比率が高い。

　　培土の役目は、苗の支持体であることと、肥料の供給である。販売されている培土は、肥料が混合されているものが多い。肥料混合培土は、追肥のいらない元肥重視型と追肥前提の追肥制御型が見られ、肥料要求量の小さい花き生産者では追肥制御タイプを使用することが多い。

　　セル成型苗は、播種からの育苗であることや、培土量が少なく乾燥しやすいこともあり、保水性重視の細かい素材を混合したものを使用する。また、土詰め機の対応のため、さらさらとしたピートモス主体の培土であることが多い。このような培土は、播種用として優れるが、大きな種子は発芽の際に酸素要求量が高い傾向にあり、気相が多い培土を使用した方が好結果になることが多い。また、高い保水性を持つ培土では潅水労力は軽減されるが、徒長に注意が必要である。鉢上げ用培土は、根量も多くなるため、気相が多いものを用いる。

　　肥料分は、品目や使用する季節に対応するため、数種類の肥料濃度が準備されている。ネギ用培土は、肥料要求量が高いため、肥料濃度の高い専用の培土が用いられる。

　　肥効の時期や期間も重要で、育苗期間中に肥料が、いつ、どれだけの量が溶出しているのかが、作物の生長曲線に大きく影響する。肥料溶出量が育苗初期に多い培土では、発芽不良や生育後期で肥切れを起こす可能性が高い。また、育苗後期に多肥となる培土では、生育後期で徒長の可能性が高くなる。これに伴い、生育後期で成長速度が急激に早まると、接木適期や定植適期が短くなり、作業計画にも影響する。

　　使用する培土は、保水性、通気性などの物性や肥料の混入量、溶出の仕方について、特徴を把握し使用することが重要である。

環境要因／植物の生長状態	温度	光量	水分	肥料
	温度障害（花芽異常など）	光量不足（葉緑色が淡くなる）	水分過剰（根腐れなど）	肥料過多（芯止まり・奇形葉）
徒長	高	少	多	多
順調	適	適～多	適	適
しっかり	低～適	適～多	少～適	少～適
	温度障害（花芽異常など）	光量過多（日焼けなど）	水分不足（葉やけ・枯死など）	肥料不足（茎葉黄化）

図9. 環境要因と植物の生長

2. 育苗作業の機械化と効率化

　育苗作業の効率化を目指すため、各工程において機械化が図られてきた。最も労力がかかる土詰めや播種、日々の作業となる潅水の自動化を目指して開発が進められてきた。近年では、繊細な作業が必要な接木においても、ロボットの開発により自動化の期待が高まっている。また、栽培面積の効率的な利用や出荷の際の移動労力低減のために、移動ベンチの導入も増えている。

(1)土詰め機

　セル成型トレーやポットへの培土充填作業の自動化、省力化を担う。上方からの培土の供給と培土供給される容器の定速移動により、手作業では困難な均一な培土充填を可能にしている。

(2)播種機

　土詰め機から、鎮圧、播種穴開け、播種、覆土まで一連の作業を行えるものが多い。種子を、コンプレッサーで作った負圧でノズルに吸い付けてトレーに播種する大掛かりなものから、コート種子を播種するための簡易的なものまで多岐にわたる。ネギの育苗では、チェーンポット用に設計された播種機が開発されている。

(3)潅水装置

　潅水装置は、大別すると上面からと、底面からの潅水方法の2種類の潅水方法がある。底面の潅水は過潅水になりがちで、徒長の可能性が高まるため注意が必要である。上面潅水では、ハウス内全体を一斉潅水することが多いため、苗のステージごとに潅水量を変えることが難しい。上面、底面いずれにしても、育苗する苗のステージや品目など、ハウス内の配置を熟慮する必要がある。

(4)移動ベンチ

　移動ベンチは、ハウス内での栽培面積を有効利用するため、通路分まで列単位で横に移動することができる。ベンチ列が全て移動するため、通路は1本であることが多く、育苗ハウス内での苗移動の作業は、困難になる場合がある。また、大規模な育苗センターでは、細分化されたベンチごとに移動制御可能な構造も導入されている。

(5)接木ロボット

　接木ロボットは、今まで様々な商品が発表されていたが、初期投資額と能率のバランスが悪いこと、ロボットの規格に適した苗の育苗が困難であることなどの理由から、実動しているものは少ない。また、ウリ用のロボットでは台木を片葉落としとするタイプで、活着後にホウ素欠乏のよる生理障害が発生し問題となる事例があった。

　近年では、映像処理技術を用いて、接木ロボットに適した苗サイズを判断し、事前に差し替えを行うことができるロボットが開発されている。また、接木ロボットの作業速度も飛躍的に向上し、労働力の確保が難しい育苗現場で、導入の期待が高まっている。しかし、接木ロボットは、扱う品種数の少ない海外では多くの導入事例が見られるが、国内では多品種を小

ロットで生産しなければならないため効率が上がらず、導入例は少ないままである。

3. 育苗環境のコントロール

　安定的な苗生産を行うにあたって、環境要因の制御範囲を広げる努力が常々行われてきた。温度、湿度など、いくつかの環境要因を制御するものから、近年では、苗生産の工程を通して全ての環境を制御可能な専用施設が開発されてきている。

(1)発芽室

　播種後に発芽適温を保つことを目標とする恒温室である。光源については重要視されないことが多い。ナスでは、昼温30℃、夜温20℃の変温条件で発芽が促進されるため、管理温度を時間単位で変化させることが必要となる。また、乾燥防止のため加湿機能を持つものもある。

　限られた室内容量に大量に収納させるため、多段ラックを使用する。室内にファンが設置されていても、ラック内上段では下段より高温になる傾向があるため、発芽までの時間が早くなる。発芽に厳密な斉一性を求める場合には注意が必要である。

(2)養生室

　接木苗の生産効率は、養生時の温度、光、湿度に大きく左右される。養生室は、これらの要因を制御することができ、特に湿度は100％近くまで制御することができる。これにより、接木の活着は最適な環境で促進される。

　養生室内は、湿度を均一に維持することが難しいので、注意が必要である。養生室内の収納量が多くなると、湿度循環が困難となり、湿度分布が均一にはならない。湿度の供給が上方からか側方からかによっても、湿度の循環性が異なってくる。また、湿度の均一性を保つために、ファンを強めるとファン周辺部は乾燥するので注意が必要である。

(3)閉鎖型苗生産システム

　発芽室、養生室は、苗生産で環境制御が重要な部分だけに対応する施設であるが、閉鎖型苗生産システムでは、育苗期間全般に渡って環境制御を行うことを目標としている。また、これらの各環境制御の管理はコンピューターによって行われ、様々な設定が可能となっている。これらの設定による環境制御は、再現性が高いため、生産工程のマニュアル化を容易にしている。

　閉鎖型の育苗施設内では、多段式の育苗棚には照明が設けられ、潅液が底面から給水される。潅水回数はタイマー制御され、肥料濃度についても設定値に自動調整されている。このような密閉された空間では、二酸化炭素不足になる傾向があるため、光合成を行う明期においてはボンベから二酸化炭素が供給される。また、二酸化炭素濃度を生育制御に積極的に利用することも可能である。

　閉鎖系の施設内で育てられた苗は、外部との接触が少ないため病害虫の汚染も少なく、胚軸が太くしっかりした均一な苗が年間を通して供給できる。また、均一な苗が生産できることは接木時にロボットの使用を考慮している場合など、作業の機械化対応に優れている。

4. 苗の貯蔵と出荷調整

　苗の需要期は育苗作業も著しく集中し、労力不足を引き起こす。この育苗時期の集中を少しでも緩和させるため、苗を貯蔵し養生室や育苗面積の有効利用を目指す試験が重ねられている。

（1）野菜苗の貯蔵の可能性

　苗の貯蔵は、基本的に低温貯蔵であり、温度条件、照射する光量、光波長条件の選定、二酸化炭素濃度などガス組成制御を組み合わせて研究が続けられている。キュウリの照明下の低温（10℃）貯蔵や、ナス接木の暗所低温（10℃）貯蔵などの報告例がある。また、光合成における光補償点付近の光量を与えて低温貯蔵すると葉色劣化や徒長が防止できる報告もある。いずれの報告も、2～3週間程度の貯蔵が可能とされている。

　貯蔵苗と無貯蔵苗を比較すると、青果の収量差が無いと報告されているが、視覚的に劣る印象は避けられない。また、低温を要する貯蔵では、照明を備えた低温庫などの施設が必要になり、コスト面で不利である。

　着花位置の低下を目的に短期間の出荷調整などに利用される場合はあるが、長期間の貯蔵は実用に至っていない。

（2）スーパーセル苗

　キャベツやブロッコリーでは、定植適期苗を追肥せずに育苗を継続すると、子葉や初期展開葉の脱落と葉色の黄化は認められるが、枯死することなく貯蔵と同様の効果が得られる。この苗はスーパーセルと命名されており、9週間程度は慣行法と同様の収量が期待できると報告されている。葉菜類では、自家育苗の確率が高く、苗姿が問題となることは少ないため、長期の貯蔵が可能なスーパーセルに対する期待は大きい。

（3）花き類における貯蔵の利用

　カーネーションは、親株から3～4節の芽を採取して挿し芽を行い、約4週間後に発根した苗を栽培に利用している。穂は通常2～5℃の冷蔵庫内（暗黒）で8～10週間貯蔵することができる。ただし、貯蔵中に葉に斑点が生じたり黄化したりする品種もあるので、品種ごとに適正な貯蔵期間を設定する必要がある。穂は適宜採取して貯蔵しておき、納期に応じて必要な数量の穂を挿し芽する。発根した苗は、発根床から抜き取り、50本程度を1単位にしてビニール袋に入れて出荷する。この状態でも4週間程度は冷蔵庫内で貯蔵することができるので、作業の分散化を図ることができる。貯蔵期間が長くなると、葉が黄化したり根が伸び過ぎたりして、品質が劣化することがあるので注意する。

　スターチス・シヌアータでは、組織培養苗が主流となっている。シヌアータは、開花のために低温が必要で、自然の低温に遭遇しない4月～10月に納品される苗には通常低温処理が施されている。低温処理は、発根した培養苗が入った培養容器のまま、あるいはそれを200穴程度のセルトレーに順化し、3～4週間育苗した小苗の状態で2～5℃で2～4週間行う。小苗にしておくと4週間程度は維持することができるので、納期に合わせて低温処理することができる。長期間小さいセルトレーで維持された小苗は、根が巻き過ぎたり葉が黄化したりするが、最終的な出荷規格である7.5cmポットや50穴セルトレーに移植すると、速やかに生長を再開する。

Ⅳ. 苗の取り扱い上の注意点

1. 流通上の注意点

　苗の輸送は、育苗業者の大規模化、集中化により、遠方からの輸送が増加した。輸送形態は、ダンボール箱がほとんどであり、冬季では保温のため密閉された中にカイロなどの保温資材を入れ、夏季では穴の開いた箱で通気性を確保することにより、苗のダメージを回避している。

(1) 輸送が苗に及ぼす影響

　　輸送時には、温度環境による影響や振動による苗の傷みなどが発生する。また、輸送時は暗所となり、湿度の高い状態が継続するため、徒長と葉色が淡くなり、苗の軟弱化が起きる。夏場は、高温のため出荷前と比較して苗到着後の苗は草丈が大きく伸長する。冬季では過湿が低温障害を助長する。

(2) 苗到着後の注意点

　　到着した苗は、暗所で過湿にさらされていたので、到着後できるだけ早く開封し、栽培環境に順化することが重要である。植物の組織が柔らかくなっている可能性があるので、風あたりの強い場所に置くことは避け、半日程度遮光下で管理するとよい。また、輸送中に乾燥している場合もあるので潅水管理を行う。

(3) 輸送方法の違い

　　一般的に、大量に輸送する場合にはチャーター便、少量ロットの場合には宅配便の利用が多い。到着後は即座に開封し運送事故の有無を確認する必要がある。引越業務と重なる春先に、運送事故率が上がる傾向にある。
　チャーター便の輸送では、運送事故の確率は低いが、荷室に苗の入ったダンボールを詰め込むため、宅配便に比べて苗は過湿条件になりやすい。冬季では、段ボール内にあるカイロの熱でさらに蒸れやすい環境になるため、この時は順化作業を入念に行う必要がある。

図10. 梱包状態

2. 出荷時の表示について

（1）指定種苗表示

　種苗法では、食用となる植物のすべての種類と、果樹、花き、芝草、きのこの一部が指定種苗となっている。苗として流通する作物は概ね指定種苗に該当する。この指定種苗の販売を業とするもの（都道府県、小売専業者を除く）は、種苗業者として届け出が必要である。

　指定種苗は、品質の識別を容易にするために、販売に際しては一定の事項を表示する必要がある（都道府県、小売専業者も含む全種苗業者が対象）。必要な項目としては、以下の通りである。

　①表示をした種苗業者名および住所
　②種類および品種（接木した果樹苗木は穂木および台木の種類と品種）
　③生産地（国内産は都道府県名、外国産は国名）
　④種子については、採種年月または有効期限および発芽率
　⑤数量（重量、体積、本数、個数など）
　⑥その他省令で定める事項

　このうち⑥のその他省令で定める事項では
・食用および飼料の用に供される農林水産植物（以下「農林水産植物」という。）の種苗であって、農薬を使用したものについては、その旨ならびに使用した農薬に含有する有効成分の種類および当該種類ごとの使用回数。
・食用農林水産物以外の農作物の種苗（果樹などの多年生植物の苗木・穂木を含む）であって、農薬により病害虫の防除をしたものについては、その旨および使用した農薬に含有する有効成分の種類。
・種菌については、製造の年月および農林水産大臣の指定する有害菌類（トリコデルマ）の有無について表示する必要がある。また、農薬に使用方法や使用時期ごとに記載してある場合は、区分ごとの使用回数を表示することとしている。

　このような法令の下で苗の生産を行う場合、農薬使用について慎重に行う必要がある。基本的な農薬の使用で遵守すべき事柄（作物に登録された農薬の使用と時期、方法など）の他に以下に注意する。

・自ら使用していない場合でも、記載の必要のあるもの（種子消毒や幼苗を購入し鉢上げ生産をする場合など）に注意する。
・ハウス内に多数の品目がある場合、目標作物以外に農薬が飛散しないよう気を付ける。（ドリフト防止）
・使用方法が土壌混和の場合、使用回数が1回であることが多く、苗生産時に使用すると本圃で使用ができない。苗の利用者が既に本圃で定植準備時に同一薬剤を土壌混和している場合もあるため、使用に際しては購入者との相談が必要となる。

　なお、栄養繁殖性植物では、種イモの原々種・原種、またイチゴ苗の親株増殖時では非食用扱いのため、使用回数の表示は必要が無い。種イモの場合は採種圃場から掘り上げた時点、イチゴ苗はランナー切断後から使用農薬を記載する。

（2）登録品種の表示

　種苗法改正により令和3年4月1日から、登録品種を用いた種苗には指定種苗表示以外にも、登録品種である旨の表示が必要となる。
　登録品種の表示は以下のとおりである。

①登録品種名
②登録品種であること
・「登録品種」の文字
・「品種登録」の文字 及び その品種登録の番号
・PVP マーク
のいずれかで表示
③海外持ち出し制限があること（該当である場合）
　表示例：海外持ち出し禁止（公示（農水省HP）参照）
④国内栽培地域の制限があること（該当である場合）
　表示例：海外持ち出し禁止及び○○県内のみ栽培可（公示（農水省HP）参照）

　これら登録品種の表示については、種苗またはその包装に、取引単位ごとに表示する必要がある。また、これらの商品を掲載したカタログやホームページなどによる広告についても表示が求められる。
　なお品種の登録期間が満了した、または育成者が登録を更新しない場合など、その品種が登録品種ではなくなった場合には速やかに登録品種表示を削除しなければならない。その場合の品種名は登録品種であった時の名称を継続して使用する。

3. 販売上の注意点

　苗を販売する場合、工業製品と異なり輸送中や商品の展示中でも生長する。また、消費者が手にするまで、常に管理が必要なものであり、障害を起こす確率が高いことを考慮すべきである。苗納品後は速やかに苗の状態を確認し、輸送事故や管理の必要性があるか確認を取ることが重要である。
　また、前項に記した登録品種の表示については、経由する販売網すべてが担う表示義務であることに留意する必要がある。

（1）卸売りの注意点

　卸売りの場合、JAや種苗店などに納入し生産者へ配達または引取を待つ場合と、生産者へ直送される場合がある。JAや種苗店に納入された場合、引き渡すまでの管理が重要となる。夏季では直射日光を避けるようにし、冬季では寒さに当たらない場所に保管すべきである。冬季や、早朝の荷下ろしを希望する場合での寒気の影響は苗に対して瞬時に障害を与えてしまうため注意が必要である。また、納品までの時間が掛かるようであれば水分環境にも注意する。卸売りの場合は、生産農家の要望に沿って多種多様な苗が納品される。ポット苗で納品される場合には、培土量が多いことから、枯死に至る乾燥までは余裕があるが、セル成型苗の場合は注意が必要である。

生産者に直送される場合、上記の注意点はすべて生産者が担うべきこととなるので、販売業者は生産者に対して適切なアドバイスが重要である。卸売りでは、苗質について多様な希望があることが多く、生産者との情報共有が重要であるとともに、それら情報の処理能力が要求される。また、輸送に対しての情報を共有しておくことが必要となる。

（2）小売店での注意点

小売店では、店頭における苗の商品価値を維持する管理が不可欠である。店頭では多品目の苗が並ぶことになるが、それぞれの適正な生育環境は異なる。商品価値を長く保つには、取り扱う品目ごとに、環境要因の適正な範囲を知ることが重要である。これらの環境要因は、密接に関係しながら植物に影響を与えているが、特に温度と灌水量の関係に注意する。温度は低温障害の起こさない範囲であることが前提であるが、高温時の過灌水は徒長や根腐れを誘発し商品価値を大きく下げる。

商品である植物の特性を知り、適正な環境が近い品目を同じ展示場所にするなどの工夫をすると管理しやすい。また、特性を知りユーザーに対して商品説明ができることはサービスとして重要である。

コラム1　APSA 幕張大会（2001年）

　アジア太平洋種子協会（APSA）の21世紀最初の大会が、2001（平成13）年9月17日～20日に千葉市の幕張メッセで開催された。APSAは、高品質の種子取引の推進や種子生産の改善を行うことを目的とした国際団体であり、幕張大会は9.11同時多発テロ直後という困難な時期にもかかわらず、35カ国から600名の参加を得て開催され、日本がアジア太平洋地域の種苗産業のリーダーシップを取り始めた重要な大会となった。

APSA2001 レセプション

APSA2001 開会式

APSA2001 展示ブース

APSA2001 商談テーブル

第4章

球根類

Ⅰ. 球根植物の特徴

1. 球根植物

　球根植物とは、葉、茎、根などの器官の一部を肥大させて、次の生育に役立つ栄養分を貯える部分をもつ植物で、生育に適した環境になると生長する特徴がある。したがって、植え付け時期、植え方さえ間違わなければ、あまり手をかけなくても花を咲かせることができる。また、生育期には自身で子球を作るなど、繁殖することができるのも特徴である。

2. 球根の形態

鱗茎（ユリ）　　球茎（グラジオラス）　　塊茎（アネモネ）　　塊根（ダリア）　　根茎（ジンジャ）

図1. 球根の形態5種類

　球根類は、肥大する部分によって次のように5つに分類される。

(1) **鱗茎**　地下の葉が変形し、多肉状になって栄養分を貯蔵しているもの。底部には圧縮された盤状の茎があり、根はこの部分から出る。
　　例：チューリップ、ユリ、ヒアシンスなど

(2) **球茎**　地下茎が短くなって球状に肥大し、葉が薄い皮に変形して球茎を包んでいる。
　　例：グラジオラス、クロッカス、フリージアなど

(3) **塊茎**　地下茎が肥大して養分を貯えているもの。葉は退化してなくなり、一見どこから芽や根が出るかわからないものもある。
　　例：アネモネ、シクラメン、球根ベゴニア、カラーなど

(4) **塊根**　根が肥大して養分を貯えているもの。芽は塊根の上部で地下茎とつながっている部分から出るので、この部分を傷つけないことが大切である。
　　例：ダリア、ラナンキュラスなど

(5) **根茎**　地下茎が肥大した点では球茎と同じであるが、水平に伸びて肥大したものが根茎である。
　　例：ジンジャ、カンナ、ジャーマンアイリスなど

Ⅱ. 生育周期と花芽分化

1. 生育周期

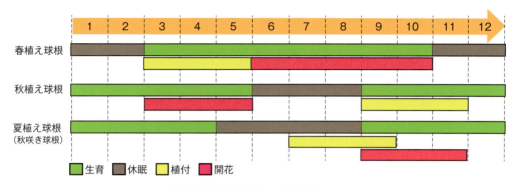

図2. 植え時期別球根の生育周期

　球根は植え付け後、芽が出て花が咲き、その後枯れるという周期を繰り返す。植え付け時期やその性質によって春植え球根と秋植え球根に大別される。

　春植え球根は、春から夏に生育し、晩秋の低温期になると地上部が枯れて休眠に入るもので、カンナ、グラジオラス、ダリアなどがその例である。

　一方、春に生育・開花し、気温の上昇に従い地上部が枯れて夏の高温乾燥期に休眠するチューリップ、ユリ、スイセン、ヒアシンスなどを秋植え球根という。

　また、秋植え球根の中でも秋から初冬に開花した後、葉を伸ばして生育し、初夏に枯れて休眠に入るリコリスやコルチカムなどの秋咲きの種類は、夏植え球根として分類されることもある。

2. 花芽分化

　球根類には、球根の内部で花芽分化するものと、植え付け後生長が進んでから花芽分化するものがある。

　前者には、チューリップ、ヒアシンス、スイセン、アマリリス、クロッカスなどがある。これらは、植え付ける前に既に花芽ができており、球根には栄養分が貯えられているため、よい球根さえ選べば水栽培もできる。ただ、水栽培の場合、秋から冬にかけて十分な低温にあわないと花が咲かないことが多い。

　後者には、アイリス、アネモネ、多くのユリ、グラジオラス、フリージア、ダリア、チューベローズなどがある。

　花芽分化の時期については、高温期に花芽分化するものとしてスイセン、チューリップ、ヒアシンスなどがある。一方、比較的冷涼な時期に花芽分化するものとして、アイリス、アネモネ、フリージアなどがある。その他のものとしては、アマリリスのように1年中絶えず花芽分化して、1個の球根に1～数個の花芽をもつものや、グラジオラスのようにある程度の生育と温度さえあれば植え付けの順に開花するもの、ダリアのように枝が丈夫に伸びれば花芽分化するものなどがある。

Ⅲ. 球根の栽培

1. 球根の選び方

　よい球根を選ぶポイントは、春植え球根、秋植え球根とも球根の表面に病斑がなく、軽く手で押さえてしっかりとした感じのすることである。

　チューリップや水仙のように品種数の多い種類では、球根が大きくなりやすい大球性のものや小さいサイズしか生産できない小球性のものなどがあるので、大きさだけでは選べないことがある。例えばチューリップでは、ダーウィンハイブリッド系の品種のように球根の周囲が14cm位になるものから、原種系の品種で大きくても5cm位のものまである。また、水仙においてもラッパ咲き品種などの周囲が16cm以上になるものから、原種のジョンキル系品種のように5cm程度で十分開花するものまである。

　また、グラジオラスのように、品種により球根の形（球状のものや平たい形のものなど）や球根の色（赤味を帯びた品種や黄味を帯びた品種など）が異なるものや、チューリップのように、生産された圃場の土質により球根の外皮の色が濃い茶色であったり、薄い色であったりするものもある。

2. 植え付け時期

　春植え球根の植え付けの適期は3〜5月である。グラジオラスのように、植え付け時期を遅らせることによって開花期も遅らせることができるものでは、品種の選択により夏に植えて秋に咲かせることもできる。

　秋植え球根は一般に10月前後が植え付けの適期だが、チューリップ、ヒアシンス、スイセンなど冬になってから植え付けても十分開花するものも多い。ただ、フリチラリアのように植え付けの時期が遅れると花が咲きにくくなる種類もある。

　リコリス、コルチカム、サフランなどの夏植え球根（初秋に植えて冬までに開花する球根）は、8〜9月頃の植え付けが適している。特にリコリスは初夏より植え付けができる（表1、表2）。

表1. 春植え球根一覧表

種類	植付時期（月）	開花期（月）	種類	植付時期（月）	開花期（月）
アマリリス	3〜5	5〜6	ジンジャ	3〜5	8〜10
カラー	3〜5	5〜7	スプレケリア	3〜5	5〜6
カンナ	3〜5	6〜10	ゼフィランサス	3〜5	6〜10
球根ベゴニア	3〜5	5〜6,10〜11	ダリア	3〜5	6〜11
グラジオラス	3〜7	6〜9	チグリジア	3〜5	6〜8
クルクマ	4〜5	7〜9	チューベローズ	4〜5	7〜10
クロコスミア	3〜5	7〜9	ヒメノカリス	4〜5	7〜8
グロリオサ	3〜5	7〜9	ユーコミス（パイナップルリリー）	3〜5	7〜8
サンダーソニア	3〜5	6〜8	リアトリス	3〜5	6〜9

— 84 —

4章　球根類

表2. 秋植え球根・夏植え球根一覧表

種類	植付時期（月）	開花期（月）	種類	植付時期（月）	開花期（月）
アイフェイオン	9～11	3～4	チューリップ	9～12	4～5
アイリス	9～12	5～6	トリテレイア	9～11	5～6
アネモネ	10～11	3～5	バビアナ	9～11	4～5
アリウム	9～12	5～6	ヒアシンス	9～12	3～4
イキシア	9～11	4～5	フリージア	9～11	3～4
オーニソガラム	9～11	4～6	フリチラリア	9～10	3～5
ガランサス	9～11	2～3	ムスカリ	9～12	3～4
早咲きグラジオラス	9～11	4～5	ユリ	10～3	6～8
クロッカス	9～12	3～4	ラナンキュラス	10～12	4～5
シラー　カンパニュラータ	9～12	5～6	リューコジューム	9～11	4～5
スイセン	9～12	1～4	コルチカム	8～9	9～10
スパラキシス	9～11	4～5	サフラン	7～9	10～11
チオノドクサ	9～11	3～4	リコリス	7～9	8～10

3. 植え付け方と栽培方法

　球根類の根は、草花類とは異なり、ほとんど細根を持たない糸状の根であるため、乾燥に弱い。したがって、一般の球根類の植え付けには、砂質壌土か砂混じりの粘土質壌土のように、適度な湿度が保たれる土質が適している。また、日あたりのよい所が球根を植え付けるのに適している。

　球根を植え付ける深さは、一般に球根の高さの2～3倍といわれているが、植え付ける場所によっては深さの調節が必要な場合がある。例えば、湿り気味で地下水の高い所や粘質地ではやや浅めに、水はけがよく乾きやすい所ではやや深めにするとよい。ユリやオキザリスのように、地中の茎からも発根する種類は、標準より深く植える必要がある。

　プランターや植木鉢に植える場合、チューリップ、ヒアシンス、スイセンなどは球根の先がやや隠れる程度でよく、ユリは球根の上部の茎から伸びる根によって養分と水分を吸収するので深めに植える方がよい。また、秋植え球根をプランターや植木鉢に植える場合、冬の間の水やりが大切で、乾燥しすぎると春になって十分な生育ができないことがある。そのため、土の表面が乾けばたっぷりと水をやるという繰り返しがポイントである。植え付ける間隔は、一般に球根の直径の3倍ぐらいといわれるが、プランターや植木鉢に植える時にはやや密植気味の方が開花時は豪華である。

(1) チューリップ　ユリ科（学名：*Tulipa*．　英名：Tulip）
　有機質の多い土壌が適しているが、極端な粘土質や砂質の土以外であればほとんど適応する。日あたりのよい所に植え付ける。肥料を与えなくても十分開花するが、芽が出た頃から蕾が付く頃まで、週に1回の割合で薄い液肥を与えると立派な花を咲かせる。チューリップなどの冬を越す種類の多くは、一定期間低温にあたることによって開花するため、鉢植えの場合、冬期は戸外の寒い所で管理し、水切れにも注意する。

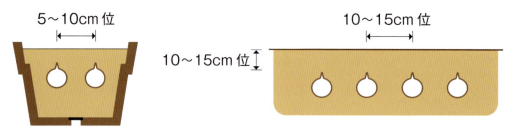

図3．チューリップの植え付け（左：鉢植え、右：花壇）

(2) スイセン　ヒガンバナ科（学名：*Narcissus*．　英名：Narcissus）
　土質はあまり選ばないが、水はけの悪い土だと根腐れになりやすいので注意が必要である。戸外で植え放しにする場合は、落葉樹の下など夏期には日陰になる所が適している。肥料は窒素分の少ないものを用い、茎が伸び出す前に与える。鉢植えの場合、2月位までは戸外で水切れに注意して管理する。2月以降室内に持ち込めば、1週間位早く花が楽しめる。

(3) ユリ　ユリ科（学名：*Lilium*．　英名：Lily）
　日あたりと風通しがよく、水はけのよい所に植え付ける。養水分の大部分を茎から出た根から吸収するので、球根の高さの3倍以上の深さを目安に深植えするとよい。肥料は、茎が伸び出す頃に薄い液肥を数回与える。庭植えの場合は2～3年は植え放しでよい。鉢植えの場合は秋になり葉が枯れてから掘り上げ、調整後は乾かさないようにし、消毒後すぐ植え付ける。

(4) ヒアシンス　キジカクシ科　ヒアシンス属（学名：*Hyacinthus*．　英名：Hyacinth）
　土質はあまり選ばないが、有機質の多い土を好む。日あたりがよく、水はけのよい所に植え付ける。肥料は与えなくても十分開花するが、芽が出た頃から蕾が付く頃まで、週に1回の割合で薄い液肥を与えるとよい。鉢植えの場合、冬期は戸外の寒い所で管理し、水切れにも注意する。
　水栽培：室内で美しい花と白い根を同時に楽しめる水栽培は、気温が17℃以下になる10月中旬頃から始める。1月下旬までは凍らない程度の寒さにあて、その後日あたりのよい窓辺などに置くと花芽が伸びてくる。水は週に1回程度取り替え、根がのびてきたら球根基部が水に浸らないように水位を下げる。

(5) クロッカス　アヤメ科（学名：*Crocus*．　英名：Crocus）
　砂質土壌を好む。日あたりのよい所に植え付ける。肥料は与えなくても十分開花するが、芽が出た頃に液肥を与えると立派な花をつける。2～3年は植え替えなしでも毎年花が楽しめる。球根が混み合ってくれば、葉の枯れる6月頃に掘り上げて植え替える。
　水栽培はヒアシンスに準ずる。

(6) アネモネ　キンポウゲ科（学名：*Anemone.*　英名：Anemone）

　アネモネの球根は乾燥しているので、急に水を吸うと腐ることがある。そのため、植え付け後1週間は水を与えず土の湿気で球根を膨らませるか、湿らせたバーミキュライトや砂の上に置いて吸水させ、芽が出たのを確認してから定植する。日あたりと風通しがよく、水はけのよい砂質土壌が適している。追肥は1～2月に油かすを少量与える。

　球根は平らな方を上、とがっている方を下にして植え付ける。

(7) ラナンキュラス　キンポウゲ科（学名：*Ranunculus asiaticus.*　英名：Persian buttercup）

　ラナンキュラスの球根は乾燥しているので、急に水を吸うと腐ることがある。そのため、植え付け後1週間は水を与えず土の湿気で球根を膨らませるか、湿らせたバーミキュライトや砂の上に置いて吸水させ、芽が出たのを確認してから定植する。日あたりがよく、水はけのよい所が適している。耐寒性はあまり強くないので、厳冬期には霜よけをするとよい。

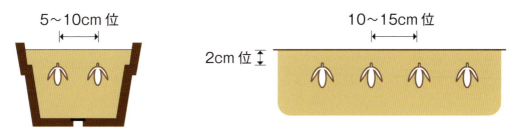

図4. ラナンキュラスの植え付け（左：鉢植え、右：花壇）

(8) アイリス　アヤメ科（学名：*Iris hollandica.*　英名：Dutch iris）

　日あたりがよく、水はけのよい所に植え付ける。肥料は与えなくても十分開花するが、元肥として遅効性の化成肥料や堆肥などを与えるとよい。追肥は薄い液肥を3月までに与える。水切れは花の咲かない最大の原因となるので、特に鉢植えの場合には注意する。

(9) ムスカリ　キジカクシ科　ムスカリ属（学名：*Muscari.*　英名：Grape hyacinth）

　日あたりがよく、水はけのよい所に植え付ける。肥料は与えなくても十分開花するが、植え付ける際に元肥として緩効性の化成肥料を与えるとよい。早く植えると秋の間に葉が伸びて長くなるが、やや遅植えにすると低温にあたりあまり葉が伸びず、草姿がコンパクトになる。数年は植え放しでも花を楽しめるが、球根がふえて混み合ってくるので、2～3年に1回は掘り上げて植え替えるとよい。

(10) フリージア　アヤメ科（学名：*Freesia.*　英名：Freesia）

　秋の低温にあえばすぐ発根するので、できるだけ早く日あたりがよく、水はけのよい所に植え付ける。寒さにあまり強くないので、やや深植えにして凍害から球根を守るようにする。鉢植えの場合、冬期は室内の日あたりのよい窓辺で管理するとよい。肥料は特に必要ないが、1～2月頃週に1回位、潅水を兼ねて液肥を与えるとより立派な花が楽しめる。

(11) グラジオラス　アヤメ科（学名：*Gladiolus.*　英名：Sword lily）

　日あたりがよく、水はけのよい所に植え付ける。連作を嫌うので、3年位のローテーションで植え付け場所を変える。肥料はなくても開花するが、元肥として化成肥料や堆肥を与えるとよい。夏期の水やりは毎日欠かさず行うことが重要。芽は1球につき1芽とし、他の芽は

かき取るようにする。草丈が高くなるので支柱を添えるとよい。春植えで90～100日、夏植えで70～80日位で開花する。時期をずらして植えると植え付けた順に開花するので長期間花を楽しめる。

(12) ダリア　キク科（学名：*Dahlia.*　英名：Dahlia）
　日あたりと風通しがよく、水はけがよい砂質土壌が適している。よい花を咲かせるには、根元周辺に有機質肥料を茎にふれないように土に混ぜるとよい。蕾が出てきたらリン酸分を多く含む液肥を週1回程度与えると次々に花を咲かせる。高温多湿がやや苦手なので、真夏になると生育が衰えてくる。敷き藁をして地温の上昇を防ぎ、夕方には潅水をするなど、少しでも温度を下げる工夫が必要である。

(13) アマリリス　ヒガンバナ科（学名：*Hippeastrum hybridum.*　英名：Amaryllis）
　肥料を好むので、堆肥や腐葉土などを十分に与える。鉢植えの場合は、6～7号鉢に球根の上部が2cm程度出る位に植え付ける。夏期は乾燥が激しいので水切れに注意する。秋に葉が出ている間は追肥を与え、球根を肥大させるようにする。冬に向けて徐々に水やりを控え、冬期には乾燥状態にして休眠させ、春まで鉢ごと室内で保管する。花壇の場合は、11月頃葉が黄変してから掘り上げ、乾燥後春の植え付けまで凍らないように保管する。

(14) カラー　サトイモ科（学名：*Zantedeschia.*　英名：Calla）
　カラーには、乾燥した土地を好む「畑地性」と水辺など湿り気のある土地を好む「湿地性」の大きく2つのタイプがある。
【畑地性】
　日あたりがよく、水はけのよい所に植え付け、夏場は直射日光を避けるようにする。生育中は土が乾いたらたっぷり水を与えるが、蕾が出てきたら少し水を控えるようにする。高温多湿で発生しやすい軟腐病には注意が必要である。追肥は、生育中に週1回程度液肥を与えるとよい。鉢植えの場合、秋以降は休眠したら乾燥させて、春まで鉢ごと室内で保管する。花壇の場合は、葉が黄変したら掘り上げ、春まで凍らないように保管する。
【湿地性】
　日あたりと風通しのよい所に植え付ける。水もちのよい土を好み、乾燥しやすい所では花つきが悪くなるので注意する。年中葉が茂り、はっきりとした休眠期は無いが、地上部が枯れて休眠に入った場合は水やりを止める。地中の球根が凍らない所であれば越冬できる。

(15) カンナ　カンナ科（学名：*Canna.*　英名：Canna）
　日あたりのよい所に植え付ける。生育中に肥料切れを起こさないよう、植え付け前に、腐葉土や緩効性肥料を混ぜ込んでおくとよい。球根は深さ5cm程度の浅植えにし、間隔は60～100cmと広めにとる。鉢植えにする場合は、根が大きく伸長するのでかなり大きめの鉢を用意する。草丈が伸びてきたら支柱を立て、倒伏を防ぐ。生育中は土が乾かないようにしっかり水を与える。

Ⅳ. 球根類の病害虫

　球根の病気は、その原因によって、大きく病原体によるものと害虫によるものに分けられる。病気にかかると球根そのものだけでなく、花や葉、茎にまで影響を及ぼすこともあるため、早期発見が大切である。

表3. 病原体による病気と防除法

分類	原因	病名	病状の特徴	防除方法
ウイルス	害虫による吸汁（アブラムシ、ハダニ、アザミウマ、コナジラミなど）	モザイク病	葉や花弁に斑点や縞模様が入る。遺伝的な斑入模様や要素欠乏症と見分けがつきにくい場合がある。	羅病株は早期に抜き取る。ウイルスを伝播する害虫を防除する。
糸状菌（カビ）	フザリウム菌	球根腐敗病	土中の病原菌が球根の底部から侵入し、腐敗させる。掘り上げ後の貯蔵中にも発生し、進行する。	腐った球根はできるだけ土中に残さない。今までに病気が発生したことのある場所での連作は避ける。
	ボトリチス菌	灰色かび病（ボトリチス病）	地上部に発生する。水がしみたような模様が現れ、しだいに褐色に変化し、腐敗する。進行すると、灰褐色のカビ胞子が発生し、広がる。	多湿のときに発生しやすいので、風通しをよくし、乾燥気味に管理する。発病部分は切り取って処分する。
細菌	エルビニア菌	軟腐病	土中の細菌が植物の傷口から侵入し、軟化・腐敗させる。独特の臭いがする。一度発生した場所で再発生しやすい。	除草や害虫の防除を行う。日あたりや水はけのいい環境を整える。

表4. 害虫による被害と防除法

害虫	被害部位	病状	防除方法
ネダニ	地下部	球根の根底部に群がって寄生し、食害を起こす。フザリウム菌を媒介するので、根や球根が腐敗し、地上部の生育も不良になる。毎年同じ球根を続けて栽培するとよく発生する。湿気を好み、貯蔵中の球根の内部に侵入し、球根をボロボロにしてしまうことがある。	土壌消毒を行う。一度発生した土壌には球根を植えないようにする。
アブラムシ	地上部	葉や茎に寄生し、吸汁して生育を妨げる。ウイルス病（モザイク病）を伝播することもある。	繁殖力が高いため完全な退治は難しいが、見つけ次第取り除く。増えすぎた場合には薬剤散布を行う。

Ⅴ. 球根のふやし方

　球根類では栄養繁殖によってふえるものが多い。栄養繁殖とは、根、茎、葉などの栄養器官から分かれてふえることで、球根の場合、分球したり、親球についた子球や木子を大きくしてふやすことである。ヒアシンス、アマリリスなどにはノッチングやカッティングなどの物理的処理により多くの個体を得る方法があり、ユリでは鱗片を1枚ずつはがして挿し、新しい子球を形成させる方法が一般的である。

　一方、アネモネやラナンキュラスでは種子から生産されることが多い。新品種育成のために交配して種子を得ることもあるが、チューリップやスイセンなどでは開花までに7〜8年以上を必要とする。

　球根をふやすためには元肥をやや多めに施し、花が咲き終わったら花がらと共に子房もつみ取り養分を消耗しないようにする。花が咲き終わった後に追肥を与えると、掘り上げ後に腐りやすくなるので与えないほうがよい。

表5. 自然増殖の方法

様式	特徴	球根の種類
自然分球	新たな球根ができ、自然に分かれる	鱗茎、球茎
切断による分球	芽の数がふえるので、芽が出る部分を付けて切断する	塊茎、塊根、根茎
子球による繁殖	むかご(葉腋につく珠芽)や木子(地中の茎の節や親球の基部につく子球)でふえる	ユリ、グラジオラス

表6. 人工増殖の方法

名称	ふやし方	球根の種類
鱗片繁殖	鱗片を一枚ずつはがし、バーミキュライトなどに挿す	ユリ
スケーリング	球根を縦に等分し、基部(根が出る部分)がついた断片を土に挿す	アマリリス
スクーピング	基部(短縮茎)をえぐり取る	ヒアシンス
ノッチング	基部に深く切れこみを入れる	

Ⅵ. 球根の掘り上げと貯蔵

1. 掘り上げ

　球根の掘り上げ適期は、一般に葉が黄変し始めた頃である。秋植え球根は地上部が枯れて休眠に入る時期に、春植え球根は寒さに弱いので霜が降りる頃には掘り上げる。また、球根には毎年掘り上げが必要なもの（チューリップ、グラジオラスなど）と数年に1度の掘り上げでよいもの（ユリ、スイセンなど）がある。

　天気のよい日に球根を掘り上げ、根についた土を落とし、風通しのよい所で薄く広げるか、ネットなどに入れ、吊るして乾燥させる。茎、葉、根は完全に枯れてから取り除き、植え付けまで保管する。

2. 貯蔵

　球根は、植え付けまでの間適切な管理を必要とする。多くの球根は、掘り上げ後一定の休眠期間中に生育をスタートさせる準備を整えるため、植え付けまでの間適切な状態で貯蔵されないと球根の腐敗や十分な開花が望めないことがあるので注意する。

　一般には直射日光があたらず、風が通り、水に濡れない所で貯蔵する。球根の量が多い場合はできるだけ薄く広げて乾燥させ、過湿によるカビや腐敗、発根を防ぐ。また、冬期は凍らない場所で貯蔵する。一方、ユリやカンナのようにやや湿った状態で管理しないと乾燥により衰弱するものもある。

表7.貯蔵方法

方法	保存場所	種類
乾燥貯蔵	風通しがよく、水にぬれない場所で保存 冬…凍らない場所 夏…熱がこもらない場所	一般的な球根 チューリップ、アネモネ、ヒアシンス、クロッカスなど
湿潤貯蔵	湿らせたバーミキュライトやおがくずに埋め、冷暗所で保存	カンナ、ダリア、ジンジャ、ユリなど

VII. 店頭での管理

1. 春植え球根（販売時期：2～5月）

　一般に春植え球根は、春～夏に生育し晩秋の低温期に地上部が枯れて休眠に入り、2～5月にかけて店頭で販売される。グラジオラス、ダリア、アマリリス、ゼフィランサス、クルクマ、グロリオサ、カンナなど主に暖かい地帯に分布する植物が多く、気温が下がりすぎると球根を傷めることがあるので最低でも3～5℃以上を保つように管理する。

　店頭での陳列方法は様々であるが、いずれも直射日光のあたらない風通しのよい乾燥した所が適している。球根は主にデンプン質でできており、直射日光があたるとこのデンプン質が変質するため、生育が悪くなったり開花できなくなり、さらにひどくなると枯死に至ることもある。また、球根は乾燥に耐えられるものはネットに、耐えられないものはビニールなどの袋に入れられているが、温度が上昇するとビニールなどの内側に結露が生じ、むれやカビを引き起こしやすいので十分な注意が必要である。

2. 秋植え球根（販売時期：8～12月）

　一般に秋植え球根は、春に生育、開花し、夏の高温乾燥期に休眠したものが8月頃から店頭で販売される。チューリップ、ヒアシンス、スイセン、ユリ、クロッカス、ガランサス、ムスカリ、チオノドクサ、フリージアなどがあり、気温が上がりすぎると球根を傷めることがあるため、25℃以下を保つように管理する。高温期に出回るビニール袋に入ったユリなどの球根は、非常にむれやすくなっているので注意が必要である。

　秋植え球根の中でも、アネモネやラナンキュラスは他の球根と違い水分をほとんど持っていないため湿気は大敵で、水廻りや鉢花を陳列している近くではカビの発生が見られる。いずれにしても春植え球根同様、直射日光のあたらない風通しのよい所での管理が必要である。

3. 夏植え球根（秋咲き球根）（販売時期：7～9月）

　秋植え球根の中でも初秋に植えて冬までに開花する種類で、7月頃から店頭で販売される。サフラン、コルチカム、リコリス、ネリネ、ステルンベルギア、オキザリスやシクラメンの一部などがあるが、秋にかけて気温が低下すると芽を伸ばし始めるため、20℃以上を保つように管理する。販売中に芽が出てくる場合は、芽を折らないように取り扱いには注意が必要である。

　春植え・秋植え球根同様、直射日光のあたらない、風通しのよい乾燥した場所での管理が必要である。

第5章

野菜類

注）写真は、種子・発芽・収穫時の姿とした（一部を除く）。

野菜類 　種子の形と大きさ

※販売品例

カブ（アブラナ科）	**ダイコン**（アブラナ科）
ゴボウ（キク科）	**ニンジン**（セリ科）
ホウレンソウ（ヒユ科）	**カリフラワー**（アブラナ科）
キャベツ（アブラナ科）	**コマツナ**（アブラナ科）
チンゲンサイ（アブラナ科）	**ハクサイ**（アブラナ科）
ブロッコリー（アブラナ科）	**ミズナ**（アブラナ科）
シュンギク（キク科）	**レタス**（キク科）
セルリー（セリ科）	**アスパラガス**（キジカクシ科）
タマネギ（ヒガンバナ科）	**ネギ**（ヒガンバナ科）

5章　野菜類

ニラ （ヒガンバナ科）	オクラ （アオイ科）
スイートコーン （イネ科）	カボチャ （ウリ科）
キュウリ （ウリ科）	スイカ （ウリ科）
メロン （ウリ科）	トマト （ナス科）
トウガラシ （ナス科）	ナス （ナス科）
ピーマン （ナス科）	イチゴ （バラ科）
インゲン （マメ科）	エダマメ （マメ科）
エンドウ （マメ科）	ソラマメ （マメ科）

カブ

英名：Turnip　分類：アブラナ科アブラナ属に属する野菜
学名：*Brassica rapa* L.

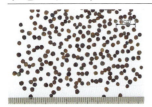  

- **原産地**：アジア、特にアフガニスタンを中心とする一元説と、これにヨーロッパ西南部の海岸地帯を加える二元説がある。
- **温度適応性**：冷涼な気候を好む。
- **発芽適温**：最適温度15～20℃、最低温度4～8℃、上限は40℃。
- **生育適温**：15～20℃前後。冷涼地では春夏栽培、中間地・暖地では秋冬栽培が最適。
- **光適応性**：比較的強光を必要とする。
- **土壌適応性**：土壌適応性は広いが、通気、排水性良く有機質に富む深い耕土がよい。
- **土壌酸度適応性**：弱酸性～中性（pH5.2～6.8）。
- **花芽分化と抽苔**：種子春化型（シードプラントバーナリゼーション）
発芽直後から低温に感応し、花芽分化が起こり、分化後はやや高温で抽苔が促進される。カブの花芽分化は、低温によって誘起され、感応限界温度は12～13℃、最も敏感な低温域は5～7℃前後とみられ、この温度域に20日以上遭遇すると花芽分化する。低温感応性や抽苔の早晩性は、品種間差が見られ、大カブ・在来カブ種は抽苔が早く、小カブ種は抽苔が遅い傾向にある。

- **作型別栽培方法**
（1）**春まき栽培**：ビニールトンネルを利用した1～3月まき、4～6月どりの小カブの栽培が多く、この作型では、4～5月の気候がよく、後半の生育が早いので適期収穫に努める。
（2）**夏まき栽培**：7～8月上旬まきは、中間地では気温が高く栽培が困難なことから、冷涼地の栽培が中心となる。高温のため病害虫や生理障害の発生が多く、品質が低下しやすいので、寒冷紗などの被覆資材を利用し栽培する。
（3）**秋まき栽培**：カブ栽培の基本となる作型で気温の低下し始める晩夏から初秋にかけて播種し、露地栽培では、年内に収穫を終えるのが中心となる。生育適温下での栽培であり、小・中・大カブ在来カブの栽培に適応し、年間を通じて最も栽培面積が多い。
（4）**冬まき栽培**：10～2月にかけて播種する作型で、小カブの周年栽培でみられ、1～4月にかけて収穫する。生育前半は低温と寡日照下にあたるため、日あたりのよい圃場の選択と被覆資材による保温が重要となる。

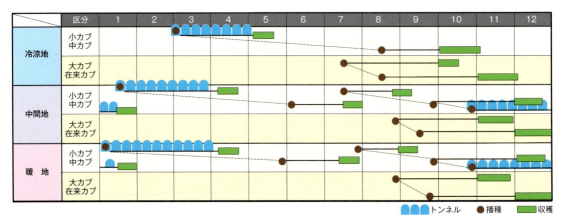

5章　野菜類

ダイコン

英名：Japanese radish　分類：アブラナ科ダイコン属に属する野菜
学名：*Raphanus sativus* L.var. *longipinnatus*

- 原産地：地中海沿岸から中東。
- 温度適応性：冷涼な気候を好む。
- 発芽適温：最適温度24〜28℃、15〜35℃程度が実用上の限界温度。
- 生育適温：17〜21℃。生育初期には高温にも耐えるが、平均25℃を越えると、根部の肥大が悪くなり、肥大後は軟腐病や生理障害が発生しやすくなる。
- 光適応性：比較的強い光を好み、日照量が少ないと生育が遅れる。
- 土壌適応性：土壌適応性は広いが、通気、排水性がよく有機質に富む深い耕土がよい。
- 土壌酸度適応性：弱酸性〜中性(pH5.5〜6.8)。
- 花芽分化と抽苔：種子春化型（シードプラントバーナリゼーション）
 発芽直後から低温に感応し、花芽分化が起こり、分化後は高温長日で抽苔が促進される。ダイコンの感応限界温度は12℃以下、最も敏感な低温域は5〜7℃前後とみられ、この温度域に一定期間遭遇すると花芽分化する。低温感応性や抽苔の早晩性は、品種間差が見られ、晩抽系品種は秋まき用品種に比べて、低温遭遇時間の要求量が多くなる。

- 作型別栽培方法
（1）トンネル春どり栽培：ビニールトンネルを利用した10〜3月まき、3〜5月どりの栽培。この作型では、2月以降は日射が強くなり、トンネル内の温度が上昇してくるのでトンネルの換気に注意する。
（2）春まき夏どり栽培：中間地の4〜5月上旬まき、6〜7月どり、冷涼地の5月上旬〜6月中旬まき、7〜8月どりの栽培。この時期は寒暖の差が大きく、抽苔の危険性があるので、晩抽性の品種を使用する。
（3）夏まき秋どり栽培：6月下旬〜8月中旬まきで、8月下旬〜10月中旬どりの栽培。生育期の気温が高く、各種病害虫、生理障害が発生し、年間を通じて最も難しい作型で、冷涼地の栽培が中心である。
（4）秋まき秋冬どり栽培：8月下旬〜10月上旬まき、11〜2月にかけて収穫する。生育適温下での栽培であり、年間を通じて最も栽培面積が多い。1〜2月どりは暖地の栽培であり耐寒性のある品種を使用する。

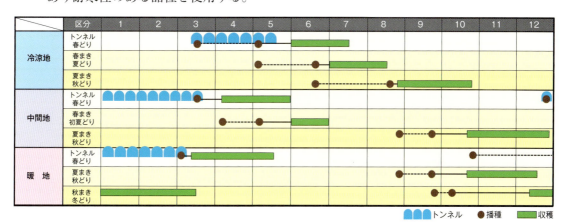

— 97 —

ゴボウ

英名：Burdock　分類：キク科ゴボウ属に属する野菜
学名：*Arctium lappa* L.

- 原産地：中国東北部、シベリアから北部ヨーロッパ。
- 温度適応性：耐寒性は強いが、地上部は寒さに弱く-3℃で枯死する。地下部は寒さに極めて強く、-20℃程度の低温でも圃場で越冬できる。
- 発芽適温：20～25℃、好光性種子。吸水後光によって発芽が促進されるので覆土は薄めにする。
- 生育適温：20～30℃前後。比較的高温性で耐暑性は強い。
- 光適応性：比較的強光を必要とする。
- 土壌適応性：砂壌土や火山灰のような排水がよく、耕土が深いところを好む。過湿や地下水位の高いところでは、腐敗や生育が悪くなる。
- 土壌酸度適応性：中性（pH6.5～7.0）酸性になると生育が劣る。
- 花芽分化と抽苔：緑植物春化型（グリーンプラントバーナリゼーション）
根茎が一定の大きさで低温（5℃以下）に遭遇し、その後、12.5時間以上の長日と高温で抽苔が促進され開花する。低温感応する時の根茎は、品種によって異なるが、3～9mm以上で花芽分化を起こす。

- 作型別栽培方法
（1）トンネル栽培：作付面積は少ないが、暖地を中心に10～12月播種、12月頃よりビニールトンネルを被覆して翌年の4～5月に収穫する作型。
　　　秋まき栽培に比べ、抽苔の危険性が少ない。
（2）春まき栽培：3～5月まき、9～12月にかけて収穫する作型。9～10月収穫は肥大の早い早生系品種を用い、11月以降に収穫する普通掘りには、ス入りの遅い中晩性品種を使用する。
（3）秋まき栽培：この作型では、抽苔が大きな問題であり、抽苔回避のためには、適期播種が重要となる。9～10月に播種、6～8月に収穫する作型。低温感応しない根茎1cm以下の大きさで越冬させ、抽苔させないで収穫する。
（4）葉ゴボウ栽培：9～10月に播種し、12～1月にトンネル被覆して2月下旬～5月に葉つきの若ゴボウで出荷する作型。用いられる品種は、早生で葉柄が柔らかい早生系の品種を使用する。

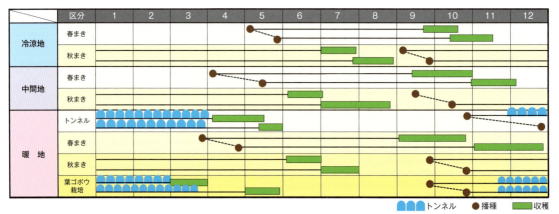

ショウガ

英名：Ginger　分類：ショウガ科ショウガ属に属する多年生植物
学名：*Zingiber officinale*

- 原産地：熱帯アジア、インド・マレーシア。
- 温度適応性：高温多湿な気候に適し15℃以下になると生育が止まる。
- 発芽適温：18℃以上で発芽。
- 生育適温：25～30℃が生育適温。10℃以下では塊茎は腐敗する。
- 光適応性：比較的強光を必要とする。
- 土壌適応性：土壌適応性は広いが、有機物の入った保水性の高い土壌を好む。
- 土壌酸度適応性：弱酸性（pH5.5～6.0）。
- 花芽分化と抽苔：暖地では塊茎から花穂を抽出し、苞の内部に花をつけ、まれに開花するが結実はしない。そのため栽培は塊茎による栄養繁殖になる。

- 作型別栽培方法
（1）葉ショウガ栽培

　　種ショウガの植付け時期は、促成栽培では2月、普通栽培では5月まで植付けできる。
　　収穫時期は5～10月頃、塊茎が十分充実しないで茎葉が3本出そろった頃に掘り取り、茎葉をつけたまま出荷する。夏場の消費が多い6～8月を出荷の中心にした作型が多い。種ショウガは茎葉が多く、茎の基部が鮮紅色のものを選抜し植付ける。
　　栽培方法は、排水のよい圃場に深さ7cm、幅1.2m前後の溝を作り、種ショウガを並べて覆土する。覆土後ポリフィルムや不織布でマルチし、その上にビニルトンネルをする。
　　植付けは収穫の80日前が目安。植付け後から発芽までは地温を26～28℃に保ち、発芽後はマルチを除き、トンネル内が30℃以上にならないように管理する。

（2）根ショウガ栽培

　　促成栽培は12～2月植付け、4～8月掘り取り。普通栽培（露地）では4～5月植付け、9～11月に掘り取りを行う。普通栽培では、植付けが早過ぎると種ショウガが腐敗する恐れがあり、また植付け時期が遅れると生育期間が短くなり減収になるので適期に植付けを行うことが大切である。
　　植付けは、深さ10cm程度の植え溝を掘り、植え溝に直角に、芽を上にして植える。深植えは発芽が遅れ、塊茎が長くなり、品質が悪くなる。
　　促成、半促成のものは、収穫後、直ちに新ショウガとして出荷するため、茎の赤味と表皮の鮮度が大事で乾燥させないこと。普通栽培で生産したものは、1カ月以上貯蔵した後、貯蔵ショウガとして周年出荷する。

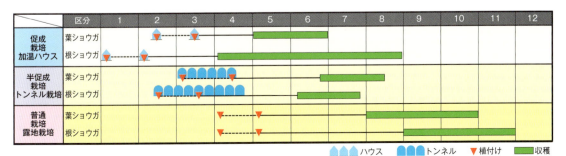

ニンジン

英名：Carrot　分類：セリ科ニンジン属に属する野菜
学名：*Daucus carota* subsp.*sativus*

- 原産地：アフガニスタン。
- 温度適応性：冷涼な気候を好む。
- 発芽適温：最適温度15～25℃。35℃以上の高温では発芽不良となり、10℃以下の低温では発芽が不揃いとなる。
- 生育適温：地上部の生育適温18～21℃、地温23～28℃が適温。収穫時期が高温になると、肥大不良で短根となり、尻詰まりが悪くなる。
- 光適応性：比較的強い光を好み、日照量が少ないと根の肥大が悪くなる。
- 土壌適応性：土壌適応性は広いが、通気、排水性がよく有機質に富む深い耕土がよい。
- 土壌酸度適応性：弱酸性～中性(pH5.5～6.5)。
- 花芽分化と抽苔：緑植物春化型（グリーンプラントバーナリゼーション）
植物体が一定の大きさに達したところで、一定の低温にある期間置かれることによって花芽を分化し、その後、高温・長日条件で花芽の発育と抽苔が促進される。低温感応性や抽苔の早晩性は品種間差が見られ、一般に東洋種は抽苔が早く、西洋種は抽苔が遅い。

- 作型別栽培方法
（1）春まきトンネル栽培：冷涼地4月播種、中間地の2～3月播種、7月収穫。トンネル内が高温になると徒長するので、トンネルの換気に注意する。
（2）春まき栽培：冷涼地4～5月播種、7～10月収穫。生育初期の低温時期は被覆資材による保温が必要。生育後半は高温になるので、抽苔の心配のない晩抽性の品種を使用する。
（3）夏秋まき栽培：冷涼地の5～7月播種、9月中旬～12月下旬収穫。中間地の6月下旬～8月上旬播種、10月中旬～1月収穫。暖地の7月上旬～10月播種、10～5月収穫。
（4）冬まきトンネル栽培：暖地の11～3月まき、4月中旬～7月下旬どりの栽培。露地ものが出てくるまでの端境期の出荷。

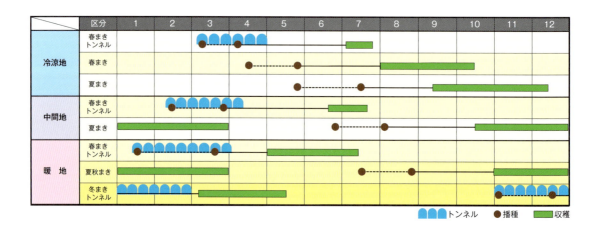

コンニャク

英名：Elephant foot　分類：サトイモ科コンニャク属に属する多年生植物
学名：*Amorphophallus konjac* k.koch

- 原産地：インドまたはインドシナ半島(ベトナム付近)。
- 温度適応性：比較的温暖な気候を好む。年平均気温が13℃以上必要なため、冷涼地での栽培はできるものの、大きく育つことが難しく露地栽培では東北南部が北限である。
- 発芽適温：15～20℃。
- 生育適温：20～30℃前後。比較的高温性で耐暑性は強い。
種イモの貯蔵温度は、7～8℃(生子は10℃)以下にならないように貯蔵する。
- 光適応性：比較的強光を必要とする。
- 土壌適応性：砂壌土や火山灰のような排水がよく、耕土が深いところを好む。
- 土壌酸度適応性：弱酸性～中性(pH5.5～6.5)。酸性になると生育不良になりやすい。
- 花芽分化と抽苔：ある程度株が大きくならないと開花しない。通常5～6年株の大きさになると開花し、花は濃い赤紫色でサトイモ科の水芭蕉やカラーに似ている。

- 作型別栽培方法
  コンニャクは、ジャガイモと同じように種イモから増殖し、ジャガイモと違って収穫まで3～4年かかる。
  - 1年目：春に種イモを植付けると新しいイモができ、そこから地下茎が伸び、秋には生子(小イモ)が作られ、この生子を収穫、貯蔵する。
  - 2年目：翌春に生子(約15g)を植付け、5～8倍程度に肥大したイモを秋に掘り上げ貯蔵する。(イモの大きさ100g程度)
  - 3年目：2年目の貯蔵したイモを植付け、秋にイモを収穫する。2年目からさらに5～6倍程度に肥大し、500g以上のイモは加工原料として出荷する。小ぶりのイモや生子は翌春植付け用として貯蔵する。
  - 4年目：春に3年目の小ぶりのイモを植付け、秋に収穫する。500g未満の種イモを植付けるため、秋には2kg以上になり、全て出荷できる。

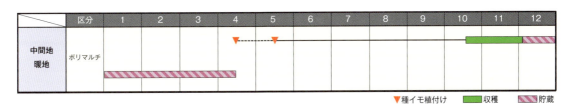

サトイモ

英名：Eddoe　分類：サトイモ科サトイモ属に属する1〜多年生植物
学名：*Colocasia esculenta* (L.)Schott

- 原産地：東南アジア。東南アジアでは多年生作物であるが、わが国では冬期間の気温が低いため、1年生作物となる。
- 温度適応性：温暖な気候を好む。
- 発芽適温：最適温度25〜30℃、最低温度12〜15℃。
- 生育適温：25〜30℃前後。温暖な気候を好むため、北海道では積算温度不足で栽培が難しい。地上部は低温に弱く、霜害を受けやすいが、地下部は短期間であれば5℃まで耐える。
- 光適応性：比較的強光を必要とする。
- 土壌適応性：多湿条件を好み、耕土が深く確保でき、水分保持能力のある壌土が、最も栽培に適している。土壌の乾燥が激しいとイモの肥大が悪くなり、収量、品質が低下する。
- 土壌酸度適応性：酸性〜アルカリ性(pH4.1〜9.1)。酸性の強い火山灰土壌や開墾地でも栽培できる。
- 花芽分化と抽苔：日本の品種はほとんど開花しないので、栽培品種はその地域の栽培条件に適した優良系統を、長期間にわたって選抜したものである。
- 催芽処理：収穫を早める場合、ハウス内温床で種イモを催芽させてから植付けをする。催芽適温25〜30℃で、処理期間25〜30日程度。種イモは粉衣剤にまぶし、温床に密着するくらいに並べて3cm程度覆土する。植付け時期は、芽が伸びて展開する前に定植する。

- 作型別栽培方法
（1）促成栽培：暖地のハウスを利用する栽培。1カ月間催芽処理した後、1月に植付けし、5〜8月上旬にかけて収穫する。本葉2〜3枚までは高温多湿に管理し、その後日中35℃以上にならないようにハウスやトンネルの換気を行う。
（2）半促成栽培：トンネルやマルチを利用する栽培。3〜4月に植付けし8〜10月に収穫する。マルチを使用し地温上昇効果をはかる。
（3）普通栽培：一般的な露地栽培、4〜5月に植付けし、10〜11月に収穫する。

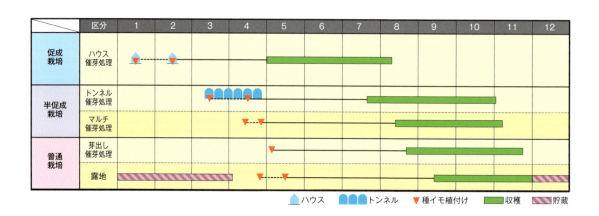

5章　野菜類

ジャガイモ

英名：Potato　分類：ナス科ナス属に属する多年生植物
学名：*Solanum tuberosum* L.

- 原産地：南米アンデス中南部のペルー南部に位置するチチカカ湖畔。
- 温度適応性：冷涼な気候を好む。
- 発芽適温：最適温度18〜20℃、やや高温条件下で出芽、地上部の生育が促進される。
- 生育適温：15〜24℃前後。冷涼な気候を好む。
- 光適応性：比較的光を必要とする作物。
- 土壌適応性：適応性は広く、排水がよく肥沃な砂壌土が最適である。
- 土壌酸度適応性：弱酸性(pH5.0〜6.5)が適する。
- 花芽分化と抽苔：葉の付け根から花茎が伸び、先端に多数の花をつける。花色は品種によって異なり、赤・白・紫と様々である。5〜7月に開花する。

- 作型別栽培方法

  種イモの準備：栄養繁殖性で、ウイルス病やそうか病など、種イモによって伝染する病害が多いため、健全な種イモを使用することが重要である。

  植え付け：種イモの大きさは、40gを標準とし、頂芽が各片に配分されるように切り分ける。腐敗しやすい高温時の作付けは、植付けの1〜2日前に切断し、涼しい日陰に置き切断面を乾かす。春作と夏作では、種イモを植付け前の20〜30日間浴光させ、出芽促進と芽の充実をはかる。

（1）春作栽培：11〜3月に植付け、3〜6月に収穫する作型。トンネル栽培・マルチ栽培・露地栽培などに作型が分化している。早期出荷する場合は、生育適温期間が短いため、資材で被覆・保温をして出芽や生育を促進させ早生種を使用する。

（2）夏作栽培：4〜5月に植付け、8〜10月に収穫する作型。北海道畑作の重要な作物でわが国の4分の3がこの作型である。

（3）秋作栽培：8〜9月に植付け、11〜1月に収穫する作型。短日条件下での栽培となるため、収量はやや低い。生育適温期間が短いため、早生種を使用する。

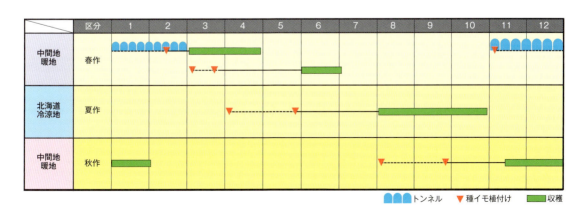

— 103 —

サツマイモ

英名：Sweet potato　分類：ヒルガオ科サツマイモ属に属するつる性植物
学名：*Ipomoea batatas* L.

- 原産地：南アメリカ大陸、ペルー熱帯地方が原産。
- 温度適応性：熱帯性の高温作物。38℃以上で生育が鈍る。
- 発芽適温：地温15℃以上で発根。
- 生育適温：15～35℃が生育適温。イモの肥大に適する温度は、20～30℃の範囲。
- 光適応性：強い光を必要とする。
- 土壌適応性：土壌適応性は広いが、通気、排水良く有機質に富む深い耕土が良い。
- 土壌酸度適応性：弱酸性～中性（pH6.0～6.5）。
- 花芽分化と抽苔：花はアサガオと同様な淡紅色で、直径が3～5cm、長さが2.5～3cm。熱帯・亜熱帯ではよく開花するが、温帯では開花がしないか開花しても結実しない。

- 作型別栽培方法

  苗の育苗：無病の種イモを確保し、萌芽するまでは30℃の比較的高温に管理し、萌芽後は、日中22～25℃、夜間18℃程度とする。

  採苗：萌芽から成苗までの日数は40日前後で、苗長25～30cm・7～8節、葉が十分に展開しているのを成苗とし、圃場に植え付ける。

（1）ハウス・トンネル栽培：暖地において、5月からの高値の時期に出荷を考える作型。育苗開始時期は前年の10～12月で冬期に至るため電熱線を利用して地温を確保し、ハウス内育苗とする。ハウス・トンネル内に畝立て、ポリマルチを行った後、12～2月上旬に植付ける。4月になりハウス内気温が30℃を超えるようになれば換気を開始する。

（2）早堀りマルチ栽培：7～9月に掘り取りを行う作型。地温を上げてイモの肥大を促進するため、ポリマルチを使用する。育苗は2月上旬から、定植は遅霜の恐れが無くなる4月から行う。暖地に有利な作型である。あらかじめポリマルチを敷いて地温をあげておき、マルチの一部を破ってそこに苗を植える。

（3）普通栽培：掘り取りは、10月以降に行われ、一部が貯蔵され6月まで出荷される作型。植付けは5～6月に行われ、雑草防止のために黒ポリマルチを使用する。

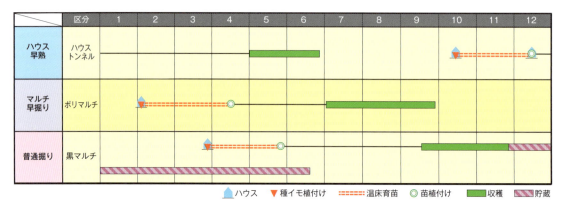

5章　野菜類

ナガイモ

英名：Nagaimo　分類：ヤマノイモ科ヤマノイモ属に属するつる性植物
学名：*Dioscorea polystachya* Turcz.

- **原産地**：中世以降に中国大陸から日本に持ち込まれたとの説もあるが、現在日本で流通しているナガイモは中国では確認されていないため、日本原産の可能性もある。
- **温度適応性**：比較的冷涼な気候を好む。ナガイモはヤマノイモ属の中では比較的低温に強い作物であり、高冷地や寒冷地でも栽培を行っている。しかしながら、茎葉は寒さに弱く、0℃以下の環境では凍害を受ける。
- **発芽適温**：地温15℃以上で発根。
- **生育適温**：17℃以上生育適温。平均気温13～14℃が植付け適期、夜間は冷涼で温度較差のある気候を好む。
- **光適応性**：比較的強光を必要とする。
- **土壌適応性**：土壌適応性は広いが、耕土が深く排水のよい肥沃な土壌が適する。
　特にナガイモは耕土が深いことが必須条件となる。
- **土壌酸度適応性**：弱酸性～中性（pH6.0～6.5）。

- **作型別栽培方法**

　つる性の多年草で雌雄異株である。ほとんどの株は雄株であるため、栄養繁殖で増殖される。
（1）**種イモの準備**：種イモは、小イモ（1年子）を使用する場合と切イモを使用する場合の2種類の方法がある。小イモの場合は、葉の節に着生する「むかご」を春にまき、晩秋まで養成して小イモ（1年子）にして種イモにする。切イモの場合は、育てた成長イモを切り種イモとして使う。種イモの大きさは、小イモでは80～100g、切イモでは100～150gのものを使用する。
（2）**植付け**：なるべく深耕して畝を高く盛土し、種イモを土に植付けて軽く土をかぶせる。むかごや小イモは、20～30日で出芽、切イモの場合は40～50日程度で出芽する。
（3）**支柱とネット張り**：芽が出るとつるが急成長するので、支柱とネットを張り葉がまんべんなく太陽光があたるようにする。つるはネットにからまりながら2～3mに伸びる。
（4）**収穫**：10月下旬より葉が紅葉し、徐々に枯れ始め、11月下旬～12月にかけて収穫が始まる。全量秋掘りせず、残りは冬季期間土中で貯蔵する。

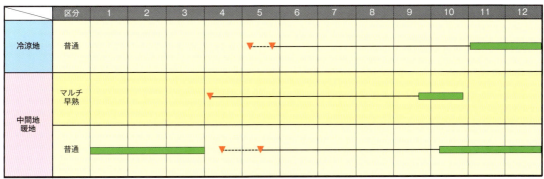

ホウレンソウ

英名：Spinach　分類：ヒユ科アカザ亜科ホウレンソウ属に属する野菜
学名：*Spinacia oleracea* L.

- **原産地**：アフガニスタン周辺の中央アジア地域が原産地とされ、イランで栽培化が進んだと言われる。そこから東西へ発展し、性質の異なる東洋種と西洋種に分化した。
- **温度適応性**：低温性作物で冷涼な気候に適する。耐寒性が強く、-10℃にも耐える。
- **発芽適温**：最適温度15～20℃。25℃以上では発芽率が低下する。
- **生育適温**：15～20℃。25℃以上で生育が抑制される。
- **光適応性**：比較的弱い光でもよく耐えて生育するが、冬期弱光のビニールハウスなどでは光線透過率をよくするようにする。
- **土壌適応性**：土壌適応性は広いが、耕土深く水はけのよい、有機質に富む砂質土壌に適する。根は旺盛で広く密に分布し、吸肥力が強いが、過湿に弱い。
- **土壌酸度適応性**：弱酸性～中生（pH6.5～7.0）。酸性には極めて弱くpH5.5以下で生育は低下。
- **花芽分化と抽苔**：長日作物。花芽は播種後一定期間経過すると分化し、長日期には15日以内、短日期には30日内外で花芽分化期になる。抽苔は長日条件下15℃～21℃の温度のとき最も早く、抽苔の早晩は品種によって異なり、一般に東洋種は日長に敏感で抽苔が早く、西洋種は日長に鈍感で抽苔が遅い。また、発芽初期から幼苗期にかけて低温に会うと花芽分化・抽苔はより促進される。

- **作型別栽培方法**
    - （1）**春まき栽培**：3～5月に播種、4～6月に収穫する作型。気温上昇期の栽培となり、後半の生育が早いので適期収穫に努める。また、4～5月まきは日長が長く、抽苔しやすいため晩抽性が求められる。
    - （2）**夏まき栽培**：6～8月に播種、7～10月に収穫する作型。長日・高温下の栽培となるため、最も栽培が難しく中間地では気温が高く栽培が困難なことから、冷涼地の栽培が中心となる。6月は最長日長下となるため、最も抽苔しやすいが、7月中旬以後の播種になると、抽苔はあまり問題にならないが、降水量が多くなるため、雨よけ栽培が必要である。
    - （3）**秋冬まき栽培**：9～11月に播種、10～3月に収穫する作型。生育適温下での栽培であり、最も栽培しやすい。

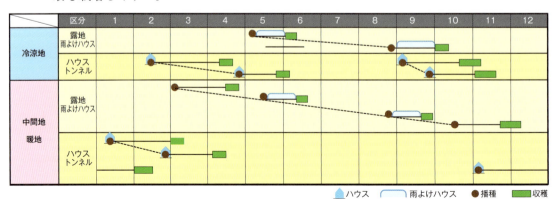

カリフラワー

英名：Cauliflower　分類：アブラナ科アブラナ属に属する野菜
学名：*Brassica oleracea* var.*botrytis*

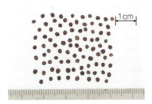

- **原産地**：ヨーロッパ地中海沿岸地方。ブロッコリーの突然変異から成立したとされる。
- **温度適応性**：比較的冷涼な気候を好むが、品種によって温度適応性は異なる。
- **発芽適温**：最適温度15～30℃、最低温度4～8℃、上限は35℃。
- **生育適温**：植物体や花蕾の生育適温15～20℃。最低温度5℃、上限は30℃前後。
- **光適応性**：比較的強光を必要とし、長日条件で地上部の生育がよい。
- **土壌適応性**：土壌適応性の幅は広いが、排水が良好で肥沃な土壌が適する。湿害には弱いので、水田転作などでは、高畝栽培など排水対策が重要である。
- **土壌酸度適応性**：弱酸性～中性（pH5.5～6.6）。
- **花芽分化と抽苔**：緑植物春化型（グリーンプラントバーナリゼーション）
　一定の大きさに達した苗が一定の期間低温にあうと花芽を分化する。カリフラワーは、低温に感応する植物体の大きさや花蕾の分化に必要な低温の程度が品種によって大きく異なっている。極早生種では、本葉10枚程度の子苗でも、20℃位の温度で花蕾を分化し始めるのに対し、晩生種では、30枚以上の葉数を持った大きな植物体が10℃以下の温度に相当期間さらされないと、花蕾を分化しない品種もある。
- **異常花蕾**：品質に最も大きく影響するのが異常花蕾の発生である。異常花蕾は、ボトニング（早期抽苔）・リーフィー（さし葉）・ヒュージー（毛羽立ち）・ライシーと呼ばれるものがあり、原因として、生育初期の低温、花芽分化期（初期～後期）の低温や高温、苗の活着不良、肥料切れ、窒素過多などが関係している。

- **作型別栽培方法**
(1) **春まき栽培**：1～5月中旬播種、5～9月に収穫する作型。育苗が低温の時期には、ハウスの加温育苗で育苗温度15℃程度、それより低いとボトニングの恐れがある。
(2) **夏まき栽培**：6～8月播種、8～4月まで収穫する作型。品種の早晩性を使うことにより長期間収穫できる。
(3) **秋まき栽培**：暖地の9～11月播種、3～5月まで収穫される温暖地の露地栽培。

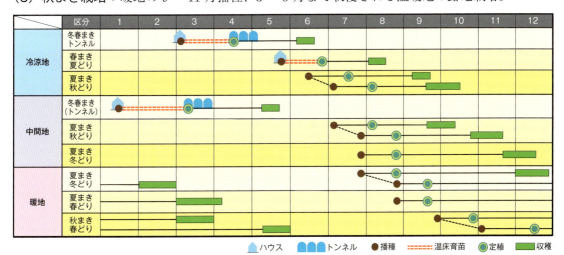

キャベツ

英名：Cabbage　分類：アブラナ科アブラナ属に属する多年生野菜
学名：*Brassica oleracea* L.var.*capitata*

- **原産地**：ヨーロッパ南部地中海沿岸地域。現在のような結球型のものはドイツで成立し13世紀にイギリスへ伝わって改良が進んだ。
- **温度適応性**：冷涼な気候を好み、高温には弱いが温度適応性は広い。
- **発芽適温**：最適温度15～30℃、最低温度4～8℃、上限は35℃。
- **生育適温**：最適温度15～20℃、最低温度5℃、上限は28℃。
  結球適温は13～20℃、28℃以上や7℃以下では結球しにくい。冷涼地では春夏栽培、中間地・暖地では秋冬栽培が最も適している。
- **光適応性**：比較的弱い光に耐えるが、結球には外葉によく日があたることが必要。
- **土壌適応性**：土壌適応性は極めて広いが保水力のある土壌に適する。
- **土壌酸度適応性**：弱酸性～中性(pH5.5～6.5)。
- **花芽分化と抽苔**：緑植物春化型(グリーンプラントバーナリゼーション)
  一定の大きさに達した苗が一定の期間低温にあうと花芽を分化し、その後の高温・長日条件で抽苔、開花が促進される。キャベツは一般に平均気温5～9℃で最もよく感応するが、低温の程度や受ける期間、感応する苗の大きさにより低温感応性や抽苔の早晩性が異なり、品種間差が見られる。結球は外葉が17～20枚、定植後40～50日頃から光の影響で葉の内側と外側とのホルモン形成に差ができることで起こる。

- **作型別栽培方法**
  （1）**春まき栽培**：播種期は2～4月、収穫時期は6～8月の作型。気温上昇期の栽培であり、主な産地は冷涼地である。早春まきでは育苗期が低温のため保温育苗が必要。収穫時期は盛夏期となるため病害に強い品種を選定する。
  （2）**夏まき栽培**：播種期は5～9月、収穫時期は9～2月の作型。主に秋から冬にかけて収穫する。キャベツ栽培において基本となる作型で、年間を通じて最も栽培面積が多い。冷涼地・中間地では年内までの収穫だが、寒害を受けにくい暖地では越冬どりが可能。
  （3）**秋まき栽培**：播種期は9～11月で収穫時期は3～6月の作型。低温感応しない大きさで越冬し、翌春に結球させる栽培法。低温感応性の鈍い品種を使用する。

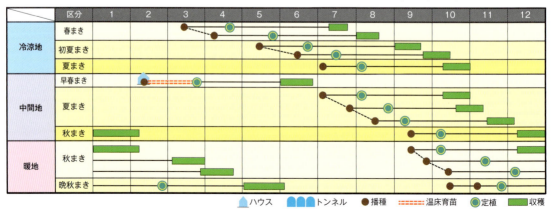

— 108 —

コマツナ

英名：Komatsuna　分類：アブラナ科アブラナ属に属する野菜
学名：*Brassica rapa* var. *perviridis*

- 原産地：ヨーロッパ地中海沿岸地域。起源は中国から伝来したカブの一種「茎立菜（くきたちな）」とされ、その名称は東京江戸川区の小松川あたりで栽培されていたので、コマツナという名前になったと言われている。
- 温度適応性：涼しい気候を好む。
- 発芽適温：最適温度20～25℃、最低温度4～8℃、上限は40℃。
- 生育適温：18～20℃前後。5℃以下、35℃以上で生育抑制される。
- 光適応性：比較的弱い光にも耐えるが、軟弱徒長気味になることが多い。
- 土壌適応性：土壌適応性は広いが、通気、排水性がよく有機質に富む深い耕土がよい。直根は長めで細根の多少は品種によって異なる。
- 土壌酸度適応性：弱酸性～中性（pH5.2～6.8）。
- 花芽分化と抽苔：種子春化型（シードプラントバーナリゼーション）

発芽直後から低温に感応し、花芽分化が起こり、分化後はやや高温で抽苔が促進される。コマツナの花芽分化は、低温によって誘起され、感応限界温度は12～13℃、最も敏感な低温域は5～7℃前後とみられ、この温度域に20日以上遭遇すると花芽分化する。低温感応性や抽苔の早晩性は、品種間差が見られる。

- 作型別栽培方法
（1）春まき栽培：気温上昇期の栽培となる2～4月まき、4～5月どりの栽培。4～5月の気候が良く、後半の生育が早いので適期収穫に努める。
（2）夏まき栽培：6～8月まきでは、高温のため軟弱徒長や節間伸長、葉のカッピングなど品質低下が問題となる。栽植距離を広くとり、株張りを促すことが重要となる。
（3）秋まき栽培：気温下降期となる9～10月下旬まき、10月～年内どりの栽培は、生育適温下での栽培であり、年間を通じて最も作りやすい作型といえる。
（4）冬まき栽培：低温期の栽培となる11～1月まき、1～3月どりの栽培は、ハウス栽培やビニールトンネルなど被覆資材を用いた栽培が多く見られる。この作型では十分に温度を確保することが重要であるが、過湿条件は病気の発生を助長するため適宜換気を行う。

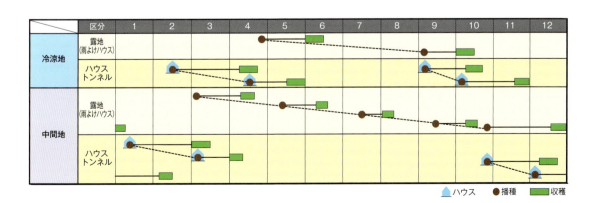

チンゲンサイ

英名：Green pak choi　分類：アブラナ科アブラナ属に属する野菜
学名：*Brassica rapa* var. *chinensis*

- **原産地**：ヨーロッパ地中海沿岸部。中国に渡った後に栽培が進み揚子江流域で特に分化した。
- **温度適応性**：一般的に冷涼な気候を好むが適応範囲は広い。
- **発芽適温**：最適温度15～20℃、最低温度1～5℃、上限は35℃。
- **生育適温**：15～25℃前後。冷涼地では夏秋栽培、中間地・暖地では秋冬栽培が最も適している。
- **光適応性**：比較的弱い光にも耐えるが、軟弱徒長気味になることが多い。
- **土壌適応性**：土壌適応性は広く、有機質に富む弱酸性の沖積土を好む。基本的に通気・排水性のよい圃場で栽培するよう心掛ける。
- **土壌酸度適応性**：微酸性～弱酸性（pH5.5～6.5）。
- **花芽分化と抽苔**：種子春化型（シードプラントバーナリゼーション）

発芽直後から低温に感応し花芽分化が起こり、分化後は高温長日条件で抽苔が促進される。チンゲンサイの花芽分化は低温によって誘起されるため、平均気温15℃以下、最低気温10℃以下になると花芽分化する。低温感応性や抽苔の早晩性に品種間差が見られるが、低温感応試験では早生品種では4℃で30日間以上、晩生品種では4℃で60日間以上の低温期間に遭遇すると抽苔する。

- **作型別栽培方法**
  - （1）**春まき栽培**：2～5月まきで、4～6月どりの栽培。寒暖差の大きい時期のためハウス・トンネルの換気作業が重要となる。この作型は、生育後半が早いため適期収穫に努める。
  - （2）**夏まき栽培**：6～8月上旬まきで、中間地では夏用品種が播種されるが、気温が高く栽培が困難である。病害虫や生理障害の発生が多く品質が低下しやすいので、寒冷紗や不織布マルチなどの資材を利用し栽培する。灌水は日中の高温時には行わないようにする。
  - （3）**秋まき栽培**：最も栽培しやすい作型。気温の低下し始める晩夏から初秋にかけて播種し年内に収穫を終えるのが中心となる。生育適温下での栽培のため作付面積、出荷量も多い。
  - （4）**冬まき栽培**：11～2月にかけて播種する作型で、1～4月にかけて収穫する。低温期の栽培用に加温設備ないしは被覆資材を活用しハウス内温度を保てるようにする。

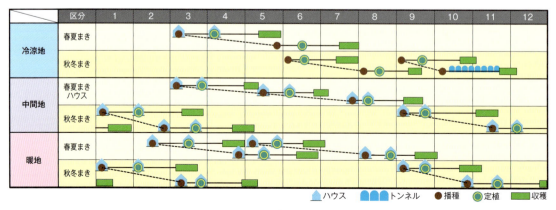

ハクサイ

英名：Chinese cabbage　分類：アブラナ科アブラナ属に属する野菜
学名：*Brassica rapa* L.var. *pekinensis*

- 原産地：地中海沿岸。中国へ伝播後結球型に改良され普及した。
- 温度適応性：一般的に冷涼な気候を好む。
- 発芽適温：最適温度15～20℃、最低温度4～5℃、上限は35℃。
- 生育適温：15～23℃前後。結球適温は15～16℃で結球に必要枚数を確保するために、少なくとも本葉10枚程度までは低温を避けるようにする。
- 光適応性：比較的弱い光にも耐えるが、結球開始後は十分な日照が必要。
- 土壌適応性：土壌適応性はかなり広く、通気・排水性がよく有機質に富む沖積土が適する。根は繊細で深く、広い根系をつくるが湿害には弱い。
- 土壌酸度適応性：弱酸性～アルカリ性（pH6.5～7.0）。
- 花芽分化と抽苔：種子春化型（シードプラントバーナリゼーション）
発芽直後から低温に感応し花芽分化が起こる。ハクサイの低温感応の最適温度は5℃前後で、0～12℃が有効である。ただし花成に必要な低温日数や、感応温度の上限は、品種によって大幅に異なり、実際栽培では平均気温15℃以下、最低気温10℃以下の日が30日以上続くと花芽分化の可能性が大きくなる。抽苔は長日・高温で促進される。

- 作型別栽培方法
（1）冬～春まき栽培：12～3月まきで、3～5月に収穫する。移植栽培で本葉8～10枚程度まで15～20℃で育苗し花芽分化を抑制させる管理を行う。晩抽性の早生品種を使用する。
（2）夏まき栽培：6～7月まきで8～9月に収穫する。栽培期間中に病虫害が発生しやすく耐病性の極早生品種を使用する。作型が冷涼地夏まきの収穫期と重なり、中間地では品質のよい物を収穫するのは難しい。
（3）秋まき栽培：早まきで8月まき10月収穫。普通栽培で8～9月まき、10～1月に収穫。生育環境がハクサイの結球に適しており、栽培が容易な時期である。基本的に品質重視の早生～中晩生の品種を用いる。暖地の遅まきの作型は、晩抽性と低温肥大性に優れた中～中晩生品種を用いるようにし低温期間中に生長を続けさせる。

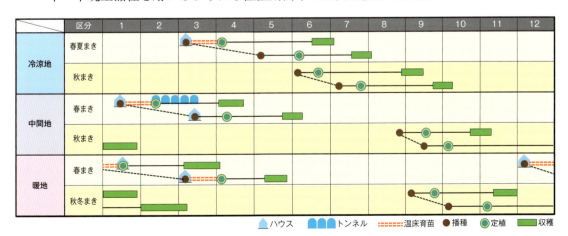

— 111 —

ブロッコリー

英名：Broccoli　分類：アブラナ科アブラナ属に属する野菜
学名：*Brassica oleracea* var. *italica*

- **原産地**：ヨーロッパ地中海沿岸地方。非結球性の野生キャベツを起源として花茎や花蕾を利用していたものの中から分化し、ローマ時代に成立したと推定されている。
- **温度適応性**：比較的冷涼な気候を好むが、品種によって温度適応性は異なる。
- **発芽適温**：最適温度20～25℃、最低温度4～8℃、上限は30℃。
- **生育適温**：茎葉の生育適温18～20℃。最低温度5℃、上限は30℃前後。
- **光適応性**：比較的強光を必要とし、長日条件で地上部の生育がよい。
- **土壌適応性**：土壌適応性の幅は広いが、排水が良好で肥沃な土壌が適する。湿害には弱いので、排水に十分注意する。
- **土壌酸度適応性**：弱酸性～中性（pH5.5～6.6）。
- **花芽分化と抽苔**：緑植物春化型（グリーンプラントバーナリゼーション）
一定の大きさに達した苗が一定期間低温にあうと花芽を分化する。低温感応性はカリフラワーより鈍く、品種によっても感応程度が異なる。早生種では本葉5～6枚程度で、15～20℃で3～4週間といわれ、中生種は本葉10～12枚で、15℃に6週間遭遇すると花芽を分化し、中晩生種は本葉10～12枚で、10℃以下に6週間以上遭遇する必要がある。
- **異常花蕾**：品質に最も大きく影響するのが異常花蕾の発生である。異常花蕾は、ボトニング（早期抽苔）・リーフィー（さし葉）・不整形花蕾・キャッツアイと呼ばれるものがあり、原因として、生育初期の低温、花芽分化期の低温や高温、活着不良、肥料切れ、窒素過多などが関係している。

- **作型別栽培方法**
  (1) **春まき栽培**：12月下旬～3月播種、4～7月に収穫する作型。育苗が低温の時期には、ハウスの加温育苗、収穫期は気温が高いので収穫適期が短い。
  (2) **夏まき栽培**：冷涼地の6～7月播種、9月下旬～11月上旬収穫。中間地・暖地の7～8月中旬播種、10～12月まで収穫する作型。最も一般的な作型で、育苗期は高温期であるが、次第に冷涼な気候になるので栽培は容易である。
  (3) **秋まき栽培**：暖地の8月下旬～9月播種、1～4月まで収穫される冬期温暖地域の栽培。

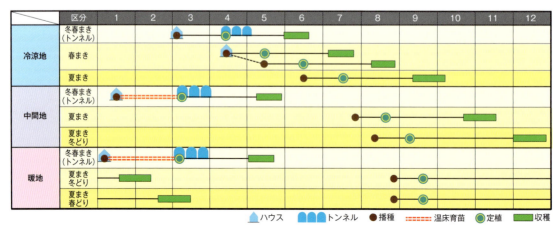

ミズナ

英名：Potherb Mustard　　分類：アブラナ科アブラナ属に属する野菜
学名：*Brassica rapa* L. var. *laciniifolia*

- **原産地**：日本原産のツケナで、京都を中心に古くから栽培されていた。ミズナの名称は当時の栽培方法に由来し、畝間に水を入れて栽培する「水入り菜」からきている。
- **温度適応性**：涼しい気候を好む。
- **発芽適温**：15～35℃。
- **生育適温**：20～25℃、生育温度は5～35℃。
- **光適応性**：比較的弱い光にも耐えるが、軟弱徒長気味になることが多い。
- **土壌適応性**：土壌適応性は広いが、通気、排水性がよく適湿を保ちやすい土壌がよい。
- **土壌酸度適応性**：弱酸性～中性(pH5.2～6.8)。
- **花芽分化と抽苔**：種子春化型(シードプラントバーナリゼーション)

 発芽直後から低温に感応し、花芽分化が起こり、分化後はやや高温で抽苔が促進される。ミズナの花芽分化は、低温によって誘起され、感応限界温度は12～13℃、最も敏感な低温域は5～7℃前後とみられ、この温度域に20日以上遭遇すると花芽分化する。低温感応性や抽苔の早晩性は、品種間差が見られる。

- **作型別栽培方法**
(1) **夏まき栽培**：雨よけ栽培を基本とし、播種前に遮光資材を展張して地温や気温の上昇、土壌水分の変化を抑え、一斉発芽を促す。発芽揃い後は、遮光資材を除去し軟弱徒長を防止する。また、栽植距離を広くとり、株張りを促すことが重要である。
(2) **秋まき栽培**：「大株どり」の最も基本となる作型。晩夏に播種し、初霜季以降に収穫する。寒さにさらされることで甘味が増し、ミズナ本来の味や特長が発揮される作型である。収穫物の大きさは「大株どり」で2～3kgが基本となるが、1～1.5kg程度も多い。
(3) **冬まき栽培**：ハウス栽培やトンネル栽培を基本とし、播種後、不織布をべたがけして保温を行い、生育促進と抽苔防止を図る。早春どりの栽培では、抽苔の回避やハウスの回転率を上げるため、トレイ育苗による移植栽培が有効である。育苗時は、抽苔回避のため最低気温が13℃以下にならないように保温し、日中は25℃以上にならないように換気する。

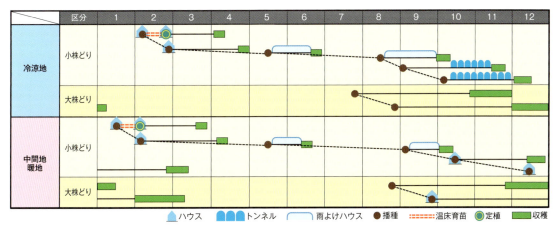

シュンギク

英名：Crown daisy　分類：キク科シュンギク属に属する野菜
学名：*Glebionis coronaria* L.

- 原産地：地中海沿岸。
- 温度適応性：涼しい気候を好む。
- 発芽適温：最適温度15～20℃、最低温度10℃、上限は35℃。
- 生育適温：15～20℃。夏季30℃以下、冬季5℃以上を保てば、経済栽培ができる。
- 土壌適応性：土壌適応性は広いが、乾燥に弱いので有機質に富み、保水性のある壌土が適している。
- 土壌酸度適応性：弱酸性～中性（pH5.2～6.8）。
- 花芽分化と抽苔：長日作物。花芽分化は長日条件下で生じ、分化後は高温長日で抽苔が促進される。

- 作型別栽培方法
  - （1）春まき栽培：2～4月に播種、4～6月に収穫する抜き取り栽培が中心。抽苔の多い時期なのですみやかな初期生育と早めの収穫に努める。梅雨時期の高温多湿により、べと病などの病気が出やすくなるので防除が必要になる
  - （2）夏まき栽培：5～8月に播種し、7～10月に収穫する抜き取り栽培が多い。夕立などの降雨での泥はねによる病気の発生に注意する。また、高温乾燥よる心枯れ症が多発する時期であり、早期収穫を心掛ける。
  - （3）秋まき栽培：9～11月に播種し、11～3月に収穫するシュンギク栽培の中心作型である。関東以北では、長期摘み取り栽培が多く、関西以西では抜き取り栽培が主力である。摘みとり栽培は、伸びてきた茎葉を摘み取ることで11月から3月にかけて何度も収穫することができる。
  - （4）冬まき栽培：12～2月、ハウス・トンネル内に播種し、2～4月に収穫する。抜き取り栽培で、都市近郊栽培が多い。

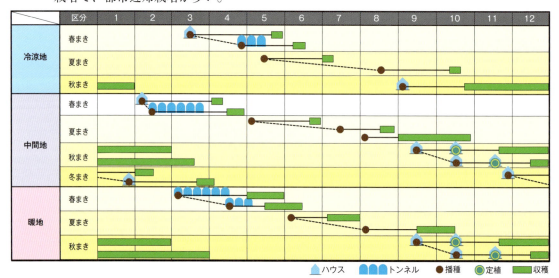

レタス

英名：Lettuce　分類：キク科アキノゲシ属に属する野菜
学名：*Lactuca sativa* L.

- **原産地**：地中海沿岸から中近東内陸の小アジア地方。
- **温度適応性**：比較的冷涼で、降雨量の少ない気候を好む。
- **発芽適温**：最適温度15〜20℃、最低温度4℃、上限は25℃。25℃以上の高温になると休眠に入り、発芽が低下する。好光性種子のため覆土は浅めがよい。
- **生育適温**：18〜23℃前後。
- **光適応性**：弱光線を好み、半日陰で育つ。
- **土壌適応性**：土壌適応性は広く、耐乾性には強いが多湿条件では湿害による生育や病害の発生が多くなる。
- **土壌酸度適応性**：弱酸性〜中性（pH6.0〜6.5）。
- **花芽分化と抽苔**：長日植物。高温長日条件によって、花芽分化・抽苔が進む。そのため、生育適温とされる18〜23℃の気温を背景に産地が移動し、周年栽培が行われている。

- **作型別栽培方法**

直播ではなく苗を育苗し、定植する方法が主体。育苗方法は、播種床や播種箱にまき、ポットに仮植する場合と、ポットやセルに直接播種し、苗を育苗するポット育苗がある。定植する圃場は、湿害による減収や品質低下が大きいので、深耕により、排水対策を行う。

（1）**春どり栽培**：1月下旬〜3月中旬播種、3〜5月収穫。早春の栽培は暖地のトンネル栽培となり、4月中旬以降は露地栽培となる。

（2）**夏秋どり栽培**：3月下旬〜8月中旬播種、6月上旬〜10月収穫。夏場の栽培では最も短期間で収穫期をむかえ、栽培適地は本州中部の高冷地や東北・北海道の冷涼地である。レタスの中では最も栽培面積が多い作型である。

（3）**冬どり栽培**：9月中旬〜下旬播種、1〜2月収穫。この作型は、球肥大期が低温で経過するため、12月以降はトンネル被覆を行う。

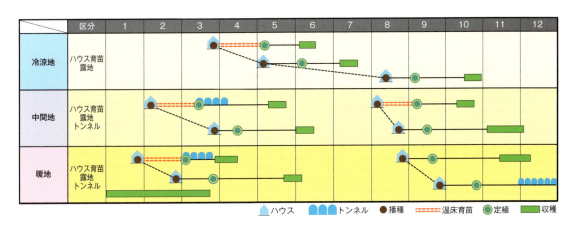

セルリー

英名：Celery　分類：セリ科オランダミツバ属に属する野菜
学名：*Apium graveolens* var. *dulce*

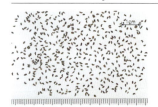

- **原産地**：ヨーロッパ・中近東の広い地域にわたる冷涼な高地の湿原。
- **温度適応性**：冷涼な気候を好む。
- **発芽適温**：最適温度18～20℃、15℃以下では発芽まで長期間を要する。また、25℃以上では、発芽率が急激に低下する。発芽まで10～20日間かかり、発芽は光を必要とする好光性種子であるため、覆土は薄く行う。
- **生育適温**：冷涼な気候を好み、適温は日中20～22℃、夜間15～18℃が適温。これより高温では、生育が抑制され、最低温度は6～7℃まで生育するが、0℃以下では凍害を受ける。
- **光適応性**：光が弱く日長時間が長くなると、草姿は立性、短日下で光度が強いと伏性となる。
- **土壌適応性**：土壌適応性は広いが、多湿を好み、水分が多いほど生育は旺盛である。
- **土壌酸度適応性**：弱酸性～中性(pH6.6～6.8)。
- **花芽分化と抽苔**：緑植物春化型（グリーンプラントバーナリゼーション）
低温長日条件で花芽分化が起こりやすく、本葉2枚以上の苗で5～10℃の低温にあうと1～2週間で花芽分化が起こる。花芽分化後の抽苔は、高温、長日条件で促進される。

- **作型別栽培方法**
  - (1) **春まき栽培**：2～4月に播種し、5～7月に露地や雨よけハウスに定植、8～11月に収穫する作型。この作型では、育苗期が低温期となるため、花芽分化させない温度管理（気温15℃以上）が必要である。
  - (2) **夏まき栽培**：6～7月に播種し、8～10月にハウス内に定植、11～2月中旬に収穫する作型。暖地での栽培が多い。育苗期間が高温期であるため、アブラムシ防除のためのハウス育苗とする。
  - (3) **秋まき栽培**：9～10月に播種し、12～2月定植、3～5月収穫の作型で暖地での栽培が多い。定植後は低温期のため、花芽分化させない温度管理とハウス内での加温栽培となる。
  - (4) **冬まき栽培**：12～2月温床に播種し、3～4月ハウスまたは、トンネル内に定植、5～7月に収穫する作型。この作型では、播種期及び育苗期間が厳寒期であるため、加温して低温にあてない管理が必要である。

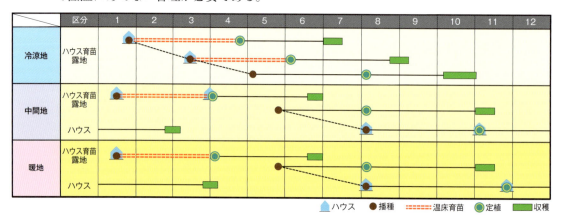

アスパラガス

英名：Asparagus　分類：キジカクシ科クサスギカズラ属に属する多年生植物
学名：*Asparagus* L.

- 原産地：ヨーロッパから地中海東岸・温帯西部アジア。
- 温度適応性：冷涼な乾燥気候を好む。
- 発芽適温：最適温度は25～30℃と高く、15℃以下では発芽まで日数を要する。また、35℃以上では発芽障害が認められる。
- 生育適温：15～20℃。茎葉の生育限界温度は、最低5℃・最高38℃位。休眠中の地下茎は耐寒性が強く、かなりの低温に耐えるが、萌芽した若茎は、0℃付近で凍霜害を受ける。若茎が萌芽を始める温度は5℃前後。
- 光適応性：弱光線を好む。
- 土壌適応性：土壌適応性は広いが、根が広範囲に達することから、耕土が深く、火山灰土・砂壌土が適し、極端な重粘土は適さない。
- 土壌酸度適応性：弱酸性～中性（pH5.8～6.7）。
- 花芽分化と抽苔：緑植物春化型（グリーンプラントバーナリゼーション）
  雌雄異株で、自然状態での雌雄の発生比率は1：1である。雄株からは雌しべが退化した雄花が咲き、雌株からは雄しべが退化した雌花が咲く。開花時期は5～7月頃である。

- 作型別栽培方法
（1）露地普通栽培：2～4月播種、5～6月定植、1年目は株養成して2年目から収穫となる。1年目の冬、茎葉が黄化したら刈り取って焼却。2年目の早春、茎が出てきたら畝全面に施肥し平均気温が10℃を超える頃からの収穫となる。4～6月が収穫時期であり、春のみ収穫する場合、収穫期間は栽培2年目で15～20日位、3～4年目で30～40日、5～6年目で50～60日位に抑えて、その後は次年の株養成のために茎葉を伸ばし、根に養分を蓄積させる。
（2）春・夏秋の2季どり栽培：露地普通栽培の春芽どりを、一旦終了して立茎させ、茎葉を立てた状態で株養成を同時に行いながら、7～10月に2回目の収穫する栽培。2季どりの場合は、春の収穫を早めに止め、追肥をして、中間地・暖地で4～5本、冷涼地で10～15本、立茎をきちんと行い、秋は若茎が発生しなくなるまで収穫する。

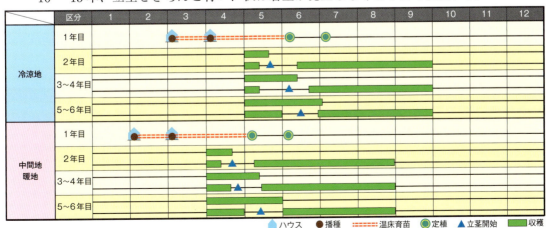

タマネギ

英名：Onion　分類：ヒガンバナ科ネギ属に属する野菜
学名：*Allium cepa* L.

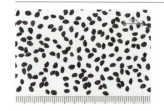  

- 原産地：中央アジア。
- 温度適応性：冷涼な気候を好む。
- 発芽適温：最適温度15～20℃、最低温度4℃、上限は30℃。
- 生育適温：地上部の生育に最適な気温20～25℃。寒さに強い作物で生育初期では−5℃程度でも耐える。球肥大の温度範囲は、15～25℃。暑さには弱く25℃以上になると生育は抑制され、気温が30℃を越えると地上部の生育や球肥大が停止、休眠に入る。
- 光適応性：比較的強い光を好み、球の肥大には日長条件が大きく関与し、世界的には肥大に最適な日長時間は、10～16時間の範囲といわれている。日本で栽培されている品種は、春まきが14～14.5時間程度の長日系品種、秋まきは11～13.5時間程度の短日～中日系品種を使用している。ヨーロッパなどの高緯度地方で栽培されている品種の中には16時間以上の長日でなければ球肥大しない品種もある。
- 土壌適応性：土壌適応性は広いが、通気、排水性がよく有機質に富む深い耕土がよい。
- 土壌酸度適応性：中性(pH6.3～7.8)で酸性に弱い。
- 花芽分化と抽苔：緑植物春化型（グリーンプラントバーナリゼーション）
  ある一定の大きさに達した苗が、10℃以下の低温に一定期間遭遇すると生長点が花芽に分化し、その後、長日・高温下のもとで花茎が伸長して抽苔する。

- 作型別栽培方法
  （1）秋まき栽培：中間地、暖地での8月下旬～10月上旬播種、3～7月収穫の作型。極早生種（日長12時間以下で肥大）を使用すると3～4月収穫。早生種（日長12.5時間程度で肥大）で4月下旬～5月収穫、中生種（日長13時間程度で肥大）で5～6月収穫、晩生種（日長13.5時間程度で肥大）で6～7月上旬収穫となる。
  （2）春まき栽培：冷涼地の特に北海道が中心で、2月中旬～3月中旬播種、8月中旬～9月下旬収穫の作型。長日系品種（日長14～14.5時間で肥大）を使用する。
  （3）オニオンセットの冬どり栽培：中間地、暖地の3月上旬まき、5月中下旬にセット球を収穫、貯蔵し、8月下旬～9月上旬に定植し、11月下旬～12月に収穫する。

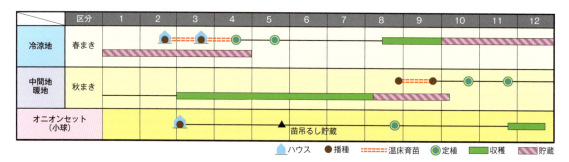

5章　野菜類

ネギ

英名：Welsh onion　分類：ヒガンバナ科ネギ属に属する多年生野菜
学名：*Allium fistulosum* L.

- 原産地：中国西部・中央アジア。
- 温度適応性：低温性の作物。
- 発芽適温：最適温度15〜20℃、最低温度1〜4℃、上限は33℃。
- 生育適温：15〜20℃前後だが、耐寒性、耐暑性が強い。
- 光適応性：比較的弱い光にも耐える。
- 土壌適応性：根深ネギは土層が深く、排水性のよい沖積壌土や海成砂壌土に適する。通気性の悪い強粘土や、地下水位が低い火山灰土の畑には適さない。
- 土壌酸度適応性：弱酸性〜中性（pH5.7〜7.4）。pH6.5前後が最適。
- 花芽分化と抽苔：緑植物春化型（グリーンプラントバーナリゼーション）

　　花芽分化の条件は品種によって差はあるが、一般的に葉鞘径が5〜7mmに達した株が、10℃以下の低温に30日間以上遭遇すると花芽分化する。低温として感応する温度域は3〜15℃と広く、花芽分化の最適温度には品種間差がある。通常2〜3月に花芽分化し3〜5月に抽苔する。

- 作型別栽培方法
（1）秋冬どり栽培：12〜3月に収穫する作型。播種は3月中下旬〜4月、定植が5月中下旬となる。夏の高温・乾燥と台風などの気象災害を受けやすいため、保水性と排水性を持った圃場を選定し栽培を行う。夏場の欠株の発生をおさえ、株数を確保することが大切である。
（2）夏秋どり栽培：7〜10月に収穫する作型。低温期に播種を行い、春に定植を行う。暑い時期の土寄せや施肥は病害発生を助長するので、気温が25℃以上になる前に土寄せができるよう、十分な成長をさせておく。耐暑性品種の選択や適期防除が栽培のポイントなる。
（3）春どり栽培：5〜6月に播種し、翌春の3月下旬から4月に収穫する作型。収穫期の終盤が抽苔開始時期にあたるので、晩抽性で低温伸張性がある品種が適している。
（4）初夏どり栽培：10月播種、12月定植で5月中旬から収穫する作型。低温に遭遇する期間が長く、全作型の中で最も抽苔しやすい。マルチ・トンネル被覆をしてトンネル内を20℃以上にして脱春化作用により抽苔を回避する。

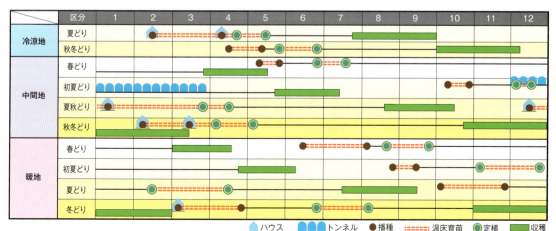

ニラ

英名：Chinese chives　分類：ヒガンバナ科ネギ属に属する多年生野菜
学名：*Allium tuberosum* Rottler ex Spreng.

- **原産地**：中国西部。
- **温度適応性**：耐暑性、耐寒性が強い。
- **発芽適温**：最適温度20℃前後、最低温度10℃、上限は25℃。
- **生育適温**：20℃前後。5℃でも速度は遅いが生育し、25℃以上になると生育速度は速くなるが、葉が細く葉肉は薄くなる。
- **光適応性**：強い光を必要とする。
- **土壌適応性**：土質を選ばず、砂質〜粘土質まで幅広く栽培することができる。乾燥には強いが、過湿には弱いので排水のよい壌土が適する。
- **土壌酸度適応性**：弱酸性〜中性（pH6〜7）が最適となる。酸性土壌では生育が悪い。
- **花芽分化と抽苔**：長日植物。ある一定の苗の大きさになったとき、一定の期間14時間以上の日長に遭遇することで、花芽分化が誘起され抽苔・開花する。通常栽培では、6月中旬に花芽を分化し、7〜8月に抽苔・開花。ただし、花ニラ専用品種は日長に関係なく、温度（10〜13℃）さえ確保できれば連続して抽苔する。

- **作型別栽培方法**
  （1）**夏どり栽培**：5〜10月収穫の作型。露地、もしくは雨よけでの栽培となり、自然の気象条件で生育して収穫をむかえる。露地栽培では、降雨や風などによって品質低下が見られやすい。品質向上や計画的な出荷を行うためには雨よけ栽培が好ましい。収穫は刈り捨て後18〜25日が目安となる。品種による抽苔期の違いを利用して、品質・収量を安定させる。
  （2）**秋冬どり栽培**：10月頃から冬期間にかけて収穫する作型となり、無加温ハウス栽培が中心となる。保温方法は夜温によって異なり、0℃までであれば1重被覆、-5℃までは2重被覆、それ以下になる場合は3重被覆が必要となる。収穫は刈り捨て後25〜40日が目安となる。

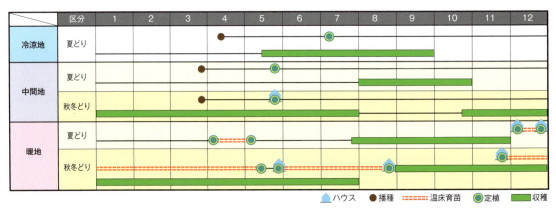

ニンニク

英名：Garlic　分類：ヒガンバナ科ネギ属に属する多年生植物
学名：*Allium sativum* L.

- **原産地**：中央アジア。
- **温度適応性**：冷涼な気候を好む。
- **発芽適温**：15～20℃。25℃以上では休眠状態になり発芽しない。気温が下がる9月中旬～下旬に休眠から覚める。
- **生育適温**：生育適温は15～20℃で暑さに弱く、寒さには比較的強い。25℃以上になると茎葉の生育は弱まる。球の肥大には、一定期間低温にあたることが必要であり寒地系の品種は、低温要求量が多く、暖地系品種では低温要求量は少ない。
- **光適応性**：強い光を必要とする。
- **土壌適応性**：土壌適応性は広いが、肥沃で保水性のよいことが良品生産に大切である。乾燥しやすい土壌では、春先の乾燥によって、生育中に葉先枯れが発生しやすく、球の肥大も劣る。潅水のできる転作田での栽培では、球の肥大がよく多収生産が可能である。
- **土壌酸度適応性**：弱酸性～中性（pH6.0～6.5）。
- **花芽分化と抽苔**：越冬して低温にあうと花芽分化して抽苔する。花茎の先端には珠芽をつけるが花は機能不全で実を結ばない。

・作型別栽培方法

種球の準備：ニンニクは、冷涼地向き（寒地系品種）と暖地向き（暖地系品種）の品種があり、地域に適した品種を選ぶことが大切である。一般に寒地系品種を暖地で栽培すると、低温不足から生育やりん茎の肥大が劣り、逆に暖地系品種を冷涼地で栽培すると、低温が過剰となって、りん茎の肥大が劣る。

種球は、土壌病害やウイルスに汚染されていない、首の締まりのよいものを選び、種球からりん片を1片ずつ離し植付ける。植付け時期は、暖地の栽培は10月上旬、冷涼地では9月～10月上旬である。

栽培管理：草丈が10～15cmのとき、2芽以上出たものは、生育のよい芽を残して1本にする。4月下旬～5月にかけて、「とう立ち」してくるので早めに摘み取る。

収穫：5月中旬～6月下旬頃が収穫適期。株の30～50％の葉先が枯れ始めた頃が収穫適期である。

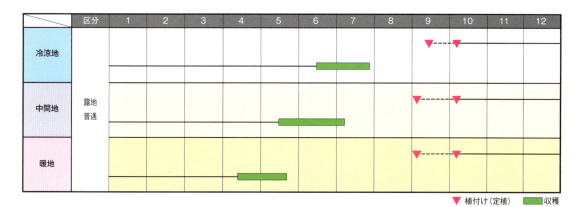

オクラ

英名：Okra　分類：アオイ科トロロアオイ属の1～多年生植物
学名：*Abelmoschus esculentus*(L.)Moench

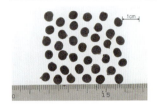

- 原産地：アフリカ東北部。
- 温度適応性：高温性の作物。
- 発芽適温：最適温度25～30℃、20℃以下では発芽揃いが悪くなる。
- 生育適温：気温20～30℃・地温20～25℃。耐暑性は強いが、耐寒性は弱く10℃以下で生育が停止、降霜にあうと枯死する。
- 光適応性：比較的弱光線にも耐えるが、ハウスなどの栽培ではできるだけ多くの日照が必要。
- 土壌適応性：土壌適応性は広いが、耕土が深く、排水性、有機質に富む土壌が最適。根系はやや深根性で旺盛な伸長をするので、堆肥の施用は効果が大きく、緩効性肥料の効果が高い。水湿にも強いので水田転換作に用いられる。
- 土壌酸度適応性：やや酸性を好む（pH6.0～6.8）。
- 花芽分化：発芽後約45～50日で主枝の4～5節目に着花、開花する。その後は5～8節以上の葉えきに単生する。開花は早朝から始まり、午後にはしぼむ。

- 作型別栽培方法
  （1）促成栽培：冬場から春先の品薄時期に、ハウスを利用して栽培する作型で、8～9月に育苗し、本葉2～3枚でハウス内に定植する。莢の正常な着果・肥大のためには、暖房機で加温し、最低20℃を確保する必要があるため、産地は西南暖地に限られる。
  （2）半促成栽培：露地栽培より早出しを行うため、3～4月に直播または育苗し、トンネル内に移植する作型。低温のため、トンネル被覆を密閉して地温の確保に努め、温度が高くなるころから換気をしてトンネル内が高温とならないよう注意する。収穫は6月～降霜期までである。
  （3）トンネル早熟栽培：春作からの収穫を目指して2～3月に育苗し、ハウスを利用して栽培する作型。一般的に無加温で栽培するためマルチをして地温を確保し、生育初期にはトンネル被覆して保温に努める。
  （4）露地栽培：沖縄は1～2月、西南暖地では4月中旬、関東から以北は、降霜期を過ぎた5月中～下旬から播種する作型。収穫は6～7月以降から降霜期までで、最も出荷量の多い作型である。

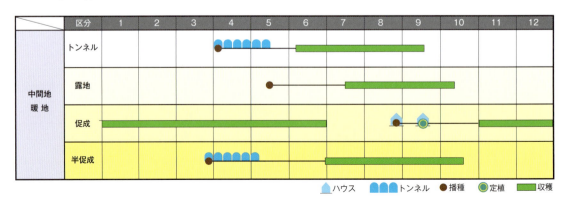

スイートコーン

英名：Sweet corn　分類：イネ科トウモロコシ属に属する植物
学名：*Zea mays* L.

- 原産地：不明。メキシコ、グアテマラなど、中南米付近に自生していた「テオシント」とよばれるイネ科野生植物が起源とする説が有力。
- 温度適応性：高温性作物。
- 発芽適温：最適温度20～28℃、最低温度6℃、上限は45℃。
- 生育適温：22～30℃前後。
- 光適応性：C4型植物であるので、光合成効率が高く、日射量が多いほど好ましい。
- 土壌適応性：土壌適応性は広いが、通気、排水性のよい土壌が好ましい。
- 土壌酸度適応性：弱酸性～中性（pH5.0～8.0）。
- 花芽分化：雄穂は5～6葉期に雌穂は7～8葉期に分化し、雄花の抽出は、露地栽培で播種後45～60日程度、雌花はそれより3～4日遅れて抽出し、収穫期は絹糸（雌しべ）抽出後25日位である。なお、雄花及び雌花の分化は、一般に低温・短日条件で早まる。

- 作型別栽培方法
(1) ハウス栽培：中間地～暖地で1～2月に播種、5月上～中旬に収穫する作型。播種時期によってカーテンとトンネルを組合せて保温する。
(2) トンネル栽培：2～3月に播種をして6月に収穫する作型。2重トンネルと1重トンネル栽培がある。厳寒期の播種は2重トンネルで保温し、6月上旬収穫。2月下旬以降の播種は1重トンネルをして、6月中旬収穫する。播種期が早すぎると凍霜害の危険も大きいため注意が必要である。
(3) 露地栽培：暖地では3月下旬頃から、冷涼地では5月上旬頃からの播種になり、収穫時期は7月上旬～10月中旬である。生育に最も適した栽培条件であるため、収量性が高く、全国的に栽培面積が多い。収穫時期は温度が高く、収穫適期が短いので栽培規模に合わせて段まきすることで収穫幅を長くし、労力を分散できる。

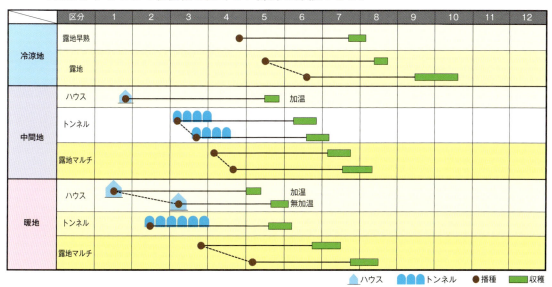

カボチャ

英名：Pumpkin squash　　分類：ウリ科カボチャ属に属するつる性植物
学名：*Cucurbita* L.

- **原産地**：南北アメリカ大陸。一般にセイヨウカボチャは南米の高原地帯、ニホンカボチャはメキシコ南部から南米北部、ペポカボチャはメキシコ北部と北米と言われている。
- **温度適応性**：涼しい気候を好む。
- **発芽適温**：最適温度25～30℃、最低温度10℃、上限は40℃。
- **生育適温**：17～20℃前後。
- **光適応性**：比較的強光を必要とする。光線不足では落果を起こしやすくなる。
- **土壌適応性**：土壌適応性は広いが、排水性のよい畑を好む。
- **土壌酸度適応性**：弱酸性～中性（pH5.6～6.8）。
- **花芽分化と抽苔**：花は雌雄同株で、まれに両性花もある。着果習性は、種・品種によって異なり、温度・日長・栄養状態・育苗条件などによっても変動する。短日・低温の育苗条件は雌花着生を早め、反対に長日・高温の育苗条件は雌花の着生を遅くする。セイヨウカボチャはニホンカボチャに比べて、日長に対しては鈍感であるが、低温に関しては敏感で育苗期の低温は雌花が多くなり着果位置が低くなる。セイヨウカボチャの雌花は、親つるの8節前後より着生し4～5節おきにつく。

- **作型別栽培方法**
  - （1）**ハウス半促成栽培**：11～1月に播種し加温栽培して4月上旬から収穫する作型。ハウスとトンネル内の温度管理が重要である。
  - （2）**トンネル早熟栽培**：1～3月に播種し5月から収穫する作型。定植後、日中高温にならないようにトンネル内の換気が必要になり、トンネル内の温度管理とビニールの適期除去の見極めがポイントである。
  - （3）**露地栽培**：3～5月に播種し7～9月に収穫する作型。労力が少なく作りやすい栽培で冷涼地での栽培が多い。果実肥大期にうどんこ病が発生しやすいため、あらかじめ予防することが大切である。7節以下の着果は果形が乱れるので摘果する。

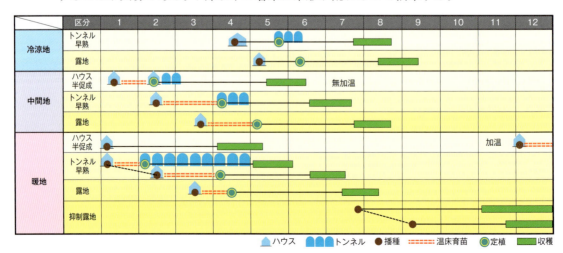

キュウリ

英名：Cucumber　分類：ウリ科キュウリ属に属するつる性野菜
学名：*Cucumis sativus* L.

- **原産地**：ヒマラヤ山麓、及びインド付近。
- **温度適応性**：温和な気候に適し温度変化に敏感で低温に弱い。霜に一度あうだけでも枯死する。
- **発芽適温**：最適温度25～30℃。
- **生育適温**：昼間25～28℃、夜間13℃、地温の適温20℃。
- **光適応性**：比較的強光を必要とする。弱い光は生育を抑制し、収量や品質が低下する。
- **土壌適応性**：キュウリの根は、浅根性で酸素要求量が大きい。深耕や有機質の投入により、膨軟で耕土の深い土壌が望ましい。
- **土壌酸度適応性**：弱酸性～中性（pH5.5～7.0）。
- **花芽分化**：中性（中日）植物。花芽はいかなる環境条件下でも分化するが、雌雄花の比率は基本的には遺伝的特性に由来するので、系統や品種間で差がある。しかし、生育環境条件によっても左右され、栽培時期が異なると雌花の着生は大きく異なる。低温・短日条件期の栽培では、雌花の着生率が高まり、高温・長日期では、雌花の着生率は低くなりやすい。

- **作型別栽培方法**
（1）**促成栽培**：10～12月初旬播種、年内定植の加温施設栽培。長期間の草勢維持のため潅水及び肥培管理に重点をおき、低温伸張性と着果性の安定している品種を使用する。
（2）**半促成栽培**：12～2月播種、1月以降に定植する加温施設栽培。若苗を定植し、初期の草勢を強めに管理、側枝の発生を容易にする。収穫が始まるころ温度も上昇してくる。
（3）**早熟栽培**：3月上旬～中旬播種、4月上旬～中旬定植のトンネル栽培。晩霜の心配がなくなるまで、トンネル内で地這いで栽培し、その後誘引する。
（4）**普通栽培**：4月中旬播種、5月上旬～中旬定植の栽培。晩霜のなくなった時期に定植し、夏秋にかけて収穫する。冷涼地の露地・夏秋雨よけ栽培に相当し、夏秋の主な作型である。
（5）**抑制栽培**：7～8月に播種、8～9月定植の栽培。ハウスによる無加温栽培と収穫後半を加温する施設栽培がある。播種期が高温期であるため、アザミウマ及びアブラムシなどの防除が重要である。

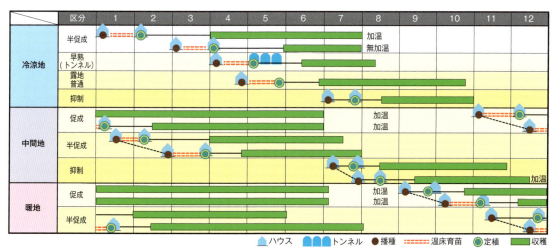

スイカ

英名：Watermelon　分類：ウリ科スイカ属に属するつる性野菜
学名：*Citrullus lanatus*

- 原産地：アフリカ南部。
- 温度適応性：高温・乾燥・多日照を好み天候の変化に敏感。
- 発芽適温：最適温度25～30℃。
- 生育適温：気温25～35℃。
- 光適応性：強光を必要とする。少日照では着果不良となる。
- 土壌適応性：砂土から粘質土や火山灰土など、幅広い土壌に適応するが、根は酸素要求量が高く、過湿に弱い。
- 土壌酸度適応性：弱酸性～中性(pH5.5～7.0)。
- 花芽分化：中性(中日)植物(日長と無関係で花芽形成が起こる植物)。花は一部に両性花を付けるものもあるが、一般に雌雄異花・雌雄同株である。雌花は、4～7節ごとに着生する。

- 作型別栽培方法

　冷涼地・中間地・暖地のスイカ栽培で共通するのは、各地域において早熟栽培及び半促成栽培が多く、露地栽培は少ない。また、生産栽培の多くはユウガオを台木とした接木栽培で、育苗中のみ加温する。大玉スイカでは、4本整枝2果どり、または3本整枝1果どり、小玉スイカでは4本整枝2果どりまたは5本整枝3果どりが一般的である。

（1）加温促成ハウス栽培：低温期最低温度15℃を確保する。換気する場合もつる先に直接冷気をあてない。
（2）無加温半促成ハウス栽培：透明またはグリーンの全面マルチに、定植時期によって2～3重のトンネルさらにはカーテンを使用する場合もある。適切な保温と換気が必要であり、その管理が雌花及び雄花の質に影響する。
（3）早熟トンネル栽培：低温期の定植には、保温と遮光を兼ねてキャップを使用する場合が多い。
（4）普通栽培：この栽培であっても、品質確保のため交配日の目印及び摘果は必ず実施する。

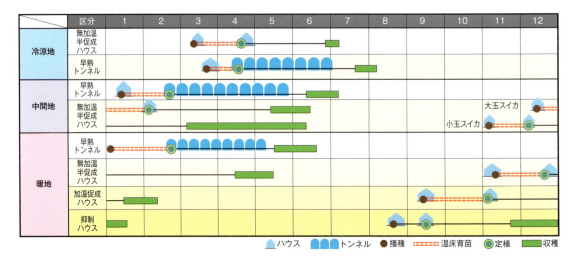

メロン

英名：Melon　分類：ウリ科キュウリ属に属するつる性野菜
学名：*Cucumis melo* L.

- 原産地：アフリカ。
- 温度適応性：高温性ではあるが耐暑性は弱く、日本の夏季の高温多湿気候に適さない。
- 発芽適温：最適温度25～30℃。
- 生育適温：昼間25～28℃、夜間18～20℃。
- 光適応性：比較的強光を必要とする。
- 土壌適応性：メロンは果菜類の中でも根の酸素要求度が高い作物で、床土や畑土は通気性と排水性がよいものでなければならない。
- 土壌酸度適応性：弱酸性～中性(pH6.0～6.8)。
- 花芽分化：中性(中日)植物(日長と無関係で花芽形成が起こる植物)。一般に同株内に両性花と雄花をつける両性雄花同株型または雌花と雄花をつける雌雄同株型である。一般に両性花または雌花は、子づる第1節で着生するが、マクワウリでは孫づるに着生する。雄花は、両性花や雌花の着生しない各節に付く。

- 作型別栽培方法
（1）半促成栽培：関東及び冷涼地ではビニルハウスまたは大型トンネルを使用した無加温栽培が多く、透明またはグリーンの全面マルチに、定植時期によって1～3重のトンネルを使用する。暖地の大産地である熊本では、低温期に加温される場合が多い。
（2）早熟栽培：トンネル栽培のほとんどがこれに相当し、地這いでの栽培である。地上部より、根張りを優先した温度管理により、果実成熟期～収穫期の草勢が安定する。
（3）抑制栽培：育苗が高温期であるため、老化苗は避け本葉2.5枚程度の若苗を用いる。また、収穫期が近づくにつれ、低温になるため成熟期～収穫期のみ加温する地域もある。
（4）温室メロン：いわゆるマスクメロンまたはアールスメロンの高級メロンの生産である。季節ごとに品種は異なるが、周年栽培が行われる。温度、換気、潅水などの緻密な管理が要求される。

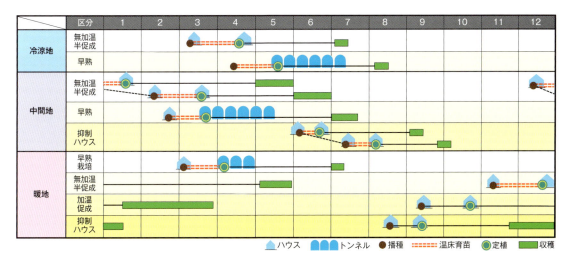

トマト

英名：Tomato　分類：ナス科ナス属に属する1～多年生野菜
学名：*Solanum lycopersicum* L.

- **原産地**：南アメリカ・アンデス山系。
- **温度適応性**：温暖な気候に適する。
- **発芽適温**：20～30℃（最低10℃～最高35℃）。
- **生育適温**：昼間25～30℃、夜間10～15℃。30℃以上の高温では、着果・肥大・着色が不良となり、35℃以上では花粉稔性が低下し落花を起こす。
- **光適応性**：強光を必要とする（最低1～3万lux以上、光飽和点は7万lux）。
- **土壌適応性**：土壌適応性は広いが、土質は通気・排水ともに良好で、保水性に富む壌土が最適である。根系は広く発達し、乾燥条件に強いが過湿には弱い。
- **土壌酸度適応性**：弱酸性（pH5.5～6.5 最適pH6.0）。
- **花芽分化**：中性（中日）植物（日長と無関係で花芽形成が起こる植物）。第1花房は本葉2～3枚展開時（播種後25～30日）、第2花房は本葉4～5枚展開時（播種後35～40日）、第3花房は本葉6～7枚展開時（播種後40～50日）に、それぞれ分化が認められる。その後も連続的に花芽が分化し、果実が発育する。花は両全花で自家受精。

- **作型別栽培方法**
  - （1）**促成栽培**：8～9月播種、9～11月定植、11～7月収穫で11～3月までは加温する作型。播種～育苗までは高温期にあたり発芽不良や徒長苗になりやすく11～3月は低温期にあたりハウス内が過湿条件下になるので病気の発生が多くなる。
  - （2）**半促成栽培**：10～1月播種、12～3月定植、3～7月収穫の作型。加温と無加温の作型があるが、加温する作型では、3～4月収穫始期、無加温の作型では4～5月収穫始期になる。
  - （3）**早熟栽培**：1～2月播種、3～5月定植、5～7月下旬収穫の作型。パイプハウスでの栽培が多く、播種から育苗期は温床枠で育苗する。
  - （4）**普通栽培（夏秋雨よけ栽培）**：2～4月播種、4～6月定植、6～11月まで収穫する作型。主に冷涼地などの涼しい場所で栽培され夏越しを行う。
  - （5）**抑制栽培**：5～7月播種、7～8月定植9月頃から収穫し、無加温では11月、加温では2月頃まで行う。育苗期と定植期は高温期にあたり、苗の徒長、活着不良が起きやすい。

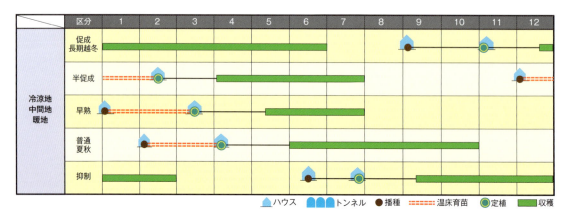

トウガラシ

英名：Chile pepper　分類：ナス科トウガラシ属に属する1〜多年生植物
学名：*Capsicum annuum* L.

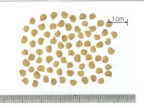

- 原産地：中南米メキシコ。
- 温度適応性：高温性の作物。
- 発芽適温：25〜30℃（発芽可能温度15〜35℃）。
- 生育適温：25〜30℃。35℃以上になると着果・結実が悪くなる。
- 光適応性：強光を必要とする。ハウスなどの栽培ではできるだけ多くの日照を得るようにする。
- 土壌適応性：根の張りは浅く、過湿に弱い。生育後期は、比較的乾燥に置く方が良品を生産するので、排水のよい軽い土壌地帯に栽培が多い。
- 土壌酸度適応性：pH6.5前後の弱酸性で生育がよい。
- 花芽分化：中性（中日）植物（日長と無関係で花芽形成が起こる植物）。一般に、播種後35〜40日、本葉5枚展開時に花芽分化、本葉11〜12枚に第1花をつけ、播種後約60日で第1花が開花する。自家受粉を主とするが、他家受粉もしやすく、雑種になりやすい。

- 作型別栽培方法
（1）促成栽培：8月播種、10〜11月定植、11〜翌6月収穫。ハウス内にて加温を行う作型。
（2）半促成栽培：12月播種、3月定植、4〜10月収穫。播種後は温床枠にて育苗を行い、その後、2重トンネル・マルチで保温を行う。7〜8月に更新剪定をして、9〜12月まで収穫することができる。
（3）早熟栽培（トンネル早熟）：1月播種、4月定植、6〜10月収穫。長期間にわたりトンネル管理に時間を必要とする。
（4）普通栽培（露地早熟）：2月播種、4月定植、6〜10月収穫。播種後、温床育苗を行い遅霜の無くなった5月頃に定植し、6月から収穫を開始する。梅雨にあたる作型であるので、高畝栽培や薬剤散布などで病害対策を行う。

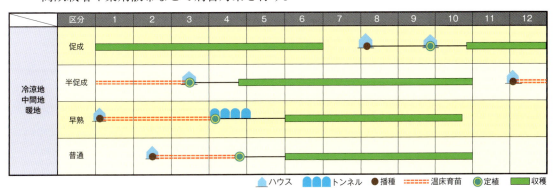

ナス

英名：Egg plant　分類：ナス科ナス属に属する 1 ～多年生野菜
学名：*Solanum melongena*

- 原産地：インド東部の熱帯アジア。
- 温度適応性：高温性で温度適応範囲は広い。
- 発芽適温：最適温 25 ～ 35℃、発芽温度 15 ～ 40℃。変温が適する。
- 生育適温：気温　昼間 23 ～ 28℃、夜間 16 ～ 20℃（最低 7℃～最高 40℃）、地温 18 ～ 20℃。
- 光適応性：強光を必要とする。
- 土壌適応性：土壌適応性は比較的広いが、土壌水分が多く、耕土の深い沖積土壌が最も適する。粘質土では、有機物などの施用で孔隙を増やすことが必要である。長期の作型では、台木の選定・肥培管理に注意が必要である。
- 土壌酸度適応性：弱酸性～中性（植物体の生育時 pH6.0、収穫時 pH6.8 ～ 7.3）。
- 花芽分化：中性（中日）植物（日長と無関係で花芽形成が起こる植物）。播種後 30 日前後、本葉 3 枚展開時に花芽分化し、本葉 7 ～ 9 枚で第 1 花をつけ、播種後約 60 ～ 65 日で第 1 花が開花する。両全花で自家受精する。

- 作型別栽培方法
    （1）促成栽培：播種は 7 月上旬～ 8 月中旬、定植は 9 ～ 10 月に行われ、6 月下旬で栽培を打ち切る。日中は 28 ～ 30℃を目安に管理を行い、15℃を下回る期間は保温・加温を行う。
    （2）半促成栽培：播種は 10 ～ 12 月、定植は 2 月中旬、収穫は 3 月中旬頃から行い、7 月中旬～ 8 月が収穫打ち切りの目安となるが、更新剪定などにより、晩秋まで収穫する地域もある。基本は無加温ハウス栽培で被覆を使い生育限界温度の 7℃を下回らないように保温する。
    （3）早熟栽培（トンネル早熟）：厳冬期に育苗を行い、定植はマルチとトンネルを使用し地温が 12℃以上となるように保温する。トンネル内が 35℃以上にならないように換気を行い、遅霜が終わる 5 月にはトンネルを除去する。
    （4）普通栽培（露地早熟）：最低気温 10℃を下回らなくなる 4 月下旬～ 5 月上旬が定植時期。夏越しが重要になる作型で、夏の草勢低下を防ぐために適切な台木選定と追肥・潅水などで対応する。
    （5）抑制栽培：播種は 4 月中旬～ 5 月下旬、定植は 6 月中旬～ 7 月中旬、収穫期は 7 月下旬～ 11 月上旬となる。

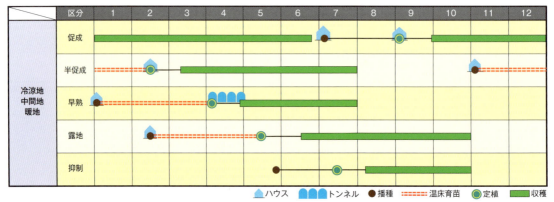

ピーマン（パプリカ）

英名：Bell pepper　分類：ナス科トウガラシ属に属する1～多年生植物
学名：*Capsicum annuum* L. 'grossum'.

- **原産地**：中央アメリカ、南アメリカ熱帯地方。熱帯地域では多年草で、かん木状に生育するが、温帯地域では1年生作物として栽培する。
- **温度適応性**：高温性植物。
- **発芽適温**：30℃前後で、最高35℃・最低15℃。
- **生育適温**：25℃（最低18℃～最高32℃）。
- **光適応性**：強光を必要とする。ハウスなどの栽培ではできるだけ多くの日照を得るようにする。
- **土壌適応性**：土壌適応性は広く、砂質土から植壌土までよく生育するが、やや浅根性のため乾燥に弱いので保水力のある壌土の栽培に適する。
- **土壌酸度適応性**：pH6.0～6.5の弱酸性で生育がよい。
- **花芽分化**：中性（中日）植物（日長と無関係で花芽形成が起こる植物）。播種後35日前後、本葉4枚展開時に花芽を分化し、播種後約60日で第1花が開花する。自家受粉を主とする。

- **作型別栽培方法**
(1) **促成栽培**：播種7～8月、定植9～10月。収穫11月～翌6月。加温機と内張りカーテンを使用し保温に努めるが、ハウス内温度が30℃以上になると樹勢低下、着果不良になる。
(2) **半促成栽培**：播種は11月上旬、定植は1月中旬～3月下旬、収穫は6月中旬～9月中旬。定植後は、加温または2重トンネル・マルチで保温に努める。7～8月に更新剪定して、9～12月まで収穫を行うこともできる。
(3) **早熟栽培（トンネル早熟）**：1月播種、3月下旬頃定植、収穫は5月から行う。長期間にわたりトンネルの管理に時間を必要とするため、半促成栽培や露地栽培に移行している。
(4) **普通栽培（露地早熟）**：2月上旬～3月下旬に播種し温床育苗を行う。遅霜の無くなった5月頃に定植し、6月～収穫を開始する。
(5) **抑制栽培**：4月中旬播種、6月中旬定植、収穫は7月上旬から10月下旬まで行う。生育初期は、寒冷紗などの遮光資材、後期はビニル被覆で夜間の保温に努める。

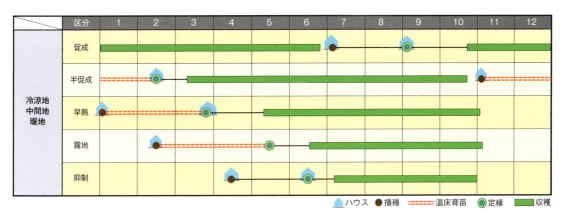

イチゴ

英名：Gerden strawberry　分類：バラ科オランダイチゴ属に属する宿根性多年生植物
学名：*Fragaria×ananassa* Duchesne ex Rozier

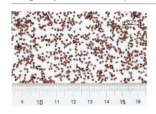  

- 起源：現在の栽培イチゴは、18世紀オランダにおいて作出され、北米原産の野生種(バージニアイチゴ)とチリ原産の野生種(チリイチゴ)との種間交雑に起源する。
- 温度適応性：冷涼な気候を好む。
- 地上部の生育適温：20〜25℃。
- 生育適温：18〜25℃(最低温度5℃、最高温度30℃)。
- 光適応性：比較的弱光に耐える。
- 土壌適応性：育苗期間中は健全な細根を十分確保することが重要なため、仮植床・本圃とも保水性と通気性に優れる土壌が適する。
- 土壌酸度適応性：弱酸性(pH5.5〜6.0)。
- 休眠：自然条件下で生長するイチゴは秋の短日・低温条件に反応して葉が小さくわい化して、休眠に入り、11月頃が最も休眠が深くなる。その後、冬の低温で休眠が打破され、春になって温度が上昇すると開花結実する。
- 花芽分化：短日植物。一般に夏の高温・長日条件下ではランナーによる栄養繁殖を行い、初秋から晩秋に平均気温が25℃付近まで下がると短くなった日長に反応して花芽分化する。25℃より高い温度では、花芽形成は完全に阻害され、温度が12〜15℃以下となると日長にかかわらず花芽分化する。しかし、花芽分化の限界温度及び限界日長には品種間差があり、四季成り性品種では長日条件下でも花芽分化が可能である。

- 作型別栽培方法

　育苗方法：一般的な栄養繁殖型の品種では、親株の株元からランナーを発生させ、その先端に根・葉・茎をもつ新しい株(子株)を形成し、この子株を採取、育苗して定植する。近年、種子繁殖型品種も育成されている。
（1）促成栽培：収穫期を前進させることが高収益につながるため、花芽分化を促進することが重要である。休眠が浅い品種を使用する。
（2）半促成栽培：自然条件下での休眠打破後に保温して、生育・開花・成熟を促進する。
（3）露地(普通)栽培：自然条件下での栽培。ポリマルチや雨よけ栽培をする。
（4）抑制栽培：7〜8月に採苗し、花芽分化後、11〜4月ごろまで長期間株を冷蔵する。定植後40〜60日で収穫が始まる。
（5）夏秋栽培：四季成り性品種を利用し、秋植えまたは、春植えをして6〜11月に収穫する作型。

インゲン

英名：Common bean　分類：マメ科インゲンマメ属に属する野菜
学名：*Phaseolus vulgaris* L.

- 原産地：メキシコ南部・中央アメリカが原産地と推定されているが、原種や野生種はまだ発見されておらず、植物的起源は不明な点が多い。
- 温度適応性：比較的温暖な気候を好む。
- 発芽適温：最適温度20～30℃。最低温度15℃、最高温度35℃。
- 生育適温：15～25℃。栽培可能な気温の範囲は10～30℃で、10℃以下では生育が停滞し、2℃以下になると葉の一部または全部が茶褐色に損傷する。
- 光適応性：比較的強い光を好み、十分な日照が必要である。
- 土壌適応性：土壌の適応範囲は広い。排水性がよく作土の深い肥沃な埴壌土で最も良好な生育を示す。水の停滞しやすい圃場では、根腐れや土壌病害が発生しやすい。
- 土壌酸度適応性：弱酸性～中性（pH6.0～6.5）。pH5.0以下の酸性土壌は不適である。
- 花芽分化と抽苔：日長に鈍感な中間性の品種が多く、つる性種は、4～8節の本葉基部から、わい性種は、主枝5～7節のところから花芽分化する。晩生種は短日で若干花芽分化が促進される。つる性種は草丈1.5～3m以上になり、わい性種は草丈50～80cmである。

- 作型別栽培方法
（1）促成栽培：加温施設を使い、早春～4月頃に収穫する作型。最低夜温14℃程度が必要になる。
（2）早熟栽培：トンネルを使用し晩霜の心配がなくなってから作付け、初夏から秋にかけて収穫する。30℃以上の高温が続くと落花が多くなるため、盛夏期の栽培は冷涼地な地域が適している。
（3）普通栽培：最も生育良好な時期。直まき栽培と移植栽培の2通りの栽培方法がある。
（4）抑制栽培：秋以降に収穫する作型で低温短日の時期に向かうため、収量は少なくなる。

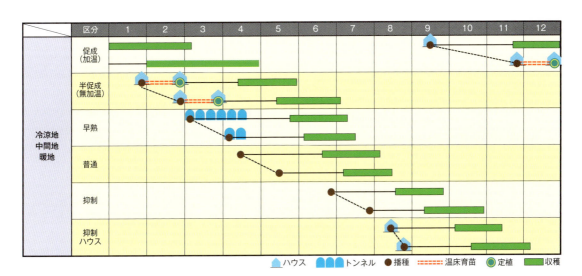

エダマメ

英名：Green soy beans　分類：マメ科ダイズ属に属する野菜
学名：*Glycine max* L.

- 原産地：中国東北部からシベリア。
- 温度適応性：温暖からやや冷涼な気候を好む。
- 発芽適温：最適温度25～30℃。10℃以下では不良になる。
- 生育適温：20～25℃。春夏栽培が最も適している。
- 光適応性：比較的強い光を好み、十分な日照が必要である。
- 土壌適応性：土壌適応性は広いが、保水性、排水性がよく、ある程度作土の深い土壌が適する。
- 土壌酸度適応性：弱酸性(pH6.0～6.5)。
- 花芽分化と抽苔：エダマメの需要が夏場中心であることから、エダマメの品種群は栽培期間が短い早生種(夏ダイズ型)が中心である。花芽分化に対しては、早生種は日長時間の影響は少なく温度(高温)により開花が左右され、花芽分化には15℃以上の温度が必要である。一方、晩生種(秋ダイズ型)は、短日植物であり日長(短日)の影響を受けて開花する。

- 作型別栽培方法
  （1）促成栽培、半促成栽培：ハウスを利用し、低温期間に加温することによって収穫時期を早める作型。促成栽培は10～1月に播種し、1～4月に収穫。最も寒い時期に栽培するため加温の必要がある。半促成栽培は、暖地では2月に播種して4～5月に収穫、中間地では2～3月上旬に播種して5～6月に収穫する。
  （2）早熟栽培：トンネルとマルチを組み合わせたトンネル早熟栽培が代表的な作型である。加温育苗後トンネル内に定植する。暖地では2～3月に播種、4～6月に収穫、中間地では2～4月上旬播種、5～7月に収穫、冷涼地では4月に播種、6～7月に収穫する。
  （3）普通栽培：露地栽培の基本的な作型である。播種時期は、暖地では3～5月、中間地では4～5月、冷涼地では5～6月となり、収穫は播種時期や品種に応じて6～10月になる。
  （4）抑制栽培：極早生～早生種を用いた秋どりの栽培。8～10月にかけて播種し、無加温または加温栽培により10～12月に収穫する作型である。

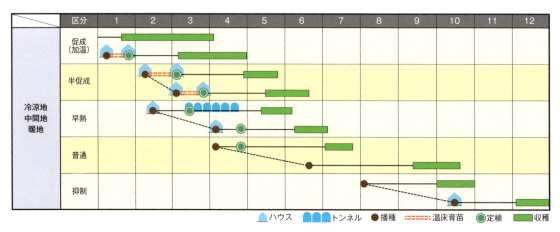

エンドウ

英名：Pea　分類：マメ科エンドウ属に属するつる性野菜
学名：*Pisum sativum* L.

- 原産地：コーカサス、ペルシャ、中央アジア、中近東。
- 温度適応性：やや冷涼な気候を好む。
- 発芽適温：最適温度18〜20℃、最低温度4℃。
- 生育適温：15〜20℃。生育温度0〜28℃。
- 光適応性：比較的強い光を好み、十分な日照が必要である。
- 土壌適応性：土壌適応性は広いが、保水性、排水性がよく、ある程度作土の深い土壌が適する。
- 土壌酸度適応性：弱酸性(pH6.0〜6.5)。pH5.5以下の酸性土壌は不適である。
- 花芽分化と抽苔：種子春化型（シードプラントバーナリゼーション）
  発芽直後から低温に感応し、花芽分化が起こり、分化後はやや高温で抽苔が促進される。
  着花節位は、極早生種では7節位から着莢するが、晩生種では15節以上に着莢する。

- 作型別栽培方法
（1）春まき栽培：北海道・東北などの冷涼地で越冬栽培ができない地帯の作型。2月下旬〜6月中旬まきで5月下旬〜9月中旬収穫となる。早春まきの場合は、育苗し、平均気温が5℃程度になってから定植する。
（2）夏まき栽培：7〜8月まきで、9〜12月頃収穫する作型。播種期が高温期にあたり、低温性のエンドウでは発芽不良や初期生育が抑制されるので遮光するなど初期管理が大切である。
（3）秋まき栽培：エンドウ生産の主たる作型で、越冬可能な地域なら栽培できる。収穫は暖地ほど早く始まるが、初夏の気温が高くなると急速に枯れ上がるので、夏季に収穫するには冷涼地の栽培が望ましい。

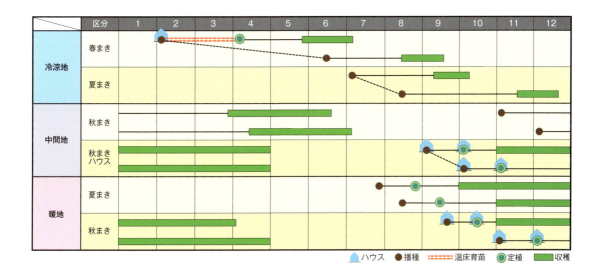

ソラマメ

英名：Broad bean　分類：マメ科ソラマメ属に属する野菜
学名：*Vicia faba* L.

- **原産地**：地中海、西南アジアと推測される。
- **温度適応性**：やや冷涼な気候を好む。
- **発芽適温**：最適温度15～25℃。10℃以下と35℃以上では発芽率が著しく低下する。
- **生育適温**：16～20℃が生育適温で、耐暑性は弱く、25℃以上では生育・着莢ともに劣る。幼苗期の耐寒性は強いが、春先に分枝が伸長を始めると、軽い霜でも低温障害を受ける。
- **光適応性**：比較的強い光を好み、十分な日照が必要である。
- **土壌適応性**：多くの水分を必要とし、乾燥に弱いため、排水性がよく作土の深い肥沃な埴壌土で最も良好な生育を示す。圃場が滞水すると湿害を受けやすいので、排水に注意する。
- **土壌酸度適応性**：弱酸性～中性（pH6.0～6.5）。
- **花芽分化と抽苔**：種子春化型（シードプラントバーナリゼーション）
 発芽直後から低温に感応し、花芽分化が起こり、分化後はやや高温で抽苔が促進される。
 ソラマメは、一定の低温にあわないと花芽分化しないので、夏まき栽培では低温処理を行う。処理方法は、箱まきして5mm位発根させた苗を、ポリ袋に入れ、3℃で25～30日間冷蔵し、低温処理を行い、その後植え付けをする。

- **作型別栽培方法**
 （1）**秋まき栽培**：ソラマメの基本となる作型。東北以南の越冬可能な地域で成立する。冬期の低温で花芽分化し、春の適温期に開花・着莢する。10～11月に播種し、5月中旬～6月上旬に収穫する作型。
 （2）**春まき栽培**：越冬の困難な冷涼地において、春まき、夏どりの作型が成立する。幼苗期に低温に感応して花芽分化し、初夏に開花・着莢・収穫に至る。
 （3）**夏まき栽培**：関西以西の冬期温暖な地域での作型。低温処理した催芽種子を9月上旬播種、11月上中旬にビニルを被覆し11月下旬～3月上旬に収穫する。年平均気温が18℃以上の無霜地帯においては、露地栽培も可能である。

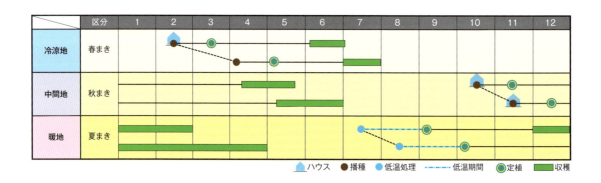

スプラウト

英名：Sprout　分類：発芽直後の新芽、発芽野菜

※左はダイコンの種子

- 歴史：スプラウトの歴史は古く、19世紀英国ビクトリア朝時代から食べられており、日本では「かいわれ大根」が平安貴族の食膳に上っていたとも伝えられている。最近人気のブロッコリースプラウトの歴史はまだ新しく、1994年アメリカの研究機関によって、発芽3日目のブロッコリーの新芽に含まれるスルフォラファンに強いがん予防効果を持つことが明らかにされ、この研究発表を受けて日本でも栽培が増えている。
- 生育適温：20〜25℃が栽培適温。
- 光適応性：スプラウトの栽培は、栽培初期より日光にあてるとスプラウトの伸びが止まるので暗所で栽培し、収穫2〜3日前より弱光にあて緑化させる。あまり強い光だとしおれるので注意が必要である。

- スプラウトの種類
（1）かいわれタイプ：発芽後7〜10日で収穫。
　　茎が伸びるまで暗室で育て、その後、光をあてて緑化させたもの。
　　品目：ダイコン、ブロッコリー、マスタード、クレス、レッドキャベツ、豆苗、ソバ、カラシナなど
（2）中間タイプ：発芽後3日程度で収穫
　　暗室で発芽させた後、光を当てて緑化させたもの。かいわれタイプよりも栽培期間が短く葉色はやや淡い緑色をしている。
　　品目：ブロッコリーなど
（3）もやしタイプ：暗室で育て、光を当てず緑化させないもの。
　　品目；緑豆もやし、大豆もやし、アルファルファなど。

- 栽培方法
かいわれタイプ：栽培容器の底にスポンジやキッチンペーパー等を敷き、しっかり濡れるまで水を入れ、その上に種子が重ならないようにまく。容器は暗い場所に置き、種子がしっとり濡れるまで霧吹きなどで水を与え、根が張れば、直接容器へ水を注ぎ、毎日取り換える。茎が5〜6cmに伸びたら、日当たりの良い場所に移動し光を当てて緑化させ、発芽後、7〜10日で収穫になる。
もやしタイプ：種子を一昼夜水に浸け、その際かき混ぜて浮いてくる種子は取り除く。
　　瓶の口にガーゼやネットなどをかぶせ、水を切り、栽培期間中は、暗所に置き、温度はなるべく一定に保ち、密閉しないようにする。毎日数回、瓶に水を入れ優しく振り洗いをし、水をきる。きれいな色のもやしに仕上げるには、こまめに水洗いしてヌメリをとり5cm以上伸びたら収穫、付着した種皮は水で洗い落す。
　　　スプラウトに使用する種子は、種子消毒が施されていない無消毒種子を使用する。

その他の野菜

ハーブ類

　ハーブと言えば香りのある植物で、料理、香料、飾りなどに使うと考えがちだが、人類が誕生したときから、人間が宗教、食べ物、薬、香料、染料、観賞用などに広く利用され、欧米においては、今日でもその重要性はスパイスと共に受け継がれている。

　日本においても、近年色々な種類のハーブの栽培、利用方法について紹介され、普及してきた。

1. ハーブ（類）の種類

　ハーブは、1年草、多年草、樹木と多種多様で、また利用法や効果もさまざまである。葉や花、種子が主に利用される。

　植物分類上も広範囲に渡り、シソ科の植物が多いが、セリ科やキク科なども多い。

2. ハーブ（類）の栽培

1）播種

　キャットニップ、タイム、オレガノ、マージョラム、クレスなどの微細種子は鉢にまく。これらの微細種子は病害などに侵されやすいため、無菌の用土を使用する。ピートバンを使うか、ピートモスとバーミキュライトを1：1に混合したものを使用する。種が小さいので、覆土は微砂をほんのわずかかける位に気をつける。特にタイム、オレガノなどの好光性種子の場合は覆土を特に少なめにする。乾燥には気をつけ、潅水はジョーロなどで上から行わず、トレイに水を入れ、鉢の底面から吸水させる。

　セージ、フェンネル、ポリジなどの大粒、バジル、チャイブその他の中粒種子は発芽が比較的容易で、直接、プランター、コンテナ、露地に播種をする。

　プランターなどの容器にまく場合は、水はけをよくするために、赤玉土の大粒、中粒を下部に3〜4cm入れ、その上に培養土を入れる。培養土は病菌の少ない畑土4割に、腐葉土3〜4割、赤玉土（中〜小粒）2〜3割を入れ、さらに園芸用石灰及び化学肥料を少量入れる。

2）間引き、移植

　微細種子の場合は特に密生して花芽が立ちやすくなるので、早めにピンセットを使い間引きを行う。本葉が2枚以上くらいになったら移植を行う。

　栽植密度はその植物の高さ、横張り、寄せ植えする植物などを考え、徒長したり、日蔭にならないようスペースをとり、生育に併せて適宜間引きを行う。

3）施肥

　ハーブ類は普通の野菜類と比べて、あまり強い肥料分を要求しない植物が多く、化学肥料の使用はできるだけおさえ、有機質肥料（腐葉土、油粕など）を中心に施用し、それで足りない場合は、通常の倍率より2〜3割くらい薄めの葉面散布剤を行う。

4）潅水

一般的に、ヨーロッパ原産のハーブ類は乾燥気味の気候で育っているものが多く、過湿により根腐れを起こすことがあり、一度、十分に潅水をしたら、萎れはじめるまで潅水を控える。特に冬場の多潅水、高温多湿に注意する。

アジアなど多湿な場所を原産にした種類は多湿に強いものが多く、高温時には十分潅水をする。

5）病虫害

ハーブ類は野菜類に比べ病害や虫害に強いものが多い。しかしながら、ハーブ類に使用できる農薬登録を受けた農薬はほとんどなく、使用することができない。

病害虫がついたら、早めに捕殺したり、病気に侵された部分を取り除き、広がらないように工夫する。

6）冬越し

耐寒性の程度は種類によってそれぞれ異なる。ヨーロッパ原産のセージ、タイム、オレガノ、ミント類は耐寒性があり、よほどの寒地でない限り、ほぼ日本全国、露地で越冬する。

ローズマリー、ラベンダーなどでは種や品種による違いが大きく、やや寒さに弱いものもある。東南アジアが原産のバジルは耐寒性が弱い。

その他、アフリカ、中南米、オセアニアが原産のもの、インドが原産のレモングラスなどは、中程度で関東平野部以西なら、多少の凍害は受けるが越冬可能なものが多い。

3. 日本のハーブ類

日本原産の植物もハーブとして古くから利用されているものも多い。

代表的なものは、ハッカ（ジャパニーズミント）、ワサビ、サンショウなどで、古い時代に東南アジアから入ったシソも日本に定着している。

主なハーブ類の特性表

英名	和名 / 学名	科名	特性
Chamomile カモミール（ローマン）（ジャーマン）	カミツレ、カミルレ *Ahamaemelum noile* *Chamomilla recutita*	キク科	ローマン種は冷涼で多湿なところを好む多年草、草丈30cmで葡萄型の草姿である。ジャーマン種は排水のよい軽しょう土を好む1年草である。草丈は50〜60cmで立性。両種とも花からヘアリンスを作ったり、精神をリラックスさせるティーを作る。
Chives チャイブ	アサツキ、エゾネギ *Allium schoenoprasum*	ネギ科	アジアからヨーロッパ北部に分布、種子及び株分けで増やす多年草である。日当たりのよいところを好むが、やや日陰でも育つ。土壌水分はやや湿り気の多い所がよい。草丈30cmで日本の細ねぎに似るが、花色は紫がかったピンクで、オニオンフレーバーの細ねぎとして使う。
Dill ディル	イノンド *Anethum graveolens*	セリ科	地中海沿岸やロシア南部に自生する1年草である。草丈90cmで、水はけの良い日当たりの良い所に適する。播種は、春か秋に行う。ディルは葉、茎、花、種子の全てが使用でき、葉はパセリやキャラウェイの香りがする。スープ、シチュー、サラダ、パン、ソース等に利用される。
Chervil チャービル	ウイキョウゼリ *Anthriscus cerefolium*	セリ科	1、2年草で、多湿で半日陰を好む植物である。草丈は30cm、外観はパセリに似ている。直立性でとう立ちすると約1mになる。播種は初夏及び秋に行う。半日陰で育てると品質が向上する。葉は特に香りが良く、豆、ポテト、ニンジン、卵などの料理に利用する。
Tarragon タラゴン（French）	フレンチタラゴン *Artemisia dracunculus var.*	キク科	南ヨーロッパ〜西アジア原産の多年草、草丈80cm。種子はできず春と秋に株分け、挿し木で増殖する。ヨモギの仲間で、ややや せ地に適する。微妙なミントの香りがあり、エスカルゴ料理のヴィネガーには必要。肉、魚料理にも使われる。
Borage ボリジ	ルリジシャ *Borago officinalis*	ムラサキ科	1年草で春及び秋に播種をする。草丈50〜90cm、葉は毛の生えた牛の舌状で、花色は澄んだブルーで人気がある。日なたからやや日陰で生育し、耐暑性にかける。葉はサラダやコールドドリンクにキュウリのフレーバーをつけるのに使用、花はサラダやデザートに使う。
Caraway キャラウェイ	ヒメウイキョウ *Carum carvi*	セリ科	西アジア、地中海沿岸原産の2年草、排水が良く日当たりの良い場所を選ぶ。草丈70cm、播種は春、秋蒔の2回蒔、冬越ししないと種子にならない。種子はパンのフレーバーに、葉はサラダに、根は生食、煮物に使い、特にキャベツ料理にあう。
Coriander コリアンダー	コエンドロ *Coriandrum sativum*	セリ科	中東、南ヨーロッパ原産、1年草、草丈60cm。種子を蒔いた後、生育初期はやや土壌水分を多めにする。中国ではチャイニーズパセリとも言われ若葉を料理に使う。乾いた種子は香りが良く風味があり、カレー、お菓子他広く使われ、絶対的な消費量が多い。
Cumin クミン	クミン、カミン *Cuminum cyminum*	セリ科	エジプト原産、草丈30cm、長い温暖な気候が必要で、春蒔きする。水はけよく、日当たりのよい所に適する。播種後4ヶ月で種子が充実し、収穫、乾燥をする。種子は強い香りがあり、コショウの代用に使う。トウガラシ類と一緒に使い辛めの料理に利用する。
LemonGrass レモングラス	コウスイガヤ *Cymbopogon Citratus*	イネ科	熱帯アジア原産、ススキの仲間の多年草。株分けで繁殖、高温多湿に強く、夏場には作りやすい。日当たりがよく、土壌水分が多めの場所に生育する。レモンの香りが強く、レモンの人工香料の原料として、またスープやハーブティーに使われる。
Rocket ロケット（別名ルッコラ）	キバナスズシロ *Eruca vesicaria subsp. Stavia*	アブラナ科	地中海沿岸原産の一年草。草丈60cm。日あたりよく、水はけ・風通しのよい場所で栽培する。葉は胡麻の風味がして消化促進の効果がある。若くてやわらかい葉をサラダなどで利用する。種子は強壮作用があり、砕いた種子をティーで使用する。
Fennel フェンネル	ウイキョウ *Foeniculum vulgare*	セリ科	地中海沿岸地方原産で、多年草、草丈1〜1.5mで、水はけ、日当たりのよい所を好む植物である。ディルに近い植物で、香りがよく、葉、茎、花、種子の利用ができる。夏には黄色の小さな花が散形花序に咲く。色々な薬効があるが、エストロゲンの効果により、乳腺を刺激して母乳の出をよくする働きもある。
Bay ベイ	ゲッケイジュ *Laurus nobilis*	クスノキ科	常緑樹。水はけがよく、日当たりのよい場所で生育する。地中海沿岸が原産の植物である。5〜10mくらいの樹高となる。葉は厚めで光沢があり、強い芳香を発散する。肉、魚料理に広く使われ、また防腐性を持つことから、ピクルスにも利用される。
Lavender ラベンダー	*Lavendula spp.*	シソ科	地中海沿岸地方原産。品種により草丈の低いものから1mくらいの高さのものまである。乾燥した水はけのよい、日当たりのよい場所を好む。繁殖は春及び秋に挿し木を行う。最も香りのよい植物として、香水、ポプリ、入浴剤等に、また食用にも利用されている。
Lemon Balm レモンバーム	セイヨウヤマハッカ *Mellisa offisinalis*	シソ科	南ヨーロッパ原産の多年草。種子、株分け、挿し木により繁殖する。やや肥沃で、土壌水分のあるところで生育、栽培しやすい。名前からわかるように、レモンの風味で冷たい紅茶に入れ、レモンの代わりに使用したり、葉をサラダに入れて食べる等料理に添える。

5章　野菜類

英名	和名 / 学名	科名	特性
Mint スペアミント	ミドリハッカ *Mentha spicata*	シソ科	地中海沿岸原産の多年草で、草丈60cm。やや多湿な土地と冷涼な気候を好む。種でも増やせるが、通常、挿し木、株分けで繁殖させる。代表的なハッカで、ミントソース、ジェリー、紅茶に利用する。入浴剤として風呂に入れたり、シャンプーに入れたりする。花色は、藤色、ピンク、白がある。
Mint ミント	セイヨウハッカ *Mentha spp.*	シソ科	地中海沿岸原産の多年草。草丈40cm、スペアミントとウォーターミントの交雑種と言われ、スペアミントと同じような土壌、気候で生育する。スペアミントよりペッパーミントの方がメントールの含量が多く、香油をとる他、ミントソース、ジェリー、紅茶に利用する。
Bergamot ベルガモット	ヤグルマハッカ、 タイマツバナ *Monarda didyma*	シソ科	北米原産の多年草で、草丈0.9～1mになる。緑色の葉の先に赤い実をつける。葉及び花を使い、ハーブティーに利用される。またさわやかな匂いを持っているので、オーデコロンに使われる。
Cress クレス	オランダガラシ *Nasturtium offcinale*	セリ科	ヨーロッパ原産。草丈30cm。クレソンと呼ばれ、多湿地や浅めの水辺で育つ多年草。株分けまたは種子を夏に箱や水際に蒔く。定植は水温が低めの清流のあるところがよい。家庭ではポット植えし、毎日水をかける。葉は、ビタミンCが豊富で、ブラシカ類の辛さを持ち肉料理の消化を助ける。
Catnip キャットニップ	イヌハッカ *Nepeta cataria*	シソ科	多年草で種子による繁殖は春、秋蒔きとする。日当たりの良い所を好み、土質はやや重めで多湿地がよい。草丈は2年目になると1mを越す。猫がこの匂いを好み、葉を乾燥させ、布袋に入れる。ハーブティーとしても利用できる
Basil バジル	メボウキ *Ocimum basilicum*	シソ科	インド、熱帯アジア原産。日本では春蒔きの1年草で、草丈50～60cmになる。日あたりよく、肥沃で水はけ・風通しのよい所で栽培する。花は白味を帯びたクリーム色で、葉は甘くスパイシーな香りがする。葉をスパゲッティ、サラダ、ソースなどに利用する。
Oregano オレガノ	ハナハッカ *Origanum vulgare*	シソ科	地中海沿岸原産。ワイルドマジョラムともいい、スィートマジョラム、ポットマジョラム等の仲間である。多年草で、草丈30cm。種子は小さく、トレイに蒔き、水はけがよく、日当たりのよい場所に定植する。オレガノはピザ、トマト、チーズ、肉料理に必要なスパイスとなっている。
Anice アニス	アニス *Pimpinella anisum*	セリ科	中東原産。春、秋蒔きの生育の遅い1年草。草丈は50cm程度。播種後3カ月で開花し、開花後1か月で種子となる。種子は料理やハーブティーに使われ、風邪や消化促進に効用がある。よい香りがするのでパンやクッキーにも使われる。葉の香りもよいのでサラダなどに利用できる。
Rhubarb ルバーブ	ショクヨウダイオウ *Rheum rhabarbarum*	タデ科	シベリア南部原産の多年草。草丈は80cmくらいで、太い赤紫色の茎と大きな葉をもつ。冷涼な気候を好むが、普通地でも栽培できる。茎葉にはシュウ酸を含み、生食はできず、主に茎を煮詰めて酸味のあるジャムの原料として使われている。黄色い根は大黄胃腸薬として利用される。
Rosemary ローズマリー	マンネンロウ *Salvia rosmarinus*	シソ科	地中海沿岸原産、草丈60～120cmの小潅木、種子は消毒をして蒔くが生育遅く、通常5～6月に挿し木をして殖やす。乾燥したアルカリ性土壌を好む。ハーブの中で最も利用範囲の広い植物で、肉、魚、野菜料理や香料、香水、入浴剤等に使われている。
Sorrel ソレル	スイバ *Rumex acetosa*	タデ科	アジア、ヨーロッパ原産の多年草。草丈は60cm位で、種子、株分けで繁殖する。肥沃な場所では高さ90cmとなる。葉にはシュウ酸を多く含み、すっぱい。レモン香を利用してグリーンサラダに、またスープに入れて利用される。
Sage セージ	ヤクヨウサルビア *Salvia officinalis*	シソ科	地中海北岸原産の多年草。草丈50cm、種子は春または秋蒔きをし、挿し木、とり木もできる。多湿を嫌い、水はけのよい乾燥気味の場所に適する。セージは樟脳の香りがし、肉、ドレッシング、ソース、ティーなど香りの強いハーブとして使用され、また庭の観賞用にも適する。
Savory サボリー	キダチハッカ （夏サボリー） *Satureja hartensis*	シソ科	地中海沿岸原産の1年草。草丈30cm、春蒔き育苗をし、乾燥地に定植する。肉、スープ、ドレッシングに使われ、特に豆とキャベツの料理、ハーブバター、ヴィネガーに使われる。同じ属のウィンターサボリーは多年草、草丈30cm、葉色は灰緑色をしている。
Thyme タイム	タチジャコウソウ *Tymus vulgaris*	シソ科	地中海沿岸原産の多年草。草丈10～20cm。種子は春と早秋に蒔くか、挿し木、とり木をする。乾燥気味の日当たりのよい場所が適する。夏場に蕾が出来たら地上部5～6cmのところで切り、陰干しするか、冷凍にする。肉、魚、野菜料理、シチューに利用される。

コラム2　改正種苗法による農業者の自家増殖の制限

　「農業者の自家増殖」とは、農業者（農家または農業生産法人）があくまで自らの農業経営の中で収穫物の一部を次期作用の種苗として使用することを意味し、わが国の種苗法上は、登録品種（育成者権が認められたもの）についても一定の条件の下に認められてきた。

　一方、種苗法の品種登録制度の元となっている UPOV 条約では、原則として農業者の自家増殖にも育成者の権利が及ぶこととされており、EU などにおいては一部の飼料作物・穀類等の自家増殖を例外的に認めているだけである。このため、わが国においても育成者の権利の保護・強化の観点から、植物の種類ごとの実態を十分勘案した上で、農業生産現場に影響のないものから、順次禁止対象品目として指定されてきた。令和4年4月に施行された改正種苗法では、農業者による自家増殖についても、全て許諾が必要となったことから、自家増殖を行う場合には、予め育成者権者の許諾を得る必要がある。

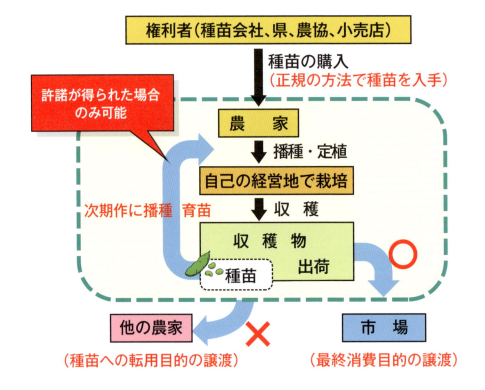

第6章

花き類

注）写真は、種子・発芽・花（花姿）の順とした。

花き類　種子の形と大きさ

※販売品例

アサガオ
（ヒルガオ科）

アスター
（キク科）

カーネーション
（ナデシコ科）

カンパニュラ
（キキョウ科）

キンギョソウ
（オオバコ科）

キンセンカ
（キク科）

ケイトウ
（ヒユ科）

コスモス
（キク科）

サルビア
（シソ科）

ジニア
（キク科）

スイートピー
（マメ科）

ストック
（アブラナ科）

6章　花き類

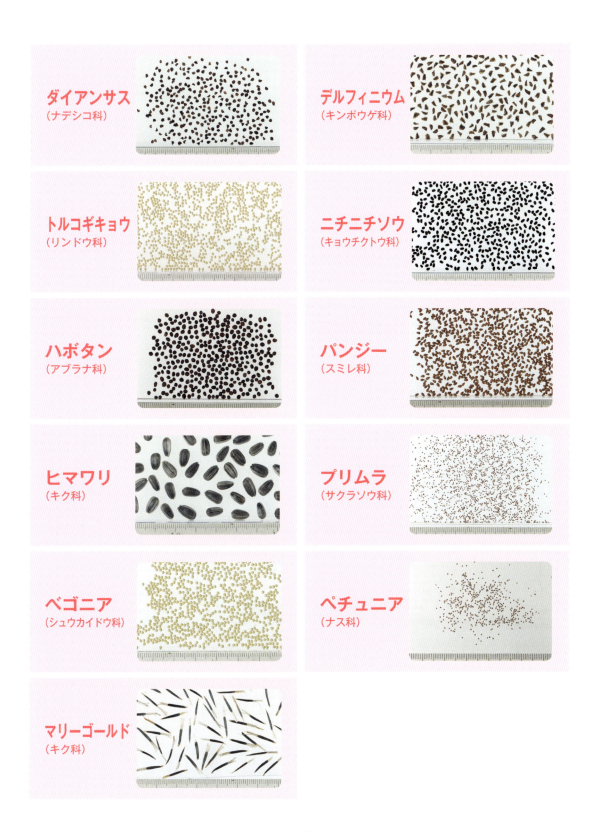

アサガオ

学名：*Ipomoea nil.*
英名：Morning Glory
和名（一般名）：アサガオ

原産地：熱帯アジア
分　類：ヒルガオ科

- ・栽培習性：1・2年草
- ・温度適応性：狭い。非耐寒性
- ・用　　途：鉢花
- ・発芽適温：25℃前後。最高30℃、最低15℃
- ・草　　丈：20～200cm
- ・生育適温：20～25℃。最高30℃、最低15℃
- ・光適応性：日あたり良好地
- ・発芽日数：適温にて5日
- ・土壌適応性：酸性～中性（pH5.0～7.0）

- ・花芽分化の要因

　種類により異なるが営利経営にて栽培される品種の多くは短日植物である。花芽分化は、生育環境下にて一定以上の葉枚数のステージで、8時間以上の暗期が必要であり、暗期が長くなれば到花日数が短くなる。なお、西洋系は短日開花性が強いため、自然日長下での開花は8月下旬頃からとなる。

■発芽のコツ

　本来、硬実種子であるが種苗会社が供給する種子は硬実打破済み種子である。未処理種子を播種する場合は、種皮を削る必要がある。市場流通は2通りあり、ポット苗4～5月、開花鉢は7月の出荷が基準である。生長が早いためタネまき時期の不適は流通時期を逃し、開花鉢ではボリウム不足や老化により品質が劣る。

■開花栽培の注意点

　鉢物栽培は通常、あんどん作りで1鉢に数本の苗を植え支柱へ巻きつかせ形を整える。朝顔市でも知られ、夏の風物詩である色鮮やかな大輪品種の開花は通常、7月下旬程度からで、7月上旬の出荷をするには短日処理が必要となる。処理は品種、処理時間により異なるが、出荷日の1カ月ほど前に数日行う必要がある。

■病虫害

　ポット苗販売では栽培期間は短く、消毒された用土や病害を含まない用土を用いれば病気の心配は無い。ただし、鉢物出荷では、ヨトウムシやアザミウマなど飛来害虫の幼虫による葉の食害や吸汁被害を避け適宜に駆除が必要となる。

■作型別品種の選定

　実生増殖、栄養繁殖により数種類が流通販売されているが、農業経営上は通常、種子増殖品種を栽培する。これらは、開花の早晩による品種選定はほとんど無く、ポット苗では市場流通量より消費者目線で花の色、大きさや咲き方、開花の早晩と苗につける花見本ラベルがあることを確認して選ぶ。鉢物では通常、大輪品種が選ばれ栽培されている。

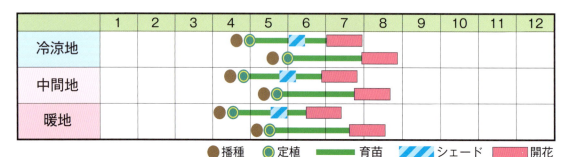

6章 花き類

アスター

学名：*Callistephus chinensis.*
英名：China Aster
和名（一般名）：エゾギク
原産地：中国北部
分　類：キク科

- 栽 培 習 性：1･2年草
- 温度適応性：比較的広い。半耐寒性
- 用　　　途：切り花、花壇
- 発 芽 適 温：20℃前後。最高25℃、最低15℃
- 草　　　丈：20～80cm
- 生 育 適 温：20℃前後。最高35℃、最低0℃
- 光 適 応 性：日あたり良好地
- 発 芽 日 数：適温にて10日
- 土壌適応性：弱酸性(pH5.5～6.5)
  5年以内は連作不可

- 花芽分化の要因

　基本的に適温、長日で花芽が形成され、花芽の発達と開花は短日で促進するが、相対長日条件でも株の生長にともない花芽形成は起こる。このため、春まき季咲き開花では、タネまきの早晩に比例せず盛夏に開花となり、早まきでは草丈がとれ、遅まきでは草丈が低く開花する。

■発芽のコツ

　地温、湿度の影響を受けやすい。特に早春まきでは地温不足による不発芽が起こる可能性が高いので、適温が確保できない場合はタネまきを遅らせ、過湿を避けることが望ましい。また、短日期のタネまきでは、短小開花を避けるため発芽後、長日処理が必要である。

■開花栽培の注意点

　連作と採花時期に注意が必要である。季咲き以外の採花では長日処理が必要となる。短日期の栽培では抽苔促進と花芽形成のため、16時間以上の長日処理が必要であり、日長不足は不抽苔や早期短小開花の原因となる。また、冬季の栽培、採花では奇形花をさけるため15℃以上の栽培温度が理想である。

■病虫害

　フザリウム菌による萎凋病対策とし、連作を避け、酸度矯正を徹底する。また、ウイルス病対策としアブラムシ、スリップスを駆除し、葉に食入るハモグリバエ、葉花を食害するヨトウムシ類などは、発生初期に防除する。

■作型別品種の選定

　営利目的の切り花栽培では周年出荷が可能であるが、季咲き栽培では春まきが通常で開花は盛花となり、お盆の仏花としてよく利用される。品種は採花時期、開花早晩による種類は少なく、花の大きさ、花弁のかたちなどにより大別される。

■ワンポイント

　播種用土は、事前に潅水し好適湿度になってからのタネまきが望ましい。

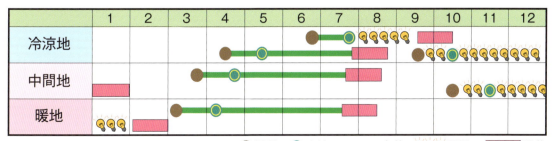

— 147 —

カーネーション

学名：*Dianthus caryophyllus.*
英名：Carnation
和名（一般名）：オランダナデシコ

原産地：地中海沿岸地方
分　類：ナデシコ科

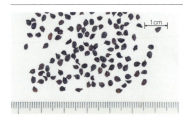

- 栽培習性：宿根草
- 温度適応性：広い。耐寒性
- 用　　途：切り花、鉢物
- 発芽適温：20℃前後。最高25℃、最低15℃
- 草　　丈：20～100cm
- 生育適温：15～20℃。最高30℃、最低-5℃
- 光適応性：日あたり良好地
- 発芽日数：適温にて7日
- 土壌適応性：弱酸性（pH6.0～6.5）

- 花芽分化の要因

　長日植物である。種類、品種により日長要求量は異なるが、短日期では開花は遅れるかまたは、開花しない。

■発芽のコツ

　切り花農業経営では挿し穂、発根苗の購入が基本となり、種子での流通は一部の品種のみである。発根苗の入手では、定植時期に合わせ注文を行い、苗到着までに定植場所の準備を行う。挿し床は、温度、湿度、保排水のバランスをとり、過湿は禁物である。

■開花栽培の注意点

　品目の特性上、農業経営では地域環境により基本的な作型は決まり、西南暖地では冬期加温室栽培、冷涼地では夏期無加温ハウス栽培が有利である。夏の高温を嫌い、冬季は高日照量が必要である。暖地では夏の定植により初冬から初夏の採花で、1株より数本の採花を行う。冬期の日照量が少ない地域の栽培は禁物である。

■病虫害

　萎凋細菌病、立枯細菌病など土壌伝染性病害の防除のため圃場を土壌消毒し、過湿を避けた管理が理想である。また、害虫ではダニ類、アザミウマ類、ヨトウガ類などの被害があり駆除を徹底する。

■作型別品種の選定

　数多くの品種が市場流通してる。品種は大別して、分枝するスプレー系と1本切りのスタンダード系の2タイプに分けられ、その中で生育と開花の早晩性、花色、花の大きさ、栽培の難易度などさまざまな性質で細分される。品種の選定は、市場流通状況と地域の実情を参考にして、地域の農業関係者、市場関係者、種苗販売店や供給元と相談の上の選定することが望ましい。

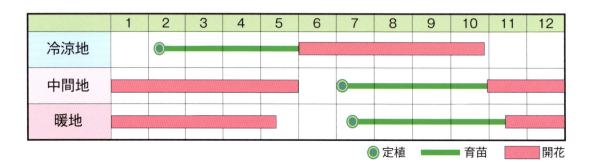

カンパニュラ

学名：*Campanula medium.*　　原産地：南ヨーロッパ
英名：Canterbury Bells　　　　分　類：キキョウ科
和名（一般名）：フウリンソウ

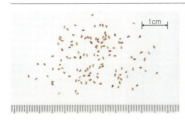

- 栽 培 習 性：1・2年草
- 温度適応性：広い。耐寒性
- 用　　　途：切り花、鉢物
- 発 芽 適 温：15～20℃。最高25℃、最低10℃
- 草　　　丈：40～100cm
- 生 育 適 温：15℃前後。最高30℃、最低-5℃
- 光 適 応 性：日あたり良好地
- 発 芽 日 数：適温にて10日
- 土壌適応性：弱酸性(pH6.0～6.5)

・花芽分化の要因

　多くの品種が流通しており、花芽分化要因は品種により異なる。本種は本来、耐寒性1・2年草で、一定の大きさに生長した株が低温遭遇後、日長が伸びることで抽台して花芽分化、開花に至る。ただし、現在の園芸種は低温に遭遇せずとも開花に至る品種が主流である。

■発芽のコツ

　種子は生種子、コート種子が存在するが、コート種子は覆土不要、給水後コートが崩れない場合は潅水でコートを崩す。

■開花栽培の注意点

　低温非要求性品種では長日処理により開花の調整ができ、16時間の長日を与えることにより開花に至る。生育適温下ではタネまき後80日以降の株であれば、採花の70日程度前に長日処理を開始すればよい。

■病虫害

　高温時に苗立ち枯れ病、多湿期に菌核病、灰色かび病などが発生しやすい。連作を避け、圃場消毒を行い、生育全期間を通し雨、曇天時では換気に努め、冬期は水やりを抑えた管理が理想である。

■作型別品種の選定

　営利栽培では、低温非要求品種を用いた主枝1本切栽培が容易である。
　タネまき日を変え、どの作型でも管理できる。

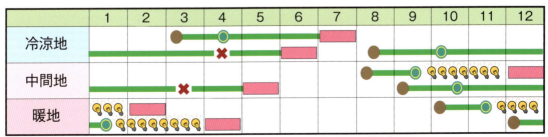

キク

学名：*Chrysanthemum x grandiflorum.*
英名：Chrysanthemum
和名（一般名）：キク
原産地：中国
分類：キク科

- 栽培習性：宿根草
- 温度適応性：広い。耐寒性
- 用途：切り花、鉢物
- 発芽適温：20℃前後。最高25℃、最低15℃
- 草丈：40～100cm
- 生育適温：15～20℃。最高30℃、最低-5℃
- 光適応性：日あたり良好地
- 挿芽発根日数：14日
- 土壌適応性：弱酸性（pH5.5～6.5）

- 花芽分化の要因
  短日植物の代表的存在であり、本来は短日で花芽形成に至った。ただし、現在では、花芽分化に日長の影響をあまり受けない品種もあり、夏ギクとして扱われる。

■発芽のコツ

切り花農業経営では穂木購入が基本となる。挿し穂の時期にもよるが、穂木の発根は比較的容易である。秋ギク、夏秋ギクを短日期に挿す場合は、花芽形成を遅らせるために電照下での管理が必要である。

■開花栽培の注意点

品種により花芽分化に要する日長要求量は異なる。作型と品種の選定は、地域環境、栽培施設により決まる。市場要望は通年供給であり、1年を通してさまざまな作型と栽培方法がある。西南暖地では冬期、冷涼地では夏季の採花が有利である。短日期では花芽が優先され、短小開花になりやすい。そのため切花用品種では、出荷日調整も含めて電照による長日処理が必要となる。

■病虫害

多くの土壌伝染性病害があり、圃場を消毒し、過湿を避けた管理が理想である。また、害虫ではアザミウマ類による花芽、花への被害、ヨトウガ類の食害などがあり駆除を徹底する。

■作型別品種の選定

日長処理により出荷時期の操作が可能で、数多くの品種が1年を通して栽培され市場に流通している。花色、花形、草姿、性質などさまざまで、花品目では最多級の品種数をもち、品種の移り変わりも激しい品目である。作型、品種の選定に関しては、地域の農業関係者、市場関係者、種苗販売店や供給元と相談することが望ましい。

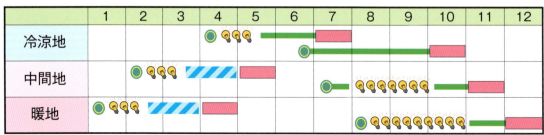

キンギョソウ

学名：*Antirrhinum majus.*
英名：Snapdragon
和名（一般名）：キンギョソウ
原産地：地中海沿岸地方
分類：オオバコ科

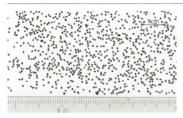

- 栽培習性：1・2年草
- 温度適応性：広い。耐寒性
- 用途：切り花、花壇
- 発芽適温：20℃前後。最高25℃、最低15℃
- 草丈：20～100cm
- 生育適温：15～20℃。最高30℃、最低-5℃
- 光適応性：日あたり良好地
- 発芽日数：適温にて10日
- 土壌適応性：弱酸性(pH5.5～6.0)

- 花芽分化の要因
  日長が関与し要求量は連続して存在し、タイプと品種に区分される。一般に、日長要求量の少ない品種は極早生でⅠ型、多いものは晩生でⅣ型として取り扱われる。

■発芽のコツ

地域、作型によりタネまき時期は異なるが通常、産地となる暖地・温暖地では夏のタネまきが一般である。種子は生種子、コート種子が存在する。種子は細かく好光性のため覆土不要で、底面給水がよく、コートが崩れない場合は潅水でコートを崩す。

■開花栽培の注意点

農業経営では地域環境により基本的な作型は決まり、西南暖地では冬期加温室栽培、冷涼地では夏季無加温ハウスが有利である。冬期栽培では摘芯栽培が主流で、本葉3～4節展開時に2節を残し行い各節より4本の枝を伸ばし採花する。花は上位2節を採花後、下位節の生育を待ち採花となる。

■病虫害

高温時に苗立ち枯れ病、多湿期にさび病、灰色かび病などが発生しやすく、害虫では秋まではヨトウ類などの成虫が飛来し産卵、幼虫の食害、全期間を通しアブラムシが発生するので圃場消毒と定期的な防除が理想である。

■作型別品種の選定

地域、作型により農業経営に有利なタイプは決まる。暖地・温暖地による冬切りでは日長要求量が少なく冬にも開花するⅠ・Ⅱ型、寒地・寒冷地の夏切りでは日長要求量が多く、夏期も良質な採花が見込めるⅢ・Ⅳ型が好まれている。

■ワンポイント

定植、摘芯のタイミングを逃さずストレスを与えない管理が理想である。

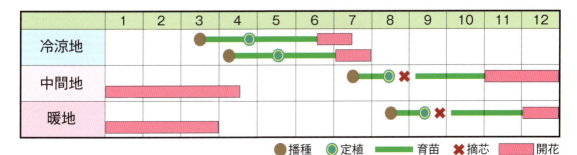

キンセンカ

学名：*Calendula officinalis.*
英名：Pot Marigold
和名（一般名）：キンセンカ

原産地：地中海沿岸地方
分　類：キク科

- 栽 培 習 性：1・2年草
- 温度適応性：比較的広い。半耐寒性
- 用　　　途：切り花、花壇
- 発芽適温：20℃前後。最高25℃、最低10℃
- 草　　　丈：30～60cm
- 生 育 適 温：15℃前後。最高30℃、最低0℃
- 光 適 応 性：日あたり良好地
- 発 芽 日 数：適温にて7日
- 土壌適応性：弱酸性（pH6.0～6.5）

・花芽分化の要因
　現在の園芸種では生長にともない花芽形成し、開花に至る。通常の生育環境下では日長や温度が花芽分化を左右する影響は少ないが、高温、長日では開花は早く、低温、短日では遅れる。

■発芽のコツ
　農業経営では、西南暖地の露地管理による年末または、彼岸出荷が主となり、タネまきは8月中旬から9月上旬である。種子は大きく不整形のため、箱まきが通常で、覆土はタネが隠れる程度に行う。高温期のタネまきになるため通風をよくし、徒長させない管理をする。

■開花栽培の注意点
　品目の性質や販売単価を考えると暖地・温暖地の無加温ビニールハウスか露地栽培が妥当である。出荷目標時期により播種、管理は異なるが、彼岸出しの場合は9月以降の播種にて露地または、トンネル栽培での越冬となり大株での冬越しは寒害を受けやすいので避ける。植え付け後は、摘芯にて枝を伸ばし、採花する管理が基本となる。

■病虫害
　多湿時にうどんこ病、炭疽病が発生しやすい。連作を避け、圃場を清潔に保つ管理が理想である。露地管理が基本となり害虫の被害を受けやすい。特にアブラムシ、ヨトウムシ類は全期間を通し発生するので駆除を徹底する。

■作型別品種の選定
　年内から咲く早生系と年明けから咲く晩生系がある。温暖地の露地栽培が主体なので、早生系と晩生系を組み合わせた長期出荷が多い。年内出しは8月中旬、彼岸出しは9月上旬まきが標準である。

■ワンポイント
　生育後半に窒素肥料が多すぎると茎葉が軟弱となり花もちが悪くなるので、控えめの施肥管理にする。

ケイトウ

学名：*Celosia argentea.*　　原産地：熱帯アジア
英名：Cockscomb　　分　類：ヒユ科
和名（一般名）：ケイトウ

- 栽 培 習 性：1・2年草
- 温度適応性：狭い。非耐寒性
- 用　　　途：切り花、花壇
- 発 芽 適 温：25℃前後。最高30℃、最低20℃
- 草　　　丈：20～100cm
- 生 育 適 温：25℃前後。最高35℃、最低15℃
- 光 適 応 性：日あたり良好地
- 発 芽 日 数：適温にて7日
- 土壌適応性：酸性～弱酸性（pH5.0～6.0）

- 花芽分化の要因
　基本的には、相対的短日植物で花芽分化には短日が影響する。要求量は種類、品種により異なり、一般的な切り花種の季咲き開花は7月からであるが、短日要求の強い品種では秋からの開花となる。

■発芽のコツ

移植による根切れを嫌う品目であり、直まきが一般的である。播種方法はさまざまでマルチ穴への点播、ベッドへの点播、筋まきなどがある。種子は小さいので覆土は鎮圧程度でよい。発芽温度が確保できない場合は、セルトレー播種による植え付け栽培も可能である。

■開花栽培の注意点（抽苔など）

主枝の天花開花による1本切りが基本栽培である。花芽は短日、もしくは相対的短日で誘起されるため、短日期の加温室栽培では早期に花芽形成が起こり短小株での開花にいたる。したがって秋から早春のタネまきでは、電照による長日処理が必要である。また、移植により根が切れてストレスが加わると花芽形成されやすくなるので注意する。

■病虫害

直まき栽培の場合、立ち枯れ病への注意が必要となる。また、疫病などの土壌伝染性の病気も発生するため連作は避け、ハウス管理では土壌消毒が理想である。害虫ではヨトウムシ類の発生に注意し駆除に努める。

■作型別品種の選定

数種の市場流通がありCelosia argentea種の中でも久留米タイプ、鶏冠タイプ、羽毛タイプなど数タイプに分類できる。同種の栽培方法、性質はほぼ同じであるが用途は仏花、アレンジ用に別れ栽培時期により品種を選ぶとよく、久留米タイプは流通量の多くが仏花に用いられる。

■ワンポイント

窒素肥料が多いと、茎が帯化しやすくなる。カリを多めに与えると花冠が大きく見栄えがよくなる。

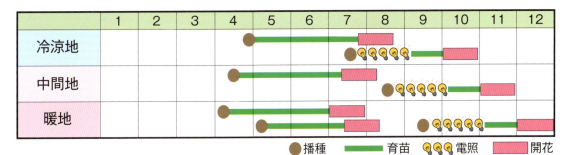

コスモス

学名：*Cosmos bipinnatus.*
英名：Cosmos
和名（一般名）：コスモス

原産地：メキシコ
分　類：キク科

- 栽 培 習 性：1・2年草
- 温度適応性：狭い。非耐寒性
- 用　　　途：切り花、鉢物
- 発 芽 適 温：20℃前後。最高25℃、最低15℃
- 草　　　丈：40〜100cm
- 生 育 適 温：20〜25℃。最高35℃、最低10℃
- 光 適 応 性：日あたり良好地
- 発 芽 日 数：適温にて7日
- 土壌適応性：弱酸性(pH5.5〜6.5)

・花芽分化の要因

　本来は短日開花性であったが、現在流通している園芸種の多くは極端な長日条件でなければ花芽を形成し開花に至る。また、短日環境では花芽分化が促進される。ただし、短日要求の強い品種の場合、秋からの開花となる。

■発芽のコツ

　種子は大きく、不整形のため直まきや箱まきによる植付けが通常であるが、タネまきから開花までの栽培期間が短く、労力軽減を考えると直まきが有利である。ただし、直まきの場合は、発芽適温が確保できる時期または、環境下でのタネまきをする。

■開花栽培の注意点（抽苔など）

　短期間での採花が可能な品目で開花後、株元で切り、採花するのが通常である。採花目安はタネまき後60〜70日であるが、短日期の開花では花芽形成が早まり短小株での開花となるので、電照による長日処理が必要となる。特に冬期の栽培では、低温と短日により花が奇形になりやすいので注意する。

■病虫害

　うどんこ病、灰色かび病が発生しやすい。うどんこ病は夏から秋に、灰色かび病は雨期の日あたり、風通しの悪い環境下で発生しやすい。害虫ではアブラムシ、ダニ類、アザミウマが全期間を通し発生するので駆除を徹底する。

■作型別品種の選定

　開花習性、咲き方、性質により大別される。多くの品種は日長に鈍感であるが短日開花性の品種もあり、性質を確認し選択する。切花用として利用されるのは茎、花弁が硬く丈夫で花もちのよい4倍体の品種や見た目が豪華な八重咲き品種が主体である。

■ワンポイント

　切り花単価、栽培コストを考慮すると初夏または秋の出荷が好適である。

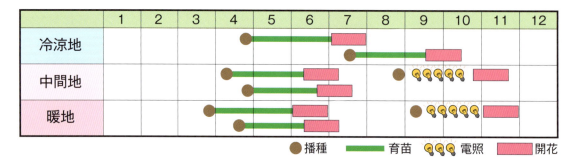

— 154 —

サルビア

学名：*Salvia splendens.*
英名：Scarlet Sage
和名（一般名）：ヒゴロモソウ

原産地：南米
分　類：シソ科

- 栽 培 習 性：1・2年草
- 温 度 適 応 性：狭い。非耐寒性
- 用　　　　途：花壇
- 発 芽 適 温：20℃前後。最高25℃、最低15℃
- 草　　　　丈：40〜60cm
- 生 育 適 温：25℃前後。最高30℃、最低15℃
- 光 適 応 性：日あたり良好地
- 発 芽 日 数：適温にて7〜10日
- 土 壌 適 応 性：弱酸性(pH5.5〜6.5)

・花芽分化の要因
　以前は短日開花性の品種が多かったが、現在の園芸種は一部の中晩生品種を除き日長にさほど影響されず、生育可能な温度であれば花芽を形成し開花にいたる。

■発芽のコツ
　ポット苗の店頭初期出荷に合わせるとタネまき時期は早春となる。このため発芽適温を確保できる環境での管理が必要で、低温期間の過湿は発芽を著しく低下させるので注意する。

■開花栽培の注意点
　農業経営による基本出荷では屋内管理となり、用土配合の失敗などが無い限り栽培は容易である。

■病虫害
　消毒された用土や病害を含まない用土を用いることにより多くの発病は防げる。ただし、ウイルス病対策としアブラムシ、スリップスは定期的に駆除する。

■作型別品種の選定
　赤い花が主体で、多くの品種が存在する。用途により品種を選択する必要があり、店頭販売用では栽培期間が短く、コンパクトな草姿で開花する極早生〜早生種、植栽用には株張りよく、開花期間が長い中生〜晩生が好まれる。
　サルビア属は多くの種類を有し、園芸品種として流通されている。本種以外に流通量の多い種類にSalvia farinacea、Salvia coccineaなどがある。S. farinacea種はラベンダーに似た花が特徴。ブルーサルビアの和名を持ち青、白が基調の花で、温度適応性は比較的広い。S.coccinea種は和名ベニバナサルビアで、赤と白が基調の花を咲かせ、温度適応性は広く宿根草としても扱われる。

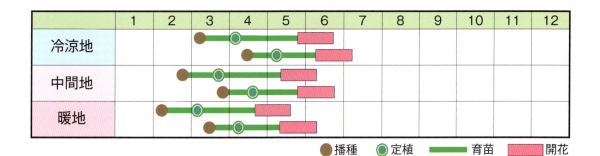

ジニア

学名：*Zinnia spp.*　　　　原産地：北米
英名：Zinnia　　　　　　　分　類：キク科
和名（一般名）：ヒャクニチソウ

- 栽 培 習 性：1・2年草
- 温 度 適 応 性：狭い。非耐寒性
- 用　　　　途：切り花、花壇
- 発 芽 適 温：25℃前後。最高30℃、最低20℃
- 草　　　　丈：20～80cm
- 生 育 適 温：20～25℃。最高35℃、最低15℃
- 光 適 応 性：日あたり良好地
- 発 芽 日 数：適温にて5日
- 土壌適応性：弱酸性～中性（pH6.0～7.0）

- 花芽分化の要因

　適温条件下では短日で花芽形成が早まる傾向はあるが、通常早春から春まきで初夏の開花となり、生育可能な温度であれば花芽形成、開花に至る。

■発芽のコツ

　種子は不整形のため機械まきには不向きで、手まきが通常である。ポット苗の店頭初期出荷に合わせるとタネまき時期は早春となり、発芽適温を確保できる環境での管理が必要である。低温期間の過湿は発芽を著しく低下させるので注意が必要である。

■開花栽培の注意点

　農業経営による通常出荷では屋内管理となり、用土配合の失敗など無い限り栽培は容易である。

■病虫害

　消毒された用土や病害を含まない用土を用いることにより多くの発病は防げる。害虫としてはウイルス病対策としアブラムシ、スリップス、葉に食い入るハモグリバエなどを定期的に駆除する。花壇植え後は、気温の上昇と過湿により斑点細菌病が発生する。

■作型別品種の選定

　ジニア属は数種類の園芸品種が市場流通され、多い種類にZ.elegans、Z.angustifolia、Z.hybridaがある。Z.elegansは、草丈、花の大きさ、鮮やかな花色が特徴で人目を引くが多湿条件下で病気に弱い欠点がある。Z.angustifoliaは、矮性種、花は小ぶりだが病気に強く長期にわたり花を楽しめ花壇に向く。Z.hybridaは前種の交配種で矮性で鮮やかな花を咲かせ、病気に強く現在の主流である。用途に合った品種選定が必要である。

■ワンポイント

　高温、多湿の夏期は病気が発生しやすいので品種にあった出荷期を選ぶ。

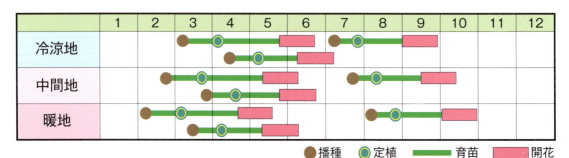

スイートピー

学名：*Lathyrus odoratus.*　　原産地：イタリア　シシリー島
英名：Sweet pea　　　　　　　分　類：マメ科
和名（一般名）：ジャコウレンリソウ

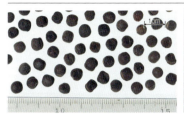  

- 栽 培 習 性：1・2年草
- 温度適応性：比較的広い。半耐寒性
- 用　　　途：切り花、花壇
- 発 芽 適 温：20℃前後。最高25℃、最低10℃
- 草　　　丈：40cm～
- 生 育 適 温：10～15℃。最高25℃、最低5℃
- 光 適 応 性：日あたり良好地
- 発 芽 日 数：適温にて10日
- 土壌適応性：中性（pH6.5～7.0）

- 花芽分化の要因

　本来は秋まき1・2年草で花芽形成には低温、開花には長日が必要である。ただし、現在の農業経営に利用される多くの品種は、適温で生長にともない花芽分化し、極端な低温や日照不足でない限り開花する。

■発芽のコツ

　農業経営では冬季の切り花栽培が基本となり、タネまきは夏季となる。本来は硬実種子であり催芽処理が必要であったが現在の市販種子は直まきでも発芽する。直根性で移植を嫌い、高温時のタネまきのため、催芽させた種子を圃場にまくと不発芽や立ち枯れ病も防げ理想である。

■開花栽培の注意点

　冷涼な気候を好み、高温での花もちが悪く、開花に十分な日照が必要なため、温暖地・暖地の太平洋側での冬期栽培が基本となる。春咲き品種を用い冬に採花する場合は、春化処理として種子冷蔵が必要である。処理の期間は品種により異なり、給水種子を5℃で2週間以上行う。栽培温度は5℃以上を確保し、日中は15℃以上にならないように管理する。

■病虫害

　立枯病、萎凋病、黒根病などを防ぐため、土壌消毒が理想で、雨天時は過湿により灰色かび病が発生しやすいので換気をする。

■作型別品種の選定

　品種は開花習性により冬咲き、春咲き、夏咲き品種に大別され、春咲きは開花に低温、夏咲きはさらに長日が必要となる。通常、冬咲き品種を用いるが、一部の地域では作型により使い分ける。

■ワンポイント

　採花後の花もちが悪い品目であり出荷前のSTS処理は必須で、良品採花を続けるため管理温度の調節により栄養生長と生殖生長のバランスを保つことが必要である。

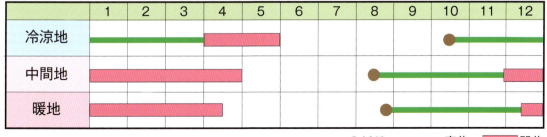

ストック

学名：*Matthiola incana.*　　原産地：地中海沿岸地方
英名：Stock　　　　　　　　分　類：アブラナ科
和名（一般名）：アラセイトウ

- ・栽 培 習 性：1・2年草
- ・温度適応性：比較的広い。半耐寒性
- ・用　　　途：切り花、花壇
- ・発 芽 適 温：25℃前後。最高30℃、最低15℃
- ・草　　　丈：30～80cm
- ・生 育 適 温：15℃前後。最高30℃、最低5℃
- ・光 適 応 性：日あたり良好地
- ・発 芽 日 数：適温にて5日
- ・土壌適応性：弱酸性（pH6.0～6.5）

- ・花芽分化の要因

　一定の葉枚数に達した株が低温に遭遇して花芽を形成し、その後の長日で開花促進となる。花芽分化に至る葉枚数、低温要求量、日長の感受性は品種により異なり、極早生種は各要求量が少なく、晩生種は多くなる。

■発芽のコツ

　初冬から春の切り花出荷が基本であり、作型を問わず夏まきが主体である。タネは生種子、コート種子が市場流通し、まき方は直まき、箱まき、セルトレーまきなど様々である。発芽後、苗の状態で八重鑑別を行うため、直まき、セルトレーまきでは1箇所に3～5粒まき、コート種子は覆土しない。

■開花栽培の注意点

　無加温ハウス栽培、露地栽培ができる。農業経営では管理が容易な品目であるが、八重咲き花の苗鑑別、食害害虫駆除、暖冬時の開花の遅れが課題となる。苗鑑別は経験により、会得するが発芽早く、子葉大きく、葉色が淡い苗が八重株の目安であり、播種用土の肥料を無くすことにより区別しやすくなる。開花の遅れには電照、ホルモン剤の効果がある。

■病虫害

　高温時に苗立枯れ病、全期を通し萎凋病、菌核病などが発生しやすい。連作を避け、圃場消毒を行うのが理想である。害虫ではコナガ、ハスモンヨトウなどの成虫が飛来し産卵、幼虫が葉を食害するので定期的な防除が必要である。

■作型別品種の選定

　産地によりおおむね作型は決まっている。需要は冬期であり、低温要求品目のため関東以北は年内、関東以西は年明け出荷が基本となる。一本立ち系が主流だが、古くから露地で栽培される分枝系、摘蕾して仕立てるスプレー系がある。

■ワンポイント

　気候により出荷量が変化し単価が不安定なため播種日、品種を固定せず、複数の選択で値崩れを回避するとよい。

ダイアンサス

学名：*Dianthus spp.*
英名：Pink
和名（一般名）：ナデシコ、セキチク

原産地：アジア、ヨーロッパ、北米など
分　類：ナデシコ科

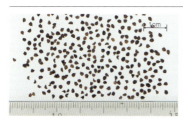

- 栽培習性：1・2年草
- 温度適応性：広い。耐寒性
- 用　　途：花壇
- 発芽適温：20℃前後。最高25℃、最低15℃
- 草　　丈：20～100cm
- 生育適温：15～25℃。最高30℃、最低-5℃
- 光適応性：日あたり良好地
- 発芽日数：適温にて7日
- 土壌適応性：弱酸性（pH5.5～6.5）

- 花芽分化の要因

多くの種類が流通され、花芽分化要因は種類により異なる。本来は、秋まき1・2年草または宿根草であるが現在、入手可能な園芸種の多くは低温要求量は少なく春まきでも初夏に開花する。

■発芽のコツ

四季咲きタイプでの花つきポット苗出荷では春、秋の市場流通がある。秋出荷では、タネまきは盛夏となり発芽適温を確保できる環境での管理が理想で高温、多湿環境では発芽率が低下するため水はけ、通気性のよい播種用土を用いる。

■開花栽培の注意点

株の徒長と貧弱株での早期開花に注意が必要である。特に夏季の管理では高温と強光を和らげるための寒冷紗などの日陰と長日条件により徒長を起こしやすくまた、小苗での早期開花を起こしやすい。発芽後は早めにポット上げし、風通しよい戸外での管理が理想である。また、春管理でも室内にて風通しが悪く管理期間が長くなると丈が伸び草姿が乱れるので注意する。

■病虫害

高温期の立枯れ病を除けば、比較的病気の発生は少なく消毒された用土や病害を含まない用土を用いれば土壌病害は防げる。害虫では、ヨトウムシ類の成虫が飛来し産卵、幼虫が葉花を食害するので定期的な防除が必要である。

■作型別品種の選定

本属は実生、栄養繁殖があり種間交配も容易で、多くの種類が流通販売されている。種子繁殖で流通量の多くは一代交配種で、D.barbatus、D.chinensis、D.superbus、D.plumariusなどの交配による種間一代交配種は各種の長所を受け継ぎ、品質よく四季咲き性で育てやすいことにより栽培量も多い。高温、長日期では開花持続性が悪いため秋から春の出荷が基本である。

デルフィニウム

学学名：*Delphinium spp.*　　原産地：中国北部、モンゴル
英名：Larkspur　　分　類：キンポウゲ科
和名（一般名）：オオヒエンソウ

- 栽培習性：宿根草
- 温度適応性：広い。耐寒性
- 用　　途：切り花
- 発芽適温：15℃前後。最高20℃、最低10℃
- 草　　丈：100cm
- 生育適温：15〜20℃。最高30℃、最低-10℃
- 光適応性：日あたり良好地
- 発芽日数：適温にて21日
- 土壌適応性：弱酸性（pH6.0〜6.5）

・花芽分化の要因
　本来は宿根草のため、ある程度生育した株が低温に遭遇することで花芽を形成し、その後の長日で開花となる。ただし現在の園芸種の多くは低温要求性が少なく、寒冷地や寒地では春まきでも初夏の開花が見込める。

■発発芽のコツ
　本種は、栄養系繁殖または苗購入が基本となる。営利経営でのタネまきは高温期となる地域が多く、発芽適温以外では発芽は著しく悪くなる。真夏の播種では適温が保てる発芽室での管理となる。嫌光性種子。

■開花栽培の注意点
　地域により作型は異なり品目の性質と地域の環境を活かし、西南暖地では冬期加温室栽培、冷涼地域では夏季無加温栽培が有利である。高温、長日期は苗へのストレスによる未発達株の早期着蕾に注意し育苗、定植を行う。また、冬季の低温、短日期では抽苔の遅れによる茎葉の繁りすぎ、花穂の帯化、花芽の不整列を抑えるために、肥料過多、過湿を避け管理する。

■病虫害
　斑点細菌病、軟腐病、立枯病、萎凋病など土壌伝染による病気が発生しやすい。連作を避け、圃場の土壌消毒をして、過湿を避けた管理が理想である。害虫ではダニ類、アザミウマ類、ヨトウガなどの駆除を徹底する。

■作型別品種の選定
　購入形態は苗、セル苗、種子とあり種苗コストは異なる。作型による利益を考えた品種選択が必須となる。苗購入ではコストが高いため、1作あたり1株より数本の採花が見込める作型が必要となる。

■ワンポイント
　採花後は花が散りやすいので、出荷前のSTS処理が必須である。

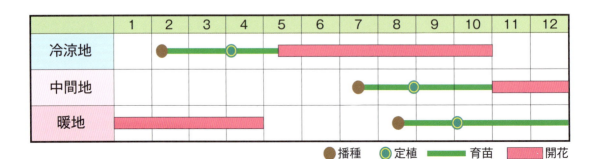

トルコギキョウ

学名：*Eustoma grandiflorum.*　（シアンサス、ユーストマ）
英名：Lisianthus　原産地：北米
和名（一般名）：トルコギキョウ（リ　分　類：リンドウ科

- 栽培習性：1・2年草
- 温度適応性：広い。耐寒性
- 用　　　途：切り花、鉢物
- 発芽適温：20℃前後。最高25℃、最低10℃
- 草　　　丈：20 ～ 100cm
- 生育適温：20℃前後。最高35℃、最低 -5℃
- 光適応性：日あたり良好地
- 発芽日数：適温にて14日
- 土壌適応性：中性（pH6.5 ～ 7.0）

- 花芽分化の要因
　基本的に積算温度で開花に至る。低温、短日期では到花日数は長く、高温、長日期では短い。なお、着蕾後の低日照や短日により、花芽の未発達を起こすことがある。

■発芽のコツ
　微細種子であり、まきやすくするためにコート種子で販売される。好光性種子であり、覆土は不要で、コートを崩すため、播種後は十分な給水が必要である。ロゼット回避のため、適温での管理ができる施設が必要。乾燥防止に底面給水を用いる場合もある。

■開花栽培の注意点
　抑制栽培による秋切りでは、高温ロゼット、早期着蕾、開花遅延の危険性があるので注意。育苗期間の高温は、ロゼット状態になりやすく、低温遭遇しないと抽苔、開花しないため、種子冷蔵や冷房育苗が必要である。高温、長日では短小株での早期開花を起こしやすく、その反面、低温、短日では着蕾が遅れ、草丈が伸び大株となる場合がある。品種と作型、栽培方法に注意する。

■病虫害
　青枯病、萎凋細菌病、疫病、根腐病、立枯病などの土壌伝染による病気を防ぐため、連作を避け、圃場の土壌消毒が理想である。また、ウイルス病を防ぐためアザミウマ類、アブラムシ類の吸汁害虫の駆除を徹底する。

■作型別品種の選定
　数多くの品種が市場流通している。花形、作型により品種は分かれ、作型は地域により有利なタイプが決まる。暖地・温暖地では早生から中生種を用い冬から初夏切り、寒地・寒冷地では中生から晩生種を用い夏から秋切りが有利である。

■ワンポイント
　育苗期間が長いこと、さらに高温ロゼット回避と苗ストレスによる早期抽苔回避にセルトレー苗購入が有利。

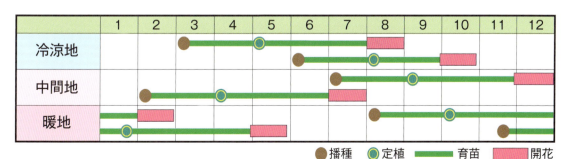

ニチニチソウ

学名：*Catharanthus roseus.*
英名：Madagascar periwinkle
和名（一般名）：ニチニチソウ

原産地：北アフリカ、マダガスカル
分　類：キョウチクトウ科

- 栽培習性：1・2年草
- 温度適応性：狭い。非耐寒性
- 用　　途：花壇
- 発芽適温：20〜25℃。最高30℃、最低15℃
- 草　　丈：20〜40cm
- 生育適温：25℃前後。最高35℃、最低15℃
- 光適応性：日あたり良好地
- 発芽日数：適温にて7日
- 土壌適応性：弱酸性（pH5.5〜6.0）

・花芽分化の要因
　日長中性、日本での管理では早春から春まきで初夏の開花となり、極端な低温、短日でなく生育可能な温度であれば花芽形成、開花に至る。

■発芽のコツ
　春まき草花の中でも生育温度は高く低温を嫌う品目である。市場流通の始まる時期を確認し、出荷開始目標を設定、極端な早まきは避ける。発芽適温も高いので、適温を保てる環境を確保する。嫌光性種子のためタネまき後発芽までは暗黒状態が必要である。

■開花栽培の注意点
　加温室での管理が必要である。高温と日照を好み、夜間も15℃以上の温度が理想である。15℃以下の低温では生長が止まり、さらに日照不足、過湿になると病気が発生し枯死することがある。雨天、曇天が続く時期の水やりは、過湿にならない管理が必要。また、生育適温環境下でも日照が不足すると、茎葉は茂るが花がつきにくくなるので注意する。

■病虫害
　消毒済みで病害を含まない用土を用いることで土壌病害は防げる。但し、ウイルス病対策としアブラムシ、スリップス類などの吸汁害虫は定期的な駆除が必要である。花壇植え後は高温、多湿で疫病の被害を受けやすいので、排水がよい環境で管理する。

■作型別品種の選定
　春まきによる初夏出荷が基本となり、開花早晩による品種の区分は少ない。大別すると一代交配種と固定種に分けられ、F₁種は、種子が高価な分、生育旺盛で耐病性も強くなる。

■ワンポイント
　F₁種は種子代高く、生育が旺盛なためポットに1株植えが基本なのに対し、固定種では、数本植えまたは摘芯してボリュームをつける管理が一般的である。

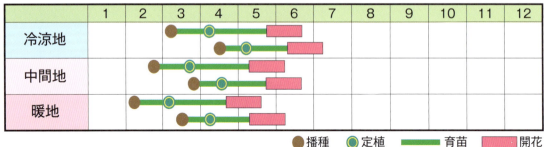

ハボタン

学名：*Brassica oleracea var. acephala.*
英名：Ornametal Cabbage
和名（一般名）：ハボタン
原産地：ヨーロッパ西・南部
分　類：アブラナ科

- 栽 培 習 性：1・2年草
- 温 度 適 応 性：広い。耐寒性
- 用　　　　途：切り花、花壇
- 発 芽 適 温：20℃前後。最高30℃、最低15℃
- 草　　　　丈：20～60cm
- 生 育 適 温：15～20℃。最高35℃、最低-10℃
- 光 適 応 性：日あたり良好地
- 発 芽 日 数：適温にて5日
- 土 壌 適 応 性：弱酸性(pH5.5～6.5)

- 花芽分化の要因
　秋まき1・2年草で花芽形成には低温、開花には長日が必要である。しかし、観賞は発色する新葉部分であり、発色には低温が必要である。

■発芽のコツ
　タネまき時期は盛夏となるが、比較的高温でもよく発芽する。注意すべきは立ち枯れ病の発生で、播種用土は必ず消毒済みの用土を用い、過湿を避ける。また、発芽後の高温、日照不足は徒長の原因となり苗品質を落とすため風通しをよくし、過度の遮光は避ける。

■開花栽培の注意点
　食害幼虫の被害防除、良好草姿の確保、観賞部の発色がポイントである。ポット植えでは、徒長を抑えコンパクトな草姿を得るため戸外管理が通常であるが、害虫の被害を受けやすいので駆除を徹底する。

■病虫害
　ポット苗生産が主体であり、消毒された用土や病害を含まない用土を用いることにより多くの発病は防げる。地植え管理では萎黄病、べと病、黒腐病などが発生しやすいため連作は避ける。大きな問題となるのは食害害虫で、コナガ、ヨトウムシ類などは成虫が飛来し産卵、幼虫が葉を食害するので定期的な防除が必要である。

■作型別品種の選定
　夏まきによる初冬からの出荷が基本で、品種は草丈が伸びる切り花用品種と花壇用品種に大別され、その中で葉の欠刻程度により丸葉系、切葉系、ちりめん系など数種のタイプに分けられる。

■ワンポイント
　栄養生長が盛んになると発色が遅れるため、多肥管理は避ける。また、一度発色した後の高温や吸肥により、色戻りが発生するため、追肥には注意する。

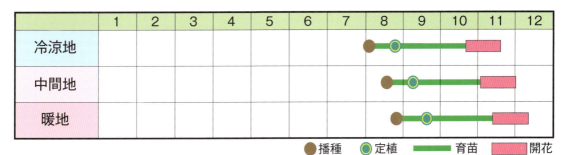

バラ

学名：*Rosa spp.*
英名：Rosa
和名（一般名）：バラ

原産地：北半球に広く分布
分　類：バラ科

- **栽 培 習 性**：花木
- **温 度 適 応 性**：広い。耐寒性
- **用　　　途**：切り花、鉢物
- **発 芽 適 温**：20℃前後。最高25℃、最低15℃
- **草　　　丈**：40～150cm
- **生 育 適 温**：15～25℃。最高35℃、最低-5℃
- **光 適 応 性**：日あたり良好地
- **土 壌 適 応 性**：弱酸性(pH6.0～6.5)

- **花芽分化の要因**

　多くの種類があり花芽分化、開花条件はさまざまであるが、農業経営で栽培される品種では花芽分化に日長は影響せず、花芽着生可能な大きさに株が生長すると花芽分化する。花芽形成後、開花は適温と日照が必要である。

■発芽のコツ

　農業経営に用いられる品種は苗購入であり、種子の流通は無い。作型により定植時期は異なるが春の植付けが一般的である。

■開花栽培の注意点

　周年開花が可能であるが、農業経営では品目の特性により栽培地域、栽培施設により作型は異なり、西南暖地では加温室管理により秋から初夏、冷涼地では初夏から秋の採花が有利である。定植後は周年栽培となり1年を通し採花と切り戻しを繰り返し、生育の適期に採花するため冬期に温暖な気候で日照量の多い地域では真夏が切り戻しとなり、夏涼しく冬は寒さが厳しく、日照量の少ない地域では春の切り戻しが標準となる。日照不足や栽培適温外の環境では開花しない。

■病虫害

　うどんこ病、べと病、根頭がんしゅ病などの発病がある。同一ハウスにて周年栽培となるため、土壌伝染性の発病株確認後は速やかに発病箇所を破棄し病原を圃場に残さないことが大切である。多くの病気が多湿環境を好むため、過湿管理は避ける。また、アザミウマ類、アブラムシ類、ヨトウムシなどの有翅害虫飛来による吸汁障害や茎葉食害により商品価値が失われるため定期的な駆除が必要である。

■作型別品種の選定

　数多くの品種が栽培され市場流通されている。品種の選定は、地域の栽培や市場流通状況を参考にして、地域の農業関係者、市場関係者、種苗販売店や供給元と相談の上の選定が望ましい。

パンジー・ビオラ

学名：*Viola x wittrockiana.*　　原産地：北ヨーロッパ
英名：Pansy　　　　　　　　　　分　類：スミレ科
和名（一般名）：パンジー・ビオラ

- **栽 培 習 性**：1・2年草
- **温度適応性**：広い。耐寒性
- **用　　　途**：花壇
- **発 芽 適 温**：20℃前後。最高30℃、最低15℃
- **草　　　丈**：20〜30cm
- **生 育 適 温**：10〜20℃。最高30℃、最低-10℃
- **光 適 応 性**：日あたり良好地
- **発 芽 日 数**：適温にて5〜7日
- **土壌適応性**：弱酸性（pH6.0〜6.5）

- **花芽分化の要因**
　本来は秋まき1・2年草で花芽形成には低温、開花には長日が必要であったが現在の園芸種は生長にともない花芽分化し、極端な低温や日照不足でない限り開花する。

■発芽のコツ
　ポット苗の店頭初期出荷に合わせるとタネまき時期は盛夏となる。このため発芽適温を確保できる環境での管理が理想である。高温、過湿環境では発芽率が低下するため、水はけが悪い微細用土への播種は避け、通気性のよい用土を用いる。

■開花栽培の注意点
　夏の高温、多湿期間や台風への注意が必要である。発芽後は遮光を適宜行いつつ、立ち枯れ病や徒長防止のため風通しがよい環境で管理する。ポット植え後、ハウス内管理では台風など自然災害、長雨による根腐れは防げるが、その反面初期の高温と風通しの悪さで、苗の徒長による品質低下が起こりやすい。過湿は避け水やり、肥料管理に注意が必要である。

■病虫害
　消毒済みで病害を含まない用土を用いることにより多くの発病は防げる。ただし、ヨトウムシ類などは外部から成虫が飛来し産卵、幼虫が葉、花を食害するので定期的な防除が必要である。

■作型別品種の選定
　寒地・寒冷地の春出しを除くと、夏まきによる秋〜初冬出荷が基本である。多くの品種が存在するが開花の早晩による種類は少なく、花の大きさ、特徴により大別される。パンジーとビオラに区分されるがビオラは通常花径3.0cm以下の品種を指す。

■ワンポイント
　ポット植えまでの管理が難しい。営利栽培ではセルトレー苗購入も検討する。

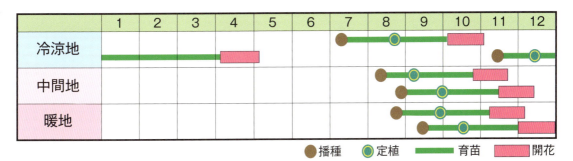

ヒマワリ

学名：*Helianthus annuus.*
英名：Sunflower
和名（一般名）：ヒマワリ
原産地：北米
分　類：キク科

- ・栽 培 習 性：1・2年草
- ・温度適応性：狭い。非耐寒性
- ・用　　　　途：切り花、花壇
- ・発 芽 適 温：20〜25℃。最高30℃、最低15℃
- ・草　　　　丈：40〜200cm
- ・生 育 適 温：25℃前後。最高35℃、最低15℃
- ・光 適 応 性：日あたり良好地
- ・発 芽 日 数：適温にて5日
- ・土壌適応性：弱酸性（pH5.5〜6.5）

・花芽分化の要因
　品種により異なるが日長が影響する品種が多い。現在流通している園芸種の多くは、短日環境で花芽分化が促される傾向がある。

■発芽のコツ
　種子は大きく直まきが一般的。冬期以外は切り花の市場流通があり、タネまきは低温から高温期にわたる。15℃以下、30℃以上では発芽が悪くなる。冬期または、寒地・寒冷地の早まきではマルチングで地温を温め、夏場は寒冷紗などで地温を下げる工夫が必要である。

■開花栽培の注意点
　周年栽培が可能で、播種後、2カ月程度で収穫が可能である。夏期は露地での栽培も可能。収穫が一斉となるため播種日、作付け面積は計画的に行う。吸肥力が強く、圃場状態、管理により切り花サイズは変わりやすいため、市場の出荷規格を確認し、目的とした規格に合う管理をする。ハウス管理では通常、基肥は入れず発芽後は水やりも控える。

■病虫害
　斑点細菌病、青枯病、うどんこ病、灰色かび病、黒斑病などが発生しやすい。いずれも過湿環境で発病しやすいため、風通しよい環境での管理に勤める。土壌伝染性病害を防止するため連作は避け、ハウス栽培では土壌消毒が理想である。

■作型別品種の選定
　品種は開花習性、花形により大別される。日長の影響を受けるタイプでは採花時期により品種を選ぶ。春、秋の栽培では開花が遅い品種を用いて必要な草丈を確保し、夏の栽培では開花が早い品種を選び草丈の過剰な伸びを抑える。また、近年は周年出荷に適した、日長の影響を受けづらい品種も開発されている。

■ワンポイント
　多肥、多湿管理は禁物。茎葉が繁りすぎ、病気も発生しやすくなる。

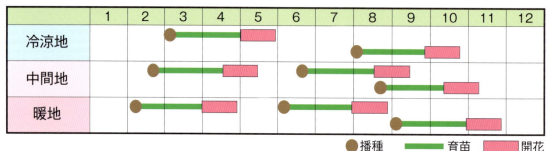

プリムラ

学名：*Primula x polyantha.*
英名：Primrose
和名（一般名）：セイヨウサクラソウ
原産地：ヨーロッパ
分　類：サクラソウ科

- 栽培習性：1・2年草
- 温度適応性：広い。耐寒性
- 用　　途：鉢物、花壇
- 発芽適温：15～20℃。最高25℃、最低10℃
- 草　　丈：20cm
- 生育適温：15～20℃。最高30℃、最低-5℃
- 光適応性：日あたり良好地
- 発芽日数：適温にて14日
- 土壌適応性：弱酸性(pH5.5～6.0)

・花芽分化の要因

　一定の葉枚数に達した株が低温に遭遇して、花芽を形成する。低温の要求量は品種により異なる。このため早期出荷をする場合は、早まきし冷涼地の育苗で着蕾させたのち、平地に移動し管理する。

■発芽のコツ

　初夏のタネまきが基本である。タネまき時期は夏日となる日も多くあるため、ハウス内の管理では寒冷紗などの日除け準備が必要である。種子は小さく好光性種子のため、覆土は無しか極薄くし、発芽まで表土を乾かさないことが大切である。

■開花栽培の注意点

　冷涼な気候を好む種類のため、夏の管理が重要である。涼しい環境下での夏越しが理想で、生産者の多くは夏場は高冷地に苗を山上げし、初秋に平地に移動する。平地での夏越しは寒冷紗などでできる限り涼しい環境を作り管理する。高温期に根を切ると生育は極端に悪くなるので、夏場の植替えは避ける。夏越しは大苗より小苗の方が容易である。

■病虫害

　消毒された用土や病害を含まない用土を用いる。灰色かび病の発生は、窒素質肥料過多も原因の一つとなるので注意する。害虫では、ヨトウムシ類などの成虫が外部から飛来し産卵、幼虫が葉花を食害するので定期的な防除が必要である。

■作型別品種の選定

　苗、鉢物出荷として秋～冬の出荷が標準で、開花の早晩、花の形、大きさにより種類は別れる。特に早晩性は地域、施設の特性にあった品種を選ぶことが大切となる。

■ワンポイント

　夏場の管理が難しい。営利栽培ではセルトレー苗購入も検討する。

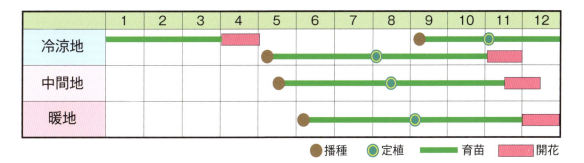

ベゴニア

学名：*Begonia semperflorens.*
英名：Bedding Begonia
和名（一般名）：シキザキベゴニア
原産地：ブラジル
分　類：シュウカイドウ科

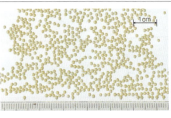

- 栽培習性：1・2年草
- 温度適応性：狭い。非耐寒性
- 用　　途：花壇
- 発芽適温：20～25℃。最高30℃、最低15℃
- 草　　丈：30cm
- 生育適温：20～25℃。最高30℃、最低10℃
- 光適応性：狭い。夏期は半日陰
- 発芽日数：適温にて10～14日
- 土壌適応性：酸性～弱酸性（pH5.0～6.0）

- 花芽分化の要因
　シキザキベゴニアの和名をもつほどで、日長に影響されずに花芽分化する。生育適温環境下では極端な日照不足でない限り花を咲かせる。

■発芽のコツ
　植物の種子の中でも群を抜く微細種子で、まきやすくするためにコート種子での販売である。好光性種子であり、覆土は不要である。潅水不足でコートが十分に崩れないと発芽不良となるため、播種後は十分な潅水を行う。

■開花栽培の注意点
　微細種子のため初期の育苗には時間と注意が必要となるが、ポット植えの段階に達すればその後の管理は容易である。ただし、窒素肥料過多では茎葉が生長し過ぎ、草姿が乱れ開花も遅れる。この場合、潅水を抑えた管理がよい。

■病虫害
　消毒済みで病害を含まない用土の使用により土壌病害は防げる。過湿管理を避ければ病気の心配は少ない。ただし、有翅害虫飛来による吸汁でウイルス病や葉傷みが起こるので定期的な駆除が必要である。

■作型別品種の選定
　ベゴニア属は、多くの原種の交配により多様なタイプの園芸種が存在する。通常は非耐寒性の多年草で、大別すると木立性、球根性、根茎性タイプに分けられ、繁殖方法は挿し木、実生繁殖となる。Begonia semperflorens は幾つかの種の交配により出現した園芸種で本来は非耐寒性多年草であるが日本では1・2年草として扱われる。

■ワンポイント
　育苗に時間と注意が必要なため、セルトレー苗の購入も検討する。

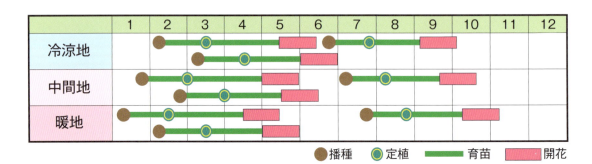

— 168 —

ペチュニア

学名：*Petunia hybrid.*
英名：Petunia
和名（一般名）：ツクバネアサガオ
原産地：南米
分　類：ナス科

- 栽培習性：1・2年草
- 温度適応性：比較的広い。半耐寒性
- 用　　　途：花壇
- 発芽適温：25℃前後。最高30℃、最低15℃
- 草　　　丈：20～40cm
- 生育適温：20℃前後。最高30℃、最低0℃
- 光適応性：日あたり良好地
- 発芽日数：適温にて7日
- 土壌適応性：弱酸性（pH5.5～6.0）

- 花芽分化の要因

　本来は長日開花性ではあるが、近年の園芸品種は生育適温が確保されれば早春より開花する品種もある。日長の要求量は、品種により異なる。

■発芽のコツ

　タネまきは早春からとなり、発芽適温が確保できる環境での管理が理想である。微細種子であり、まきやすくするためにコート種子での販売が主体である。好光性種子であり、覆土は不要で、コートを崩すため、播種後は十分な給水が必要。発芽するまで種子を乾かさないことが大切である。

■開花栽培の注意点

　短日期となる早春開花は、品種により早晩の差が大きく発生する。このため、花つきポット苗で早春にミックス苗出荷を予定する場合には、品種選定の段階で特性を確認し、開花が揃う品種を選ぶ。条件が合わない場合は、タネまき日の調整や加温、電照による日長処理が必要である。

■病虫害

　土壌伝搬の病気は、消毒を行った病害を含まない用土を用いることにより防げる。ただし、ウイルス病対策でアブラムシ、スリップスなどの吸汁害虫の駆除を定期的に行う。また、灰色かび病対策では多湿時の換気、発病前の予防的な農薬散布が必要である。

■作型別品種の選定

　花のサイズ、草姿、開花の早晩性などにより品種が区分される。草姿はスタンダード、コンパクト、クリーピング、カスケードなどのタイプがあるが、実生ではスタンダードが主体である。

■ワンポイント

　開花が遅れ株が大きくなり過ぎる場合は、ラベル貼付による出荷も可能。

マリーゴールド

学名：*Tagetes spp.*
英名：Marigold
和名（一般名）：クジャクソウ、マンジュギク
原産地：メキシコ、中央アメリカ
分　類：キク科

- 栽 培 習 性：1・2年草
- 温度適応性：狭い。非耐寒性
- 用　　　途：花壇、切り花
- 発芽適温：20～25℃。最高30℃、最低15℃
- 草　　　丈：40～100cm
- 生育適温：25℃前後。最高35℃、最低10℃
- 光適応性：日あたり良好地。
- 発芽日数：適温にて5日
- 土壌適応性：弱酸性（pH5.5～6.5）

・花芽分化の要因
　適温環境では短日で花芽形成が早まる傾向はあるが、日本での管理では早春から春まきで初夏の開花となり、生育可能な温度であれば花芽形成、開花に至る。

■発芽のコツ
　タネは長細い形状のため機械まきには不向きで、通常は手まきとなる。まき箱やセルトレーまきであるが、数本植え栽培では直接ポットまきも可能となる。

■開花栽培の注意点
　栽培は容易だが、過湿を避け、よく換気する。茎葉の繁り過ぎを防ぐため、窒素肥料は抑え気味とする。生育と出荷を急がす管理を避け強健に育てる。特にT.erecta種は軟弱に育てると、作業中の移動などにより、花の重さで花梗が折れることがある。

■病虫害
　消毒された用土や病害を含まない用土を用いることにより、多くの発病は防げる。害虫ではアブラムシ、スリップス、葉に食い入り商品価値を落とすハモグリバエなどを定期的に駆除する。

■作型別品種の選定
　マリーゴールドは数種類の園芸品種が市場流通されTagetes erectaとTagetes patulaの2種が代表的である。T.erectaは、アフリカンタイプと呼ばれ球状となる大きな花が特徴で花壇、切り花に向く品種がある。T.patulaは、フレンチタイプと呼ばれT.erectaを小ぶりにしたタイプで花は小さいが側枝が多く出て数多くの花を咲かせ、花色も豊富である。両種管理方法は同じで市場動向を確認し品種を選定する。

■ワンポイント
　T.erectaは、大きな花を表現させるため無摘芯での1株植えが通常であるが、T.patulaはポットサイズを選び摘芯栽培で株張り、花数を強調させたり、数本植え栽培で栽培期間を短縮することができる。

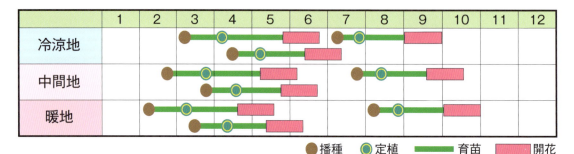

リンドウ

学名：*Gentiana spp.*　　　原産地：日本他
英名：Japanese gentian　　分　類：リンドウ科
和名（一般名）：リンドウ

- 栽 培 習 性：宿根草
- 温度適応性：広い。耐寒性
- 用　　　途：鉢物、切り花
- 発芽適温：20℃前後。最高25℃、最低15℃
- 草　　　丈：20～100cm
- 生育適温：20℃前後。最高30℃、最低-10℃
- 光 適 応 性：日あたり良好地
- 発 芽 日 数：休眠打破後、適温にて14日
- 土壌適応性：酸性（pH4.5～5.5）

・花芽分化の要因

　発芽生育後、低温遭遇して抽苔が始まり、花芽分化は積算温度による。その後は適温、長日にて開花に至る。低温要求量は種類、品種により異なる。過度な高温は花芽の生長を阻害する。

■発芽のコツ

　農業経営では苗購入が基本となる。種子は休眠状態であり、休眠打破として湿潤状態での冷却処理または、ジベレリン処理が必要である。苗の老化を避けるため、定植時期に合わせて苗の注文を行い、苗到着後は速やかに圃場へ植え付ける。

■開花栽培の注意点

　宿根草の季咲き品目である。定植後、同一個体で5年程度にわたり採花を続けるため、産地の多くは夏も涼しい冷涼地である。季咲き採花のため、採花期間は短い。農業経営では経費をかけず露地での管理が一般的。苗は高価なため、健全株の長期保持が大切で、病害虫の防除が重要である。

■病虫害

　葉枯病、花腐菌核病、炭疽病などの発病がある。同一株より数年にわたり採花を繰り返すため、発病株確認後は速やかに該当個体を破棄し病原を圃場に残さないことが大切である。また、露地での栽培が一般となっているため、有翅害虫飛来による吸汁でウイルス病の発生や花、葉傷みが起こるので定期的な駆除が必要である。

■作型別品種の選定

　県試験場や民間企業、個人育種家により改良された品種の市場流通がある。花色、花形、草姿面での品種間差異はさほど大きくないが、耐病性、開花の早晩性などの性質が様々である。品種の選定は、市場流通状況を参考にして、地域の農業関係者、市場関係者、種苗販売店や供給元と相談のうえの選定が望ましい。

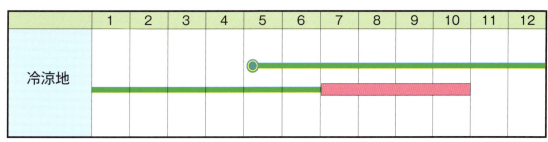

主な花き類の特性表

品目名	別名	学名	科名	分類
アクロクリニウム	ハナカンザシ	Helipterum roseum	キク科	半耐寒性1・2年草
アゲラタム	カッコウアザミ	Ageratum houstonianum	キク科	春まき1年草
アサガオ		Ipomoea nil	ヒルガオ科	春まき1年草
アサガオ	セイヨウアサガオ	Ipomoea tricolor	ヒルガオ科	春まき1年草
アスクレピアス		Ascrepias curassavica	ガガイモ科	春まき1年草
アスター	エゾギク	Callistephus chinensis	キク科	半耐寒性1・2年草
アネモネ	ボタンイチゲ	Anemone spp.	キンポウゲ科	球根
アブチロン		Abutilon hybridum	アオイ科	熱帯性低木
アメリカフヨウ	ヒビスカス	Hibiscus moscheutos	アオイ科	宿根草
アルメリア	ハナカンザシ	Armeria maritima	イソマツ科	宿根草
アレナリア		Arenaria montana	ナデシコ科	耐寒性1・2年草
アンゲロニア		Angerlonia angustifolia	オオバコ科	非耐寒性多年草
イソトマ	ローレンティア	Isotoma axillaris	キキョウ科	耐寒性1・2年草
イベリス	キャンディータフト	Iberis umbellata	アブラナ科	半耐寒性1・2年草
インパチェンス	アフリカホウセンカ	Impatiens walleriana	ツリフネソウ科	春まき1年草
エーデルワイス		Leontopodium alpinum	キク科	宿根草
エキザカム		Exacum affine	リンドウ科	春まき1年草
エノテラ	マツヨイグサ	Oenothera cvs.	アカバナ科	耐寒性1・2年草
オキシペタラム	ルリトウワタ	Oxypetalum caeruleum	トウワタ科	半耐寒性1・2年草
オジギソウ	ミモザ	Mimosa pudica	マメ科	春まき1年草
オシロイバナ	ミラビリス	Mirabilis jalapa	オシロイバナ科	春まき1年草
オステオスペルマム	アフリカンデージー	Osteospermum	キク科	半耐寒性1・2年草
オダマキ	アクイレギア	Aquilegia vulgalis	キンポウゲ科	宿根草
オミナエシ		Patrinia scabiosaefolia	スイカズラ科	宿根草
オルレア		Orlaya grandiflora	セリ科	半耐寒性1・2年草
カーネーション	オランダナデシコ	Dianthus caryophyllus	ナデシコ科	宿根草
ガーベラ		Gerbera	キク科	宿根草
ガイラルディア	テンニンギク	Gaillardia aristata	キク科	宿根草
ガザニア		Gazania	キク科	耐寒性1・2年草
カスミソウ	ジプソフィラ	Gypsophila elegans	ナデシコ科	耐寒性1・2年草
カルセオラリア	キンチャクソウ	Calceolaria（Herbeohybrida Group）	キンチャクソウ科	半耐寒性1・2年草
カンパニュラ	ベルフラワー	Campanula fragilis	キキョウ科	宿根草
カンパニュラ	ヤツシロソウ	Campanula glomerata	キキョウ科	宿根草
カンパニュラ	フウリンソウ	Campanula medium	キキョウ科	耐寒性1・2年草
カンパニュラ	ラプンクルス	Campanula rapunculus	キキョウ科	耐寒性1・2年草
キキョウ		Platycondon glandiflorus	キキョウ科	宿根草
キク	クリサンセマム	Chrysanthemum × grandiflorum	キク科	宿根草
キセランセマム		Xeranthemum annuum	キク科	半耐寒性1・2年草
キンギョソウ	スナップドラゴン	Antirrhinum majus	オオバコ科	耐寒性1・2年草
キンケイギク	コレオプシス	Coreopsis grandiflora	キク科	耐寒性1・2年草
キンセンカ	カレンジュラ	Calendula officinalis	キク科	半耐寒性1・2年草
キンレンカ	ナスタチューム	Tropaeolum majus	ノウゼンハレン科	春まき1年草
クラスペディア		Craspedia globosa	キク科	耐寒性1・2年草
クリサンセマム	ムルチコーレ	Chrysanthemum multicaule	キク科	半耐寒性1・2年草
クリサンセマム	パルドーサム	Leucanthemum paludosum	キク科	半耐寒性1・2年草
クレオメ	セイヨウフウチョウソウ	Cleome hassleriana	フウチョウソウ科	春まき1年草
グロキシニア	オオイワギリソウ	Sinningia speciosa	イワタバコ科	非耐寒性多年草
クロサンドラ		Crossandra infundibuliformis	キツネノマゴ科	熱帯性低木
クロタネソウ	ニゲラ	Nigella damascena	キンポウゲ科	耐寒性1・2年草
ケイトウ	セロシア	Celosia argentea	ヒユ科	春まき1年草
ケイトウ	ヤリケイトウ	Celosia argentea (Childsii Group)	ヒユ科	春まき1年草
ケイトウ	クルメケイトウ	Celosia argentea (Kurume Group)	ヒユ科	春まき1年草
ケイトウ	ウモウケイトウ	Celosia argentea (Plumosa Group)	ヒユ科	春まき1年草
コスモス		Cosmos bipinnatus	キク科	春まき1年草
コスモス	キバナコスモス	Cosmos sulphureus	キク科	春まき1年草
ゴデチャ	クラーキア	Clarkia amoena	アカバナ科	半耐寒性1・2年草
コリウス	キンランジソ	Plectranthus scutellarioides	シソ科	春まき1年草
サイネリア	シネラリア	Pericallis x hybrida	キク科	半耐寒性1・2年草
サポナリア	シャボンソウ	Vaccaria hispanica	ナデシコ科	耐寒性1・2年草
サルビア	コッキネア	Salvia coccinea	シソ科	春まき1年草
サルビア	ファリナセア	Salvia farinacea	シソ科	春まき1年草
サルビア	スプレンデンス	Salvia splendens	シソ科	春まき1年草
サルビア	スパーバ	Salvia superba	シソ科	宿根草
サルビア	ホルミナム	Salvia viridis	シソ科	宿根草
サンビタリア		Sanvitalia procumbens	キク科	春まき1年草
サンビタリア		Sanvitalia speciosa	キク科	春まき1年草
ジギタリス	フォックスグローブ	Digitalis purpurea	オオバコ科	宿根草

主な用途			関東以西の主な作型				発芽適温	発芽日数	発芽条件	生育温度
切花	花壇	鉢物	播種①	開花(観賞)始め①	播種②	開花(観賞)始め②				
○	○		9～10	5～6	3～4	6～7	20℃前後	14日		15～20℃
○	○		3～4	6～7			20～25℃	5日		20～25℃
	○	○	4～5	7～8			25℃前後	7日		20～25℃
	○		4～5	7～8			25℃前後	5日		20～25℃
○	○		3～4	7～9			25℃前後	14日		25℃前後
○	○		9～10	6～7	3～4	7～8	20℃前後	10日		20℃前後
○	○		7～8	2～3			15～20℃	10～14日		15℃前後
	○	○	3～4	7～8			15～25℃	7日	変温	25℃前後
	○		9～10	6～7	3～4	7～8	20～25℃	10日		25℃前後
	○		6～9	5～6			20℃前後	21日		20℃前後
	○		9～10	5～6			20℃前後	5～7日		15℃前後
	○		3～4	6～7			20～25℃	7日		25℃前後
	○	○	9～10	5～6	3～4	7～8	20℃前後	10～14日		15～20℃
○	○		9～10	5～6	3～4	6～7	20℃前後	7日		15～20℃
	○		4～5	7～8			25℃前後	7日	好光性	20～25℃
	○		6～9	3～4			20℃前後	10～14日		15℃前後
		○	4～5	7～8			20℃前後	5日	好光性	20～25℃
	○		9～10	5～6	3～4	6～7	15～20℃	7～10日		15～20℃
○			9～10	6～7	3～4	7～8	20～25℃	14日		15～20℃
	○		3～4	7～8			25℃前後	5日		25℃前後
	○		4～5	7～8			20～25℃	5日		25℃前後
	○	○	9～10	5～6			20℃前後	5～7日		15～20℃
	○	○	6～9	5～6			15～20℃	14日	好光性	15℃前後
○	○		6～9	7～8			20℃前後	7～10日		15～20℃
○	○		9～10	5～6			15～20℃	14～21日		15℃前後
○	○	○	9～10	5～6	3～4	6～7	20℃前後	7日		15～20℃
○	○		9～10	5～6	3～4	7～8	20～25℃	5日		25℃前後
	○		9～10	5～6	3～4	7～8	20℃前後	7～10日	好光性	15～20℃
	○		9～10	5～6	3～4	6～7	20℃前後	7～10日	嫌光性	15～20℃
○	○		9～10	5～6	3～4	7～8	20℃前後	5～7日	好光性	15～20℃
	○	○	9～10	5～6			20℃前後	5日	好光性	15～20℃
	○	○	6～9	5～6			20℃前後	14日		15℃前後
○	○		6～9	5～6			20℃前後	10～14日		15℃前後
○	○	○	6～9	5～6			15～20℃	10日		15℃前後
○			6～9	5～6			15～20℃	7～10日		15℃前後
○	○	○	9～10	6～7	3～4	7～8	15～20℃	7～10日		15～20℃
○	○		4～5	9～10			20℃前後	7日		15～20℃
	○		9～10	5～6	3～4	7～8	20℃前後	7～10日		15～20℃
○	○		9～10	5～6	3～4	6～7	20℃前後	10日	好光性	15～20℃
	○		9～10	5～6	3～4	6～7	20℃前後	5～7日		15～20℃
○	○		8～9	12～1	9～10	3～4	20℃前後	7日		15℃前後
	○	○	3～4	6～7			20℃前後	7日	嫌光性	20℃前後
○	○		9～10	5～6	3～4	7～8	20℃前後	7日		15～20℃
	○		9～10	5～6	3～4	6～7	15～20℃	7日		15～20℃
	○		9～10	5～6	3～4		15～20℃	7日		15～20℃
	○		4～5	7～8			20～25℃	7日		25℃前後
		○	9～10	4～5	1～2	6～7	25℃前後	10～14日	好光性	20～25℃
	○	○	2～3	6～7			25℃前後	14日	変温	25℃前後
○	○		9～10	5～6	3～4	6～7	20℃前後	7～10日	嫌光性	15～20℃
○	○		4～5	7～8			25℃前後	7日		25℃前後
○	○		4～5	7～8			25℃前後	7日		25℃前後
○	○		4～5	7～8			25℃前後	7日		25℃前後
	○	○	4～5	7～8	7～8	9～10	20℃前後	7日		20～25℃
	○		4～5	7～8			20℃前後	5～7日		20～25℃
○	○		9～10	5～6	3～4	6～7	20℃前後	5～7日		15～20℃
	○		4～5	7～8			25℃前後	5～7日	好光性	25℃前後
		○	8～9	12～3			20℃前後	10日	好光性	15℃前後
○	○		9～10	5～6	3～4	6～7	20℃前後	7日		15～20℃
	○		3～4	6～7			20℃前後	7～10日		20℃前後
	○		3～4	6～7			20℃前後	7～10日		20℃前後
	○		3～4	6～7			20℃前後	7～10日		25℃前後
	○		9～10	5～6			20～25℃	7～10日		20℃前後
	○		3～4	6～7			20～25℃	7～10日		25℃前後
	○		3～4	6～7			20℃前後	7～10日		25℃前後
	○	○	3～4	6～7			20℃前後	7～10日		25℃前後
	○		9～10	5～6	3～4	7～8	15～20℃	7日	好光性	15～20℃

品目名	別名	学名	科名	分類
シキナリイチゴ	ストロベリー	Fragaria vesca	バラ科	宿根草
シクラメン	カガリビバナ	Cyclamen persicum	サクラソウ科	宿根草
ジニア	ホソバヒャクニチソウ	Zinnia angustifolia	キク科	春まき1年草
ジニア	ヒャクニチソウ	Zinnia elegans	キク科	春まき1年草
ジニア	メキシコヒャクニチソウ	Zinnia haageana	キク科	春まき1年草
ジニア		Zinnia hybrida	キク科	春まき1年草
シノグロッサム	シナワスレナグサ	Cynoglossum amabile	ムラサキ科	耐寒性1・2年草
ジプソフィラ	カスミソウ	Gypsophila muralis	ナデシコ科	耐寒性1・2年草
シャスターデージー		Leucanthemum x superbum	キク科	宿根草
ジョチュウギク	クリサンセマム	T nacetum cinerariaefolium	キク科	宿根草
シレネ	フクロナデシコ	Silene pendula	ナデシコ科	耐寒性1・2年草
シロタエギク	ダスティーミラー	Cineraria maritima	キク科	耐寒性1・2年草
シンテッポウユリ		Lilium x formolongo	ユリ科	球根
スイートアリッサム	ニワナズナ	Lobularia maritima	アブラナ科	耐寒性1・2年草
スイートピー	ジャコウレンリンソウ	Lathyrus odoratus	マメ科	半耐寒性1・2年草
スカビオサ	セイヨウマツムシソウ	Scabiosa atropurpurea	スイカズラ科	耐寒性1・2年草
スカビオサ	コーカサスマツムシソウ	Scabiosa caucasica	スイカズラ科	宿根草
スターチス	リモニウム・シヌアータ	Limonium sinuatum	イソマツ科	耐寒性1・2年草
ストック	アラセイトウ	Matthiola incana	アブラナ科	半耐寒性1・2年草
ストロベリーコーン		Zea mays	イネ科	春まき1年草
ゼラニウム	ペラルゴニウム	Pelargonium zonale Group	フクロソウ科	春まき1年草
セントーレア	ヤグルマソウ	Centaurea cyanus	キク科	耐寒性1・2年草
セントーレア	スイートサルタン	Centaurea moschata	キク科	半耐寒性1・2年草
セントーレア	イエローサルタン	Centaurea suaveolens	キク科	半耐寒性1・2年草
センニチコウ	ゴンフレナ	Gomphrena globosa	ヒユ科	春まき1年草
センニチコウ	キバナセンニチコウ	Gomphrena haageana	ヒユ科	春まき1年草
ソラナム	カザリナス	Solanum integrifolium	ナス科	春まき1年草
ソラナム	ツノナス	Solanum mammosum	ナス科	春まき1年草
ソラナム	フユサンゴ	Solanum pseudocapsicum	ナス科	常緑低木
ダールベルグデージー	ディッソイディア	Thymophylla tenuiloba	キク科	半耐寒性1・2年草
ダイアンサス	タツタナデシコ	Diansthus plumaris	ナデシコ科	宿根草
ダイアンサス	ヒゲナデシコ	Dianthus barbatus	ナデシコ科	耐寒性1・2年草
ダイアンサス	セキチク	Dianthus chinensis	ナデシコ科	耐寒性1・2年草
ダイアンサス	ナデシコ	Dianthus interspecifichybrida	ナデシコ科	耐寒性1・2年草
ダイアンサス	カワラナデシコ	Dianthus superbus	ナデシコ科	耐寒性1・2年草
ダリア		Dahlia × pinnata	キク科	球根
チトニア	メキシコヒマワリ	Tithonia rotundifolia	キク科	春まき1年草
ツンベルギア		Thumbergia alata	キツネノマゴ科	春まき1年草
デイモルフォセカ	アフリカキンセンカ	Dimorphotheca sinuata	キク科	半耐寒性1・2年草
デージー		Bellis perennis	キク科	耐寒性1・2年草
デージー	ヒナギク	Bellis perennis	キク科	耐寒性1・2年草
デルフィニウム	ヒエンソウ	Delphinium spp.	キンポウゲ科	宿根草
ドイツアザミ		Cirisium japonicum	キク科	耐寒性1・2年草
トウガラシ	カプシカム	Capsicum annuum	ナス科	春まき1年草
トマト		Lycopersicon esculentum	ナス科	春まき1年草
トルコギキョウ	リシアンサス、ユーストマ	Eustoma grandiflorum	リンドウ科	耐寒性1・2年草
トレニア	ナツスミレ	Torenia fournieri	アセトウガラシ科	春まき1年草
ナツユキソウ	セラスチウム	Cerastium tomentosum	ナデシコ科	宿根草
ニコチアナ	ハナタバコ	Nicotiana alata	ナス科	半耐寒性1・2年草
ニチニチソウ	ビンカ	Catharanthus roseus	キョウチクトウ科	春まき1年草
ネメシア		Nemesia strumosa	ゴマノハグサ科	半耐寒性1・2年草
ネモフィラ	ルリカラクサ	Nemophila menziensii	ハゼリソウ科	耐寒性1・2年草
ノコギリソウ	アキレア	Achillea filipendulina	キク科	宿根草
バーベナ	ビジョザクラ	Verbena hybrida	クマツヅラ科	耐寒性1・2年草
ハゲイトウ	アマランサス	Amaranthus tricolor	ヒユ科	春まき1年草
ハナアオイ	ラバテラ	Lavatera trimestris	アオイ科	耐寒性1・2年草
ハナナ	カンザキハナナ	Brassica rapa	アブラナ科	耐寒性1・2年草
ハナビシソウ	エスコルチア	Eschscholtzia caespitosa	ケシ科	耐寒性1・2年草
ハナワギク	クリサンセマム	Chrysanthemum carinatum	キク科	耐寒性1・2年草
ハボタン		Brassica oleracea	アブラナ科	耐寒性1・2年草
バラ		Rosa spp.	バラ科	花木
パンジー	スミレ	Viola x wittrockiana	スミレ科	耐寒性1・2年草
ハンネマニア	チューリップポピー	Hunnemannia fumariifolia	ケシ科	半耐寒性1・2年草

主な用途			関東以西の主な作型				発芽適温	発芽日数	発芽条件	生育温度
切花	花壇	鉢物	播種①	開花(観賞)始め①	播種②	開花(観賞)始め②				
	○		9～10	5～6			20℃前後	10～14日		15～20℃
	○	○	12～2	10～1			15～20℃	28日	嫌光性	15℃前後
	○		3～4	6～7			25℃前後	5～7日		20～25℃
○	○		3～4	6～7			25℃前後	5日		20～25℃
○	○		3～4	6～7			25℃前後	5日		20～25℃
	○		3～4	6～7			25℃前後	5日		20～25℃
	○		9～10	5～6			20℃前後	10日		15～20℃
	○		9～10	5～6	3～4	6～7	20℃前後	7日	好光性	15～20℃
	○	○	6～9	5～6			15～20℃	10日	好光性	15～20℃
○	○		6～9	5～6			15～20℃	10日		15～20℃
	○		9～10	5～6	3～4	6～7	15～20℃	7日	好光性	15℃前後
	○		9～10	4～5	3～4	6～7	20℃前後	7日		15～20℃
○			11～12	8～9			15～20℃	21～28日		20～25℃
	○		9～10	5～6	3～4	6～7	20℃前後	5日		15～20℃
○	○	○	8～9	12～3			20℃前後	10日		10～15℃
○	○	○	6～9	5～6			15℃前後	7日		15～20℃
○		○	6～9	5～6			15～20℃	7日		15～20℃
○			9～10	5～6			20℃前後	5～7日		15～20℃
○	○		8～9	12～3			25℃前後	5日		15℃前後
○			4～5	7～8			20～25℃	5日		20～25℃
	○	○	3～4	6～7			20～25℃	5日		15～20℃
	○		9～10	5～6			20℃前後	7日		15～20℃
○			9～10	5～6			20℃前後	7日		15～20℃
○			9～10	5～6			20℃前後	7日		15～20℃
○	○		4～5	7～8			20～25℃	7日		25℃前後
○	○		4～5	7～8			20～25℃	7日		25℃前後
○			3～4	8～9			20～25℃	7～10日		25℃前後
○			3～4	9～10			20～25℃	7～10日		20～25℃
	○	○	3～4	8～9			20～25℃	7～10日		25℃前後
	○		9～10	5～6	3～4	6～7	20℃前後	7～10日		15～20℃
	○		6～9	5～6			20℃前後	7日		15～20℃
○	○		6～9	5～6			20℃前後	7日		15～20℃
	○		9～10	5～6	3～4	6～7	20℃前後	7日		15～20℃
	○		9～10	5～6	3～4	6～7	20℃前後	7日		15～20℃
○			9～10	5～6	3～4	6～7	20℃前後	7日		15～20℃
	○		4～5	7～8			20～25℃	5日		25℃前後
	○		3～4	6～7			25℃前後	7日		25℃前後
	○		4～5	7～8			20～25℃	7～10日		25℃前後
○	○		9～10	5～6	3～4	6～7	20℃前後	5日		15～20℃
	○		6～9	3～4			20℃前後	7日	好光性	15～20℃
	○		8～9	12～3			20℃前後	7日	好光性	15～20℃
○	○	○	9～10	5～6	3～4	6～7	15℃前後	21日	嫌光性	15～20℃
○			9～10	5～6			15～20℃	7日		15℃前後
○			3～4	7～8			20～25℃	7～10日		25℃前後
	○	○	3～4	7～8			20～25℃	10日		25℃前後
○		○	9～10	5～6	3～4	7～8	20℃前後	14日	好光性	20℃前後
	○		3～4	6～7			20～25℃	7日		25℃前後
	○		6～9	5～6			20℃前後	7日		15℃前後
	○	○	9～10	5～6	3～4	6～7	20～25℃	10日	好光性	20℃前後
	○		3～4	6～7			20～25℃	7日	嫌光性	25℃前後
	○		9～10	5～6	3～4	6～7	15～20℃	10日		15℃前後
	○		9～10	5～6			20℃前後	10日		15℃前後
○	○		6～9	6～7			20℃前後	10日		20℃前後
	○		9～10	5～6	3～4	6～7	20℃前後	10日		15～20℃
	○		4～5	7～8			20～25℃	7日	嫌光性	25℃前後
	○		9～10	5～6	3～4	6～7	20℃前後	10日		20℃前後
○	○		8～9	12～3			20℃前後	5日		15～20℃
	○		9～10	5～6	3～4	6～7	15～20℃	7～10日	嫌光性	15～20℃
	○		9～10	5～6	3～4	6～7	15～20℃	7日		15～20℃
○	○		7～8	11～12			20℃前後	5日		15～20℃
○	○	○		5～6		9～10	20℃前後	30日		15～25℃
	○		8～9	12～3			20℃前後	5～7日		10～20℃
○	○		9～10	5～6	3～4	6～7	20℃前後	10日		15℃前後

品目名	別名	学名	科名	分類
ビオラ	スミレ	Viola x wittrockiana	スミレ科	耐寒性1・2年草
ヒポエステス		Hypoestes sanguinolenta	キツネノマゴ科	春まき1年草
ヒマワリ	サンフラワー	Helianthus annuus	キク科	春まき1年草
フウセンカズラ	バルーンバイン	Cardiospermum halicacabum	ムクロジ科	春まき1年草
フウセントウワタ		Gomphocarpus fruticosus	トウワタ科	春まき1年草
ブプレウルム		Bupleurum rotundifolium	セリ科	耐寒性1・2年草
ブラキカム	ヒメコスモス	Brachycome iberidifolia	キク科	耐寒性1・2年草
プリムラ	マラコイデス	Primula malacoides	サクラソウ科	耐寒性1・2年草
プリムラ	セイヨウサクラソウ	Primula x polyantha	サクラソウ科	耐寒性1・2年草
ブルーレースフラワー	ディディスカス	Trachymene caerulea	セリ科	半耐寒性1・2年草
フロックス		Phlox drummondii	ハナシノブ科	耐寒性1・2年草
ブロワリア		Browallia speciosa	ナス科	春まき1年草
ベゴニア	シキザキベゴニア	Begonia semperflorens	シュウカイドウ科	春まき1年草
ベゴニア	キュウコンベゴニア	Begonia tuberhyb.	シュウカイドウ科	球根
ペチュニア	ツクバネアサガオ	Petunia hybrida	ナス科	半耐寒性1・2年草
ベニジウム	カンザキジャノメギク	Venidium fastuosum	キク科	耐寒性1・2年草
ベニバナ	カルタムス	Carthamus tinctorius	キク科	半耐寒性1・2年草
ヘリクリサム	テイオウカイザイク	Helichrysum bracteatum	キク科	半耐寒性1・2年草
ペンステモン		Pentstemon hartwegii	オオバコ科	耐寒性1・2年草
ペンタス		Pentas lanceolata	アカネ科	春まき1年草
ホウキグサ	コキア	Kochia scoparia	ホウキギ科	春まき1年草
ホウセンカ	インバチェンス	Impatiens balsamina	ツリフネソウ科	春まき1年草
ホオズキ		Physalis alkekengi	ナス科	宿根草
ホクシャ	フクシア	Fuchsia hybrida	アカバナ科	熱帯性低木
ポピー	アイスランドポピー	Papaver nudicaule	ケシ科	耐寒性1・2年草
ポピー	オリエンタルポピー	Papaver orientale	ケシ科	宿根草
ポピー	シャーレーポピー	Papaver rhoeas	ケシ科	耐寒性1・2年草
ポリゴナム		Poligonum capitatum	タデ科	春まき1年草
ホリホック	タチアオイ	Althaea rosea	アオイ科	宿根草
ホワイトレースフラワー	アミ	Ammi majus	セリ科	耐寒性1・2年草
マツバボタン	ポーチュラカ	Portulaca grandiflora	スベリヒユ科	春まき1年草
マトリカリア		Tanacetum parthenium	キク科	耐寒性1・2年草
マリーゴールド	アフリカンマリーゴールド	Tagetes erecta	キク科	春まき1年草
マリーゴールド	フレンチマリーゴールド	Tagetes patula	キク科	春まき1年草
マリーゴールド	ホソバクジャクソウ	Tagetes tenuifolia	キク科	春まき1年草
ミムラス		Mimulus × hybridus	ハエドクソウ科	耐寒性1・2年草
ムラサキハナナ	ショカッサイ	Orychophragmus violaceus	アブラナ科	春まき1年草
メランポジウム		Melampodium paludosum	キク科	春まき1年草
モモイロタンポポ		Crepis rubra	キク科	耐寒性1・2年草
モルセラ	カイガラサルビア	Molucella laevis	シソ科	耐寒性1・2年草
ユウギリソウ	トラキェリューム	Trachelium caeruleum	キキョウ科	半耐寒性1・2年草
ユーホルビア	ハツユキソウ	Euphorbia marginata	トウダイグサ科	春まき1年草
ヨルガオ		Ipomoea alba	ヒルガオ科	春まき1年草
ラークスパー	チドリソウ	Consolida ajacis	キンポウゲ科	半耐寒性1・2年草
ラナンキュラス		Ranunculus asiaticus	キンポウゲ科	球根
ラベンダー	イングリッシュラベンダー	Lavandula angustifolia	シソ科	常緑低木
ラベンダー	フレンチラベンダー	Lavandula stoechas	シソ科	常緑低木
リクニス	センノウ	Lychnis chalcedonica	ナデシコ科	宿根草
リナム	ベニバナアマ	Linum grandiflorum	アマ科	耐寒性1・2年草
リナリア	ヒメキンギョソウ	Linaria maroccana	オオバコ科	耐寒性1・2年草
リビングストンデージー		Dorotheanthus bellidiformis	ツルナ科	半耐寒性1・2年草
リンドウ		Gentiana spp.	リンドウ科	宿根草
ルコウソウ	クアモクリット	Ipomoea quamoclit	ヒルガオ科	春まき1年草
ルコウソウ	ミナ	Ipomoea lobata	ヒルガオ科	春まき1年草
ルドベキア		Rudbeckia hirta	キク科	耐寒性1・2年草
ルピナス	キバナルピナス	Lupinas luteus	マメ科	半耐寒性1・2年草
ルピナス	カサバルピナス	Lupinus hirsutus	マメ科	半耐寒性1・2年草
ルピナス	ラッセルルピナス	Lupinus polyphyllus	マメ科	耐寒性1・2年草
ルピナス	テキシネンシス	Lupinus texensis	マメ科	半耐寒性1・2年草
ローダンセ	ヘリプテラム	Helipterum manglesii	キク科	半耐寒性1・2年草
ロベリア		Lobelia erinus	キキョウ科	耐寒性1・2年草
ワスレナグサ	ミオソチス	Myosotis scorpioides	ムラサキ科	耐寒性1・2年草
ワタ		Gossypium hirsutum	アオイ科	春まき1年草

主な用途			関東以西の主な作型				発芽適温	発芽日数	発芽条件	生育温度
切花	花壇	鉢物	播種①	開花(観賞)始め①	播種②	開花(観賞)始め②				
	○		8～9	12～3			20℃前後	5～7日		10～20℃
	○		3～4	6～7			20℃前後	7日		20～25℃
○	○		4～5	7～8	7～8	9～10	20～25℃	5日		25℃前後
	○		4～5	7～8			25℃前後	14日		25℃前後
○			3～4	7～8			25℃前後	10日		25℃前後
○			9～10	5～6	3～4	7～8	15℃前後	10日	嫌光性	15～20℃
	○		9～10	5～6	3～4	6～7	15℃前後	7日		15～20℃
	○	○	5～6	12～3	8～9	3～4	15～20℃	10日	好光性	15～20℃
	○	○	5～6	12～3	8～9	3～4	15～20℃	14日	好光性	15～20℃
○			9～10	5～6	3～4	7～8	20℃前後	10日		15～20℃
	○		9～10	5～6	3～4	6～7	20℃前後	7日		15～20℃
	○		3～4	6～7			25℃前後	7日		25℃前後
	○		2～3	6～7			20～25℃	10～14日	好光性	20～25℃
	○	○	2～3	6～7			20℃前後	10～14日	好光性	20～25℃
	○		9～10	4～6	3～4	6～7	25℃前後	7日	好光性	20℃前後
○	○		9～10	5～6	3～4	6～7	20℃前後	7日		15℃前後
○	○		9～10	5～6	3～4	7～8	20℃前後	5日		15～20℃
○	○		9～10	5～6	3～4	7～8	20℃前後	7日		15～20℃
	○		9～10	5～6	3～4	6～7	15～20℃	7～10日		15～20℃
	○		3～4	6～7			20～25℃	10日		25℃前後
	○		4～5	7～8			20～25℃	5日		25℃前後
○		○	9～10	7～8	3～4	8～9	20～25℃	14日		20～25℃
	○	○	2～3	6～7			20～25℃	14日		25℃前後
○	○		9～10	4～5			15～20℃	7日		15℃前後
	○		9～10	5～6			20℃前後	7日		15℃前後
	○		9～10	5～6			20℃前後	7日		15℃前後
	○		3～4	6～7			20℃前後	10日		20～25℃
	○		9～10	6～7			20℃前後	10～14日		15～20℃
○	○		9～10	5～6			20℃前後	7日	変温	15～20℃
	○		4～5	7～8			20～25℃	7日	好光性	25℃前後
○	○		9～10	5～6	3～4	6～7	20℃前後	7日		20～25℃
○	○		3～4	6～7			20～25℃	5日		25℃前後
	○		3～4	6～7			20～25℃	5日		25℃前後
	○		3～4	6～7			20～25℃	5日		25℃前後
	○		9～10	5～6	3～4	6～7	20℃前後	7日	好光性	15～20℃
	○		9～10	4～5			20℃前後	7日		15℃前後
	○		3～4	6～7			20℃前後	7日		25℃前後
○	○		9～10	5～6			20℃前後	7日		15～20℃
○	○		9～10	5～6	3～4	6～7	20℃前後	10日	変温	15～20℃
○	○	○	9～10	5～6	3～4	7～8	20℃前後	7日		20℃前後
○	○		4～5	7～8			20～25℃	14日		25℃前後
	○		4～5	7～8			20℃前後	5日		25℃前後
○			9～10	5～6	3～4	7～8	15～20℃	10日	嫌光性	15～20℃
	○	○	8～9	3～4			15℃前後	14日		15℃前後
	○	○	9～10	6～7	3～4	7～8	15～20℃	14日		15～20℃
	○	○	9～10	6～7			15～20℃	14日		15～20℃
○	○		6～9	6～7			20℃前後	10日		15℃前後
	○		9～10	5～6	3～4	6～7	20℃前後	10日		15～20℃
	○		9～10	5～6	3～4	6～7	20℃前後	10日		15℃前後
	○		9～10	4～5			20℃前後	7日		15℃前後
○		○	9～10	7～9	3～4	7～9	20℃前後	14日	休眠打破	20℃前後
	○		4～5	7～8			25℃前後	7日		25℃前後
	○		4～5	7～8			25℃前後	7日		25℃前後
	○		9～10	5～6	3～4	6～7	20℃前後	7日		20℃前後
○	○		9～10	5～6	3～4	6～7	20℃前後	10日		15～20℃
○	○		9～10	5～6	3～4	6～7	20℃前後	7日		15～20℃
	○	○	6～9	4～5			20℃前後	7～10日		15℃前後
	○	○	9～10	5～6			20℃前後	7日		15℃前後
○	○		9～10	5～6	3～4	6～7	20℃前後	7日		15～20℃
	○		9～10	5～6	3～4	6～7	20～25℃	7日	好光性	15～20℃
○	○		9～10	4～5			15～20℃	10日		15～20℃
○	○		4～5	7～8			25℃前後	7～10日		25℃前後

切り花、鉢物、花苗のふるさと

～主要品目の原産地、分布地～

●ヨーロッパ

オダマキ※	ヒゲナデシコ
カスミソウ※	フウリンソウ
セイヨウサクラソウ	ブプレウルム
デージー※	ヤグルマソウ
ハボタン	ワスレナグサ
パンジー	

●アジア

アイスラアンドポピー	クリスマスローズ
アサガオ	シャクヤク
アスター	セキチク
オダマキ※	デルフィニウム
オミナエシ※	プリムラ・マラコイデス
カスミソウ※	ホウキグサ
キキョウ※	ホワイトレースフラワー
キク	ムラサキハナナ

●地中海沿岸

アネモネ	クリサンセマム・ムルチコーレ
カーネーション	ストック
キンギョソウ	セイヨウマツムシソウ
キンセンカ	デージー※
グラジオラス※	ヒヤシンス
クロタネソウ※	マーガレット
サイネリア	マトリカリア
シクラメン※	ユウギリソウ
スイートアリッサム	ラナンキュラス
スイートピー	ラベンダー
スターチス	

●中近東

アマ
クロタネソウ※
サフラン
シクラメン※
チューリップ
ベニバナ
ペンタス

●南アジア

グロリオサ
ケイトウ
ハゲイトウ
ハス

●南アフリカ

アフリカキンセンカ	グラジオラス※
アフリカホウセンカ	ニチニチソウ
ガーベラ	ネメシア
ガザニア	フリージア
カラー	リビングストンデージー
カランコエ	ロベリア

●オセアニア

イソトマ
クロウエア
コリウス※
ハナカンザシ
フランネルソウ
ブルーレースフラワー
ヘリクリサム

※ 複数の地域に分布するもの

6章　花き類

●北アメリカ

ゴデチヤ	ヒマワリ
ジニア	ユーホルビア
ソリダスター	ラッセルルピナス
ダールベルグデージー	リアトリス
ネモフィラ	リシアンサス（トルコギキョウ・ユーストマ）
ハナビシソウ	ルドベキア

●日本

オダマキ※	テッポウユリ
オミナエシ※	ドイツアザミ
カワラナデシコ	ミヤコワスレ
キキョウ※	リンドウ

●中央アメリカ

アゲラタム	セイヨウアサガオ
オンシジウム	ダリア
カトレヤ	ポインセチア
コスモス	マリーゴールド
スパティフィラム	

●東南アジア

コリウス※
シンビジウム
デンドロビウム
トレニア
ニューギニアインパチェンス
ホウセンカ
ホオズキ

●南アメリカ

アマリリス	サルビア・スプレンデンス
アルストロメリア	トウガラシ
アンスリウム	バーベナ
オキシペタラム	ブーゲンビリア
オジギソウ	フクシア
オシロイバナ	ベゴニア
カラジウム	ペチュニア
キンレンカ	マツバボタン
グロキシニア	ヨルガオ

— 179 —

コラム3　APSA 神戸大会（2013年）

　アジア太平洋種子協会（APSA）の神戸大会は、当初は2011（平成23）年開催で準備が進められていたが、東日本大震災の発生により2013（平成25）年に延期され、同年11月18日〜22日に神戸市の神戸国際展示場において開催された。幕張大会から12年が経過する間にAPSA会員数も増加し、神戸大会では47カ国から1400名を超える史上最高の参加者となった。大会での協議事項は種子の生産・品質から知的財産権や植物防疫に至るまで非常に幅広い事項にわたるとともに、アジア太平洋地域における日本の種苗業界の存在感をさらに高める大会となった。

APSA2013 開会式

APSA2013 ウェルカムカクテルパーティー

APSA2013 商談テーブル

APSA2013 展示ブース

APSA2013 総会議長団

第7章

飼料・緑肥・緑化作物

Ⅰ. 牧草・飼料作物

1. 主要牧草・飼料作物の生態的特徴と作型

表1. 利用頻度の高い主なイネ科牧草、イネ科飼料作物、マメ科牧草

	寒地型	暖地型
イネ科牧草	●イタリアンライグラス ○チモシー	
イネ科飼料作物	●エンバク	●トウモロコシ ●ソルガム類
マメ科牧草	○アカクローバ ○アルファルファ	

●一年生　○多年生

・イネ科飼料作物

　　トウモロコシ　　　　　　ソルガム　　　　　　エンバク

■イネ科牧草、イネ科飼料作物とマメ科牧草

　飼料として作付けされる牧草、飼料作物は、イネ科牧草及びイネ科飼料作物が主である。マメ科牧草は、タンパク質含量が高いため、イネ科牧草との混播で多く利用される。

■寒地型と暖地型、一年生と多年生

　牧草、飼料作物は、一般的に寒さに強い寒地型と暑さに強い暖地型に分けられる。また、播種から一年で生育を終える一年生、一度の播種で複数年の収穫が可能な多年生に分けられる。

■採草利用と放牧利用

　牧草の利用方法は、機械により収穫する採草利用と、家畜が直接食する放牧利用とがある。採草利用は、機械による収穫のため、直立型の草型で稈の長い耐倒伏性のタイプが適する。一方、放牧利用は、家畜が採食しやすい開帳型の草型で稈の短いタイプが適する。欧米では放牧利用が多いが、日本では採草利用が多い。

・イネ科牧草

イタリアンライグラス

チモシー

・マメ科牧草

アカクローバ

アルファルファ

■各地域での作付け草種、動向

(北海道)

　単年利用では、春から秋の栽培でイネ科飼料作物であるトウモロコシの作付けが多い。永年利用では、寒地型イネ科牧草チモシーの作付けが多い。また、イネ科牧草との混播で、マメ科牧草のアカクローバ、アルファルファなども利用される。

(東北)

　単年利用では、春から秋の栽培でイネ科飼料作物であるトウモロコシの作付けが多い。永年利用では、寒地型イネ科牧草オーチャードグラスの作付けが多い。また、イネ科牧草との混播で、マメ科牧草のアカクローバも利用される。

(関東以西)

　単年利用が主であり、春から秋の栽培では、イネ科飼料作物であるトウモロコシの作付けが多く、秋から春の栽培では、イタリアンライグラスの作付けが多い。また、夏から冬の栽培でエンバクも利用される。

(西南暖地)

　宮崎県や鹿児島県南部などの西南暖地では単年利用が主であり、春から秋の栽培では、イネ科飼料作物であるトウモロコシ、ソルガム類の作付けが多く、秋から春の栽培では、イタリアンライグラスの作付けが多い。トウモロコシは、年内に再度作付けする2期作栽培も多い。

2. イネ科牧草

チモシー

学名：*Phleum pratense* L.　　英名：Timothy　　和名：オオアワガエリ

●生理生態特性

　一度の播種で複数年の収穫が可能な多年生である。耐寒性は極めて強いが、高温、乾燥、干ばつには弱い。北海道や東北、高冷地の栽培に適する。

●作型

　播種は、夏まき（8月中旬～9月上旬目安）または春まき（4月下旬～6月上旬目安）で行う。

収穫は、出穂期を目安に行う。一番草の出穂期は、極早生品種6月上旬、早生品種6月中旬、中生品種6月下旬、晩生品種7月上旬が目安である。

●栽培上の留意点

　刈り取り後の再生が弱いので留意が必要である。マメ科との混播の場合、収穫適期の合う品種を選定する。

オーチャードグラス

学名：*Dactylis glomerata* L.　　英名：Orchardgrass　　和名：カモガヤ

●生理生態特性

　一度の播種で複数年の収穫が可能な多年生である。分けつが多く、再生力は強い。土壌適応性は広く、耐寒性は中程度、耐湿性は弱い。北海道や東北、本州から九州までの高冷地での栽培に適する。

●作型

　播種は、夏まき（8月中旬～9月上旬目安）または春まき（4月下旬～6月上旬目安）で行う。

収穫は、出穂期を目安に行う。一番草の出穂期は、早生品種5月下旬、中生品種6月上旬、晩生品種6月中旬が目安である。

●栽培上の留意点

　耐湿性には弱く、出穂後は急激に品質が低下するので留意が必要である。

イタリアンライグラス

学名：*Lolium multiflorum* Lam.　　英名：Italian ryegrass　　和名：ネズミムギ

●生理生態特性

低温下での生育がよく、関東以西暖地における秋まき栽培に適する。

播種は、一般的に9月下旬～10月下旬に行う。西南暖地では、播種適期幅は広くなり、晩夏まきによる年内収穫や、10月以降の播種も可能である。再生力も強いので春に複数回の刈り取りも可能である。耐湿性が強いので水田裏作での作付けも多い。一方、耐暑性は弱く越夏するのは難しい。耐寒性もさほど強くないので北海道での秋まきによる越冬は難しい。春まき性の高い品種であれば越冬することなしに出穂し収穫できる。

主な病害は、夏まきによる「いもち病」、初夏に発生しやすい「冠さび病」、積雪地帯での「雪腐れ病」などである。

栽培種には、染色体数の異なる2倍体品種と4倍体品種がある。主に2倍体品種は、播種から出穂期までの期間が短い極早生から中生品種であり、4倍体品種は期間の長い晩生品種である。

●作型

関東以西：播種は9月下旬～10月下旬。収穫は、早生品種が4月下旬、中生品種が5月上旬、晩生品種が5月下旬目安である。2番草を利用する際には収穫後約30日が目安である。

西南暖地：播種は9月下旬～12月まで可能。収穫は早生品種4月上旬、中生品種4月下旬、晩生品種5月上旬が目安である。

春まき：3月上旬播種で6月上旬に収穫できる。栽培は、春まき性の高い品種に限る。

●栽培上の留意点

収穫適期は穂ばらみ期から出穂期であり、収量性と栄養価のバランスがよい。予定する収穫時期と品種の収穫適期が一致する品種を選定する。

主な作型

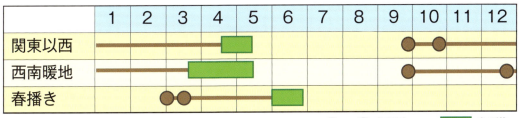

3. イネ科飼料作物

トウモロコシ

学名：*Zea mays* L. 　　　英名：Corn　　　和名：トウモロコシ

●生理生態特性

播種適温は約10℃以上である。一般的に温度に感応して生育をすすめる。雌雄異花であり、先に雄花が開花、数日後に雌花が開花する。

品種の早晩性の目安として、相対熟度（RM）が用いられる。この数値は、発芽から収穫適期までの相対日数を表している。RM100の品種は、播種から収穫期まで平均気温20℃で推移した場合、約100日で収穫できる。しかし、生育地が変わるとあてはまらず、あくまでも早晩生の目安として用いられる。

主な利用方法は、黄熟期に収穫、細断した後、サイロなどに詰め込み、乳酸発酵させたサイレージを家畜に給与する。

北海道では、「すす紋病」、「根腐れ病」、都府県では、「すす紋病」、「ごま葉枯病」、「苗立枯病」、「南方さび病」などが重要病害である。

●作型

北海道：主に相対熟度RM75～110の品種が作付けされる。播種は5月中旬～下旬、収穫は9月下旬が目安である。

東　北：主に相対熟度RM110～120の品種が作付けされる。播種は5月中旬～下旬、収穫は9月下旬が目安である。

関東以西：主に相対熟度RM115～130の品種が作付けされる。早まき栽培では、播種は4～5月、収穫は7～8月が目安。遅まき栽培、2期作では、播種は6～8月、収穫は10～12月が目安である。

●栽培上の留意点

サイレージの場合、収穫適期は黄熟期である。予定する収穫時期と品種の収穫適期が一致する品種を選定する。

主な作型

	1	2	3	4	5	6	7	8	9	10	11	12
北海道					●●				■			
東北					●●				■			
関東以西												
早播き				●―●			■					
遅まき、二期作						●―		―●		■		

●―● 播種　　■ 収穫

ソルガム類

| ソルガム | 学名：*Sorghum bicolor*(L.)Moench | 英名：Sorghum | 和名：モロコシ |
| スーダングラス | 学名：*Sorghum sudanense*(Piper)Stapf | 英名：Sudangrass | |

・ソルゴー型ソルガム

・スーダングラス

・ソルガムスーダン

●生理生態特性

草型や性質によって3つに大別される。

a. ソルゴー型ソルガム

茎が太く、分けつは少ない。草丈は、低いものが1m程度、高いものは3m以上と幅広い。主にホールクロップサイレージ用として作られる。

b. スーダングラス

茎は細く、分けつは多い。草丈は、2m程度、主にロールベール用として作られる。

c. ソルガムスーダン

ソルゴー型ソルガムとスーダングラスのF₁品種である。形態は両者の中間的特性を示す。生草での給与に適する。

一般的に温度に感応して生育が進む。

●作型

播種適温は、約15℃以上である。関東以西では5月中旬以降の播種が適する。

収穫は利用方法により異なり、出穂期から乳熟期、糊熟期である。

●栽培上の留意点

収穫適期は、利用方法により使い分ける。予定する収穫時期と品種の収穫適期が一致する品種を選定する。

エンバク

学名：*Avena sativa* L.　　英名：Oats　　和名：エンバク

●生理生態特性
　深根性で根量が多く、生育可能な温度が5～30℃、土壌pHが4～8と栽培適応性が広い。

●作型
　9～10月に播種し、11～12月に収穫する夏まき栽培。10～11月に播種し、4～5月に収穫する秋まき栽培。2～3月に播種し、5～6月に収穫する春まき栽培がある。

●栽培上の留意点
　耐寒性はやや劣るので、寒地では春まきが適する。他の麦類より水分を必要とするので留意が必要である。

ヒエ

学名：*Echinochloa utilis* Ohwi et Yabuno
英名：Japanese barnyard millet
和名：ヒエ

●生理生態特性
　低温、乾燥、過湿、酸性土壌など不良環境に強い。湿害に強いので水田転換用作物として栽培可能である。発芽率や初期生育はよく、再生力は弱い。

●作型
　播種は5～7月に行い、60～90日で収穫する。

●栽培上の留意点
　出穂後は茎葉が硬化し消化性が低下するので留意が必要である。

4. マメ科牧草

アカクローバ

学名：*Trifolium pratense* L.
英名：Red clover
和名：ムラサキツメクサ

● 生理生態特性

根は直根で強く、葉は3小葉、花色は深紅色から桃色である。耐寒性は強いが、耐暑性、耐乾性は弱い。

● 作型

北海道、東北北部などの寒地では春まき、温暖地では秋まきが適する。

● 栽培上の留意点

高温と乾燥に弱いので留意が必要である。

シロクローバ

学名：*Trifolium repens* L.
英名：White clover
和名：シロツメクサ

● 生理生態特性

冷涼な地域での栽培に適する。葉の大きさにより、大葉型、中葉型、小葉型の3型に分けられる。葉が大きい方がほふく枝の広がる速度が速い。

● 作型

北海道、東北北部などの寒地では春まき、温暖地では秋まきが適する。

● 栽培上の留意点

高温と乾燥に弱いので留意が必要である。

アルファルファ

学名：*Medicago sativa* L.
英名：Alfalfa
和名：ムラサキウマゴヤシ

● 生理生態特性

やや乾燥した気候に適する。排水性がよくアルカリ性の土壌を好む。

● 作型

北海道、東北北部などの寒地では春まき、温暖地では秋まきが適する。

● 栽培上の留意点

湿潤な条件下では病害虫の被害が出やすいので留意が必要である。

Ⅱ. 緑肥作物

1. 緑肥とは

主作物(換金作物)の前後や同時に栽培され、肥料分補給などのさまざまな効果を期待し、すきこまれる作物をいう。

2. 緑肥の主な効果

■土壌改良効果

緑肥をすきこむことで土壌の物理性、化学性、生物性の改善効果が期待される。

物理性の改善：土の団粒構造が発達し、透水性、保水性、通気性が改善される。深くまで侵入した緑肥作物の根が硬盤を破砕し、通気性、透水性が改善される。
化学性の改善：腐植率が高まることで保肥力が向上する。施設への導入で除塩効果が得られる。マメ科緑肥利用で地力窒素が増加する。
生物性の改善：微生物相が多様化し、病原菌の繁殖を抑える。特定の有害線虫に対して抑制効果がある。

・土壌改良に用いられる主な緑肥作物

アウェナ ストリゴサ

ソルガム類

・線虫抑制効果のある緑肥作物

クロタラリア

ギニアグラス

■作業の省力化、環境保護

　茎葉による被覆効果やアレロパシーにより雑草の発生を抑えるので、除草・耕起作業が低減できる。間作や混作による敷きワラやマルチ効果、防風やドリフト防止効果が得られる。土着天敵を増殖させるので、害虫防除の助けになる。

・敷きワラ、マルチ効果のある緑肥作物

大麦

小麦

・ドリフト防止、防風に利用される緑肥作物

ソルガム類

ライ小麦

■環境保全

　根張りや作物の被覆効果により、表土の流亡や飛砂を防ぐ。遊休農地の地力維持や環境保全として利用される。

・景観形成で利用される緑肥作物

ヒマワリ

菜の花

3. 主な効果と適する緑肥作物

1）土壌改良効果と線虫抑制効果

特定の有害線虫の密度を積極的に低下させる線虫対抗作物を輪作体系に取り入れることで、有害線虫を耕種的に防除するのと同時に、土壌の物理性、化学性、生物性の改善が期待される。

表2. 主な線虫対抗作物

線虫名	線虫対抗作物				
	アウェナストリゴサ	ソルガム類	ギニアグラス	クロタラリアスペクタビリス	クロタラリアジュンシア
サツマイモネコブ		◉	◉	◉	◉
ジャワネコブ			◉	◉	●
アレナリアネコブ				◉	
キタネコブ	●		●	◉	
キタネグサレ	◉		●	▲	
ミナミネグサレ				◉	
クルミネグサレ		●		●	
ナミイシュク				◉	

◉：特に効果あり　●：効果あり　▲：やや効果あり

表3. 線虫と主な被害作物

線虫名	主な被害作物
サツマイモネコブ	キュウリ、スイカ、メロン
ジャワネコブ	キャベツ、タバコ、バレイショ
アレナリアネコブ	キュウリ、トマト、ナス
キタネコブ	テンサイ、ラッカセイ、タマネギ
キタネグサレ	ダイコン、ニンジン、レタス
ミナミネグサレ	サトイモ
クルミネグサレ	イチゴ
ナミイシュク	ツツジ類

・すき込み作業例

ロータリーによるすき込み

プラウによるすき込み

アウェナ ストリゴサ

学名：*Avena strigosa* Schreb.　　　英名：Black Oats

● 主な効果・特性

　キタネグサレセンチュウの密度を抑制する。また、アブラナ科作物の根こぶ病菌密度低減効果、キスジノミハムシ被害の低減効果がある。

● 作型

　冷涼地は、4〜9月に播種する。中間地は、3〜5月の春まき、8〜9月の晩夏まき、10〜11月の秋まきが適する。

● 栽培上の留意点

　耐寒性にやや劣るので、冷涼地では年内にすき込む。中間地、暖地での秋まきはまき遅れに留意する。

ソルガム類

学名：*Sorghum bicolor*(L.)Moench.　　英名：Sorghum　　　和名：モロコシ

● 主な効果・特性

　主にソルガムスーダン（ソルゴー型ソルガムとスーダングラスのF_1品種）が用いられる。収量が多いので多量の有機物を土壌中に還元できる。品種によりサツマイモネコブセンチュウの密度抑制効果がある。

● 作型

　冷涼地では5〜7月播種、中間地では4〜8月播種が適する。

● 栽培上の留意点

　低温、霜に弱いので留意する。

ギニアグラス

学名：*Panicum maximum* JACQ.　　英名：Guineagrass

●主な効果・特性

　サツマイモネコブ、ジャワネコブ、キタネコブ、センチュウに対し密度を抑制する効果が高い。根系は深く、密な繊維根を持つ。耐乾性は強いが、耐湿性に劣る。

●作型

　冷涼地では6～7月播種、中間地では5～7月播種が適する。

●栽培上の留意点

　極端な早まきなど地温が不足すると発芽が不安定になるので留意する。

クロタラリア

学名：*Crotalaria spp.*　　英名：Crotalaria

●主な効果・特性

　クロタラリア属には多くの種類があるが、スペクタビリス（*C.spectabilis*）、ジュンシア（*C.juncea*）が緑肥として用いられる。スペクタビリスは、サツマイモネコブ、ジャワネコブ、アレナリアネコブ、キタネコブ、ミナミネグサレセンチュウの密度を抑制する。ジュンシアは、サツマイモネコブセンチュウに対し抑制効果がある。

●作型

　スペクタビリスは、中間地で5～7月、ジュンシアは、中間地で4～8月播種が適する。

●栽培上の留意点

　スペクタビリスは、生育に高温を必要とする。ジュンシアはネグサレセンチュウが増えるので留意する。

2）主作物の乾燥防止・防草用（リビングマルチ）

　主作物の生育期間中、畦間や通路に他の作物を同時に栽培する。雑草抑制、地温抑制、乾燥防止、敷きワラの代替効果に加え、草種、品種を選ぶことで害虫被害を低減する効果も期待できる。主には草丈の低いマメ科作物（クローバ類やベッチ類）や秋まき性の高い麦類（大麦、小麦）が利用される。

オオムギ

学名：*Hordeum vulgare* L.
英名：Barley
和名：オオムギ

コムギ

学名：*Triticum aestivum* L.
英名：Wheat
和名：コムギ

● 主な効果・特性
　オオムギ：生育旺盛で初期生育がよく土壌被覆が早い。春～夏に播種し約30～60日で枯れ始める。
　コムギ：夏以降も枯れないので、緑度を保持したまま被覆効果がある。
● 作型
　中間地：4～6月、冷涼地：5～7月に播種する。
　オオムギは、中間地での4月播種でおよそ60日後に、6月播種でおよそ50日後に枯れ始める。
● 栽培上の留意点
　極端な早まきは部分出穂しやすく、越冬させると出穂するので留意が必要である。

ヘアリーベッチ

学名：*Vicia spp.*
英名：Vetches

● 主な効果・特性
　生育は旺盛であり、アレロパシー効果により雑草を強く抑制する。開花後は自然に枯れ、敷きワラ状になり雑草抑制効果が持続する。
● 作型
　中間地で9～11月、冷涼地で9～10月の播種が適する。

3）防風、ドリフト防止

　2006年より導入されたポジティブリスト制により、近接作物への農薬ドリフトの防止が必要とされている。農薬使用基準の遵守やドリフト低減ノズルの使用と併せて障壁作物を利用することで農薬ドリフトを防止する手段の一つとして利用できる。

ソルガム類

学名：*Sorghum bicolor*(L.)Moench　　英名：Sorghum　　和名：モロコシ

●主な効果・特性
　ソルガム類の中でソルゴー型ソルガムとソルガムスーダン（ソルゴー型ソルガムとスーダングラスのF₁品種）が用いられる。
　春～夏まきで初期生育が早く、倒伏に強い。草丈は短いものが1m程度、長いものは3m以上になる。

●作型
　中間地で5～8月、冷涼地では5～7月の播種が適する。播種から2～3カ月後に効果を示す。

●栽培上の留意点
　発芽、生育には約15℃以上の温度が必要である。また、霜に弱いので留意する。

高さ比較

ソルガムスーダン←　｜　→ソルゴー型ソルガム

ライムギ（ライコムギ）

学名：*Secale cereale* L.　　英名：Rye　　和名：ライムギ

●主な効果・特性
　ライムギは、耐寒性、耐雪性に優れ、草丈が高い。ライコムギは、ライムギとコムギの交雑種で、ライ麦の耐寒性と小麦の耐倒伏性を併せ持つ。

●作型
　温暖地で9～11月、寒地で9～10月の播種が適する。翌春に効果を示す。

●栽培上の留意点
　暑さに弱いので留意する。

4）景観形成、地力維持

なたね（菜の花）

学名：*Brassica napus* L.
英名：Rape
和名：なたね、アブラナ

●主な効果・特性

春の代表的な景観緑肥作物である。水田裏作での導入は水稲作の雑草抑制効果が期待できる。

●作型

中間地で9～11月、冷涼地で9～10月の播種が適する。翌春に開花する。

ヒマワリ

学名：*Helianthus annuus* L.
英名：Sunflower
和名：ヒマワリ

●主な効果・特性

生育が早く、草丈は2～3mになり、耐倒伏性である。収量が多いので多量の有機物を土壌中に還元できる。

●作型

中間地で5～8月、冷涼地で5～7月の播種が適する。約60～90日で開花する。

れんげ

学名：*Astragalus sinicus* L.
英名：Chinese milk vetch
和名：レンゲ

●主な効果・特性

窒素固定作用があり、すき込み後、土壌を肥沃にする。

●作型

中間地で9～11月、冷涼地で9～10月の播種が適する。翌春に開花する。

Ⅲ. 緑化作物

緑化作物の用途

芝

　国内で利用される芝は、暖地型草種（夏芝）と寒地型草種（冬芝）とに大別でき、利用地域によって適する草種が異なる。暖地型草種は暖かい地域に適し、沖縄県などでは暖地型草種だけで1年中緑を保つことができる。寒地型草種は寒冷な地域に適しており、北海道などでは寒地型草種のみで一年中緑を保つことができる。

　芝のほとんどはイネ科牧草と共通の草種であり、長く伸ばすなら牧草・緑化植物、短く刈り込めば芝生となり、同じ草種でも牧草用と芝生・緑化用にそれぞれ品種改良が進んでいる。芝生用品種は利用目的（ゴルフ場、競技場、公園、校庭など）によって適する品種が異なり、かつ利用する地域、管理方法（刈り込み頻度及び刈高等）によっても適する品種が大きく異なるため、それぞれの場面で適切な品種が選定されている。

ゴルフ場の芝

校庭・園庭の芝

法面緑化・畦畔保全

　法面・畦畔の風雨による侵食対策として、植物の種子を吹付け、緑化し、植物の根で侵食を防止する。植生を維持するために、寒さ、暑さ、日陰、乾燥、過湿、塩類集積などの様々な過酷な条件下で生育する環境適応性を持った草種が選定される。

法面の緑化植物

畦畔のセンチピードグラス

1）たねをまく芝（寒地型草種）

トールフェスク

学名：*Festuca arundinacea Schr.*
英名：Tall fescue
和名：オニウシノケグサ

●生理生態特性
　寒地型草種の中では暑さ・乾燥に強い。葉幅が広く粗剛だが、擦り切れ・踏圧に強く、土壌や気象に対する適応性が広い。ゴルフ場、冷涼地におけるスポーツターフに用いられている。

●作型
　播種は、温暖地では春まき3月～6月、秋まき8月下旬～10月、寒冷地では5月～8月に行う。

●栽培上の留意点
　播種後数年経過すると株化しやすいので、定期的な追いまきが必要。

ペレニアルライグラス

学名：*Lolium perenne* L.
英名：Perennial ryegrass
和名：ホソムギ

●生理生態特性
　発芽初期生育が非常に早く、暑さに弱い。南東北以南では、芝生を冬期も美しい緑にするため、秋に暖地型芝生の上に播種されている（ウインターオーバーシード）。春～夏に暖地型草種へ切り替えやすくするために、暑さに弱く改良された品種が用いられている。寒冷地では暑さに強く改良された品種がゴルフ場、スポーツターフに用いられる。

●作型
　播種は、温暖地では春まき3月～5月、ウインターオーバーシード9月中旬～11月上旬、寒冷地では5月下旬～8月に行う。

●栽培上の留意点
　いもち病の心配があるため、ウインターオーバーシードは平均気温が24℃以下になってから行う。

ケンタッキーブルーグラス

学名：*Poa pratenisis* L.
英名：Kentucky bluegrass
和名：ナガハグサ

●生理生態特性
　発芽、初期生育が非常に遅いが、生長すると地下茎によって繁殖し、ち密で丈夫なターフになる。土壌凍結に耐えられるほど寒さに強く寒冷地の公園、ゴルフ場、スポーツターフで利用されている。

●作型
　播種は温暖地では、春まき3月～6月、秋まき8月下旬～10月、寒冷地では5月～8月に行う。

●栽培上の留意点
　発芽、初期生育が非常に遅いため、苗を生産して張り替えて利用される場合もある。

2）苗で植える芝（暖地型草種）

ノシバ

学名：*Zoysia japonica* Steud.
英名：Japanese lawn grass、Zoysia grass
和名：シバ

●生理生態特性
　北海道南部から沖縄まで広く自生している在来種。葉幅は粗く、土壌をあまり選ばず、比較的管理が容易。さまざまな改良種が開発されている。河川の堤防、公園の広場、ゴルフ場のラフなどに使用されている。また、種子も流通しており緑化工事などに用いられている。

●作型
　播種する場合は、温暖地では、春まき5月～7月、寒冷地では6月～7月に行う。苗を植える場合は9月～6月に行う。

●栽培上の留意点
　葉幅が広く、葉の密度が荒いので、ち密さを求める場合にはコウライシバを用いる。踏圧・利用が多い場所には適さない。

コウライシバ

学名：*Zoysia matrella* (L.) Merr.
英名：Manila grass、Mascarene grass
和名：コウライシバ

●生理生態特性
　東北以南に自生しており、公園・ゴルフ場フェアウェイ・一般家庭などに利用されている。ノシバよりきめ細かく美しい。栄養繁殖性で種子の流通がない。さまざまな改良種が開発されている。

●栽培上の留意点
　庭芝としてポピュラーな草種。踏圧・利用が多い場所には適さない。

ティフトン（ハイブリッドバミューダグラス）

学名：*Cynodon dactylon* (L.) Pers.
英名：Tifton
和名：ティフトン

●生理生態特性
　バミューダグラスから芝生用として改良されたもので、バミューダグラスは種子繁殖性であるのに対し、ティフトンは栄養繁殖により増殖する。ほふく茎、地下茎を有し、水平方向への繁殖力が非常に強いので、踏圧・擦り切れからの回復が速い。南東北以南のサッカー場など各種競技場、校庭などに利用されておりウインターオーバーシードのベース芝として最適。

●栽培上の留意点
　耐陰性に劣り、日陰地には適さない。養分要求度が高いため、施肥を多めに行う必要がある。

7章　飼料・緑肥・緑化作物

3）法面緑化、畦畔保全

クリーピングレッドフェスク

学名：*Festuca rubra var.genuina* Hack.
英名：Creeping red fescue
和名：ハイウシノケグサ

●生理生態特性
　土壌や気象に対する適応性が広く、緑化工事の土壌保全として幅広く利用されている。耐寒性に優れ北海道では芝生利用もされている。葉は針状で細く、生長すると地下茎を持つ。

●作型
　播種は温暖地では春まき3月～6月、秋まき8月下旬～10月、寒冷地では5月～8月に行う。

●栽培上の留意点
　暑さに弱いので、関東以西で利用する場合は他の草種と混合して利用する。

ケンタッキーブルーグラス

学名：*Poa pratenisis* L.
英名：Kentucky bluegrass
和名：ナガハグサ

●生理生態特性
　発芽、初期生育が非常に遅いが、生長すると地下茎によっても繁殖する。寒地型草種の中では暑さに強い。

●作型
　播種は温暖地では、春まき3月～6月、秋まき8月下旬～10月、寒冷地では5月～8月に行う。

●栽培上の留意点
　発芽、初期生育が非常に遅いため、他の草種と混合して利用する。

センチピードグラス

学名：*Eremochloa ophiuroides* Hack.
英名：Centipede grass
和名：ムカデシバ

●生理生態特性
　寒さに弱く、南東北以南で利用可能。草丈が低く、地上ほふく茎が旺盛に出て雑草抑制効果が高いことから、水田畦畔に利用されている。

●作型
　播種は温暖地では5月～7月に行う。

●栽培上の留意点
　発芽、生長が非常に遅いため定着するまでしっかりと管理を行う。

IV. 主要な飼料・緑肥・緑化作物草種一覧表

用途		草種名	gあたり粒数（粒）	10aあたり播種量（kg）	播種適性 春まき	播種適性 秋まき	特性 耐寒性	特性 耐湿性	特性 耐暑性	特性 耐旱性	牧草 採草・青刈	牧草 採草・サイレージ	牧草 採草・乾草	牧草 放牧	緑肥	緑化
飼料作物	イネ科牧草	チモシー	2,500	2〜3	○	○	◎	○	×	△	○	○	◎	○		
		オーチャードグラス	1,300	2〜3	○	○	○	○	○	◎	○	◎	◎	○	○	△
		イタリアンライグラス	350	2〜3	○	○	○	◎	×	○	◎	◎	○	○	○	△
	イネ科飼料作物	トウモロコシ	3	2〜3	○		×	○	◎	○	◎	◎				
		ソルガム	50	3〜4	○		×	○	◎	◎	○	◎			◎	
		スーダングラス	65	4〜5	○		×	○	◎	◎	○	○		○		
		エンバク	20	6〜8	○		×	○	×	○	○	○			◎	
		ヒエ	350	3〜4	○		×	◎	○	○	◎	○		○		
	マメ科牧草	アカクローバ	600	1〜2	○	○	○	○	△	○	○	○	○	○	○	△
		シロクローバ	1,500	1〜2	○	○	◎	○	○	○	○	○	△	◎	○	△
		アルファルファ	450	2〜3	○	○	◎	×	○	◎	○	◎	◎	×	○	
緑肥	線虫抑制	アウェナ ストリゴサ	50	10〜15	○	○	○	○	×	○					◎	
		ソルガム類	50	4〜5	○		×	○	◎	◎					◎	
		ギニアグラス	1,000	1〜2※3	○		×	○	◎	◎					◎	
		クロタラリア	25	5〜6	○		×	△	◎	◎					◎	
	リビングマルチ	オオムギ	25	3〜5	○		◎	×	×	◎	○	◎		○	◎	
		コムギ	20	3〜5	○		◎	×	○	◎					◎	
		ヘアリーベッチ	25	3〜4	○		○	○	○	○	○	△	△	×	◎	
	防風 ドリフト防止	ソルガム類	50	1	○		×	○	◎	◎	◎				◎	
		ライコムギ	20	1		○	◎	×	×	○					◎	
	景観形成	なたね（菜の花）	280	2		○	◎	○	○	○					◎	○
		ヒマワリ	15	2〜3	○		△	○	◎	○					◎	
		れんげ	300	3〜4		○	◎	○	×	△	◎	○	○	×	◎	
				㎡当たり播種量（g）												
緑化	たねをまく芝	トールフェスク	400	15〜20	○	○	○	○	○	◎				○		◎
		ペレニアルライグラス	500	10〜80	○	○	○	◎	×	△				○		◎
		ケンタッキーブルーグラス	3,000	10〜40	○	○	◎	○	○	△						◎
	苗で植える芝	ノシバ	1,500※4	10〜25※4	○		◎	◎	◎	◎				△		◎
		コウライシバ	−	−			△	○	◎	◎						◎
		ティフトン	−	−			×	○	◎	◎						◎
	法面緑化 畦畔保全	クリーピングレッドフェスク	1,000	1〜2	○	○	◎	△	△	○				○		◎
		ケンタッキーブルーグラス	3,000	1〜2	○	○	◎	○	○	△					◎	◎
		センチピードグラス	1,300	10	○		△	△	◎	○					△	◎

※1 栽培地域により播種期が異なります。詳しくは本文を参照。　※2 用途、小区分内での相対評価。　※3 コート種子　※4 種子による造成の場合

巻末関係資料

Ⅰ. 種苗関連組織・法令・制度等

1. 種苗関連国際組織

(1)国際種子連盟（ISF ＝ International Seed Federation）

　ISF は、2002 年 5 月に種苗業界団体の FIS（Fédération Internationale du Commerce des Semences）と植物育種家団体 ASSINSEL（Association Internationale des Sélectionneurs pour la Protection de Obentions Végétales）が合併して発足した非政府機関、非営利団体の組織である。

　メンバーは、世界の 70 か国以上から、正会員である各国種子協会のほか、準会員、賛助会員などとして種苗会社、国際研究機関などが参加している。

　ISF は、持続的な農業と食料安全保障を支援しつつ、全ての人が最高品質の種子にアクセスできる世界の実現をビジョンとして掲げ、地球規模での種子の移動に最適な環境を創造し、植物育種と種子の技術革新を推進することを使命としている。

　ISF は自らの活動について、以下の事項を掲げている。

・世界的レベルで種苗業界の利益を代表する非政府機関、非営利団体の組織であること
・食料安全保障及び持続的な農業に対する会員の貢献についての認識を高めること
・農民、栽培業者、産業界、消費者のそれぞれに利益を供給しつつ、公正でかつ科学的根拠に基づく枠組みの中で種子の自由な移動を容易にすること
・種子、植物品種及び種子関連技術についての知的財産権の確立と保護を推進すること
・国際レベルでの売り手と買い手の間の契約関係の明確化と標準化のため、種子の取引や技術使用許諾についての規則を公表すること
・調停、和解や仲裁により紛争を解決すること
・イベントの開催を通じて協力と協同を進め、種苗業界関係者が課題を認識し、戦略的思考を刺激して共通的な立場をとることができるようにすること
・世界の種苗産業に影響を及ぼしうる国際的な協定、条約や約束についての責任を有する機関と協力して活動すること

　また、ISF は、経済協力開発機構（OECD）、植物新品種保護国際同盟（UPOV）、国際植物防疫条約（IPPC）、国連食糧農業機関（FAO）、生物多様性条約（CBD）及び世界知的所有権機関（WIPO）といった国際機関及び政府間組織において、種苗業界を代表する組織として参画している。

(2)アジア・太平洋種子協会（APSA ＝ Asia & Pacific Seed Association）

　アジア・太平洋種子協会は、アジア及び太平洋沿岸の各国を中心に 1994 年に設立された非政府機関、非営利団体の種苗業者組織であり、各国の政府機関も会員となっている。

　栽植に使用する農業種子と園芸種子について品質の高い種子の取引と生産の改善を行うことを使命としており、以下の目的を掲げている。

・種子政策問題について推奨するために、地域的なフォーラムを開催
・地域における種苗業者間の技術的、経済的協力への刺激付与
・育種、生産、精選、品質管理、開発などに関する種々の種子情報の組織的な交換
・FAO、IFS、ISTA、UPOVなどとの関係維持

— 204 —

APSA の組織は、組織運営に責任を持つ理事会（Executive Committee）のほか、常任委員会（Standing Committee）、部会（Special Interest Group）がある。

例年 11 月に総会を含む大会が開催され、アジア、オセアニア、アメリカに加え欧州からも参加している。

（3）国連食糧農業機関（FAO = Food and Agriculture Organization of the United Nations）

人類の栄養及び生活水準を向上し、食糧及び農産物の生産、流通及び農村住民の生活条件を改良し、もって拡大する世界経済に寄与し、人類を飢餓から解放することを目的に 1945 年に、34 ヵ国の署名によりスタートした。本部はイタリアのローマにある。

加盟国は 194 ヵ国・地域（2017 年現在）となっており、活動内容は食糧・農業に関する国際的な検討の場の提供、世界の農林水産物に関する調査分析及び情報の収集・伝達、開発途上国に対する助言、技術協力の実施などを行っている。

国際植物防疫条約（IPPC = International Plant Protection Convention）及び食料農業植物遺伝資源条約（ITPGRFA = International Treaty ）は FAO の下に位置づけられている。

① IPPC

IPPC は、植物に有害な病害虫が侵入・まん延することを防止するために、加盟国が講じる植物検疫措置の調和を図ることを目的として 1952 年 4 月に発効し、現在 183 か国・地域が加盟している。事務局は FAO 本部（ローマ）に置かれ、加盟国が実施する植物検疫措置に関する国際基準（ISPM）の策定、技術協力の実施、病害虫に関する情報交換などを行っている。

種子の国際移動に関する国際基準（ISPM38）が、2017 年 4 月に採択されている。

② ITPGRFA

1983 年の FAO 総会は、植物遺伝資源は人類の遺産であり、その所在国のいかんにかかわらず世界中の研究者などが制限なく利用することができるようにすべきであるとの考え方に基づく決議「植物遺伝資源に関する国際的申合せ」を採択した。この国際的申合せに基づき、世界各国から収集した遺伝資源を大量に保有している国際農業研究センターが FAO と取決めを結んだ上で、内外の研究者などに対しその保有する植物遺伝資源を提供してきた。

一方で、1993 年に発効した生物多様性条約（CBD）では、各国が自国の天然資源に対して主権的権利を有することが確認され、遺伝資源の取得の機会の提供は当該遺伝資源が存する各国の国内法令に従って決定されることとなった。これに伴い、FAO の国際的申合せに基づく無制限の植物遺伝資源の提供が、CBD に定める原則（天然資源に対する各国の主権的権利）に矛盾する可能性が指摘されるようになった。

このため、このような矛盾を未然に防ぐために、1993 年の FAO 総会において国際的申合せの見直しが決議され、「食料及び農業のための遺伝資源に関する委員会」（1983 年に FAO 総会の下に設置）における見直し交渉の過程において、食料及び農業のための植物遺伝資源の取得の機会の提供については、それが存在する国の国内法令に基づく個別の合意を不要とするため、CBD の適用から除外するための条約として作成することとされ、2001 年 11 月にローマで開催された FAO 総会において ITPGRFA が採択された。

2004 年 6 月に本条約は発効し、事務局は FAO 本部（ローマ）に置かれている。

日本は、2013 年に加盟し、同年 10 月に本条約が日本でも効力を発生することとなった。なお、CBD に加盟していない米国も本条約には 2017 年に加盟した。

（4）UPOV（植物新品種保護国際同盟、The International Union for the Protection of New Varieties of Plants）

UPOV は、植物の新品種保護に関する政府間の国際会議が 1961 年に開催されたことを受けて 1967 年に発効した条約により設立され、本部をスイスのジュネーブに置いている植物の新品種保護に関する政府間の国際同盟である。

2017 年現在、加盟しているのは 74 か国・地域となっている。

UPOV の活動内容は大きく分けて二つあり、①品種審査の調和（具体的には、植物新品種の審査に関して加盟国間の調和の達成のためのガイドラインを作成、条約解釈などの法律的問題の検討、勧告）、②審査協力の推進、行政手続の調和、情報交換及びその他の活動となっている。

1972 年、1978 年及び 1991 年に UPOV 条約が改正されたが、特に 1991 年条約では、バイオテクノロジーの進展や種苗の国際流通の増加に伴い、育成者の権利の強化及び対象植物の全植物への拡大など、大幅な改正が行われた。

2. 種苗関連国際条約

（1）ワシントン条約（CITES = Convention on International Trade in Endangered Species of Wild Fauna and Flora）

野生の動植物は現在及び将来の世代のために保護されなければならない。これらの動植物は地球の自然を構成するかけがえのない要素であることを認識し、その滅亡や減少は自然環境に多大な影響を及ぼし、自然界のバランスを失わせる。

人工的に作り出すことの出来ない自然環境において、動植物の絶滅を回避し、生物の多様性を保全するために、野生生物の国際取引の規制が求められ、1973 年にアメリカのワシントンにおいて「絶滅の恐れのある野生動植物種の国際取引に関する条約」が採択された。これがワシントン条約であり、日本は 1980 年 8 月にこの条約を批准した。

ワシントン条約では、国際取引が規制される野生動植物の種類を「付属書 I ～ Ⅲ」に区分している。付属書 I には現在約 1000 種が含まれ、国際取引により絶滅の恐れが生じている種としてオランウータン、ゾウ、サボテン類、ラン類、アロエ類などが入っており、原則的に商業取引が禁止されている。

付属書 Ⅱ には現在約 34,000 種が含まれ、国際取引を規制しないと今後絶滅の恐れが生じる種で、タテガミオオカミ、カバ、サボテン科全種、アロエ属全種、ラン科全種などが含まれ、商業取引には輸出許可証が必要となっている。

付属書 Ⅲ には現在約 300 種が含まれ、セイウチ（カナダ）、ワニガメ（米国）、タイリクイタチ（インド）、サンゴ（中国）など、各国が自国内での保護のために他国の協力を得て国際取引を規制したいと考える種で、商業取引には輸出許可証または原産地証明書が必要である。

（2）生物多様性条約（CBD = Convention on Biological Diversity）

生物多様性は人類の生存を支え、人類に様々な恵みをもたらすものであり、生物に国境はないことから、特定の国・地域だけではなく世界全体で生物多様性保全の問題に取り組むことが重要である。このため、生物多様性の保全、生物多様性の構成要素の持続可能な利用及び遺伝資源の利用から生ずる利益の公正かつ衡平な配分を目的として 1992 年 5 月に「生物多様性条約」が作られ、先進国の資金により開発途上国の取組を支援する資金援助の仕組みと、先進国の技術を開発途上国に提供する技術協力の仕組みにより、経済的・技術的な理由から生物多様性の

保全と持続可能な利用のための取組が十分でない開発途上国に対する支援が行われることになっている。また、生物多様性に関する情報交換や調査研究を各国が協力して行うことになっている。

日本は1993年5月に批准しており、同年12月に本条約が発効している。

①カルタヘナ議定書

生物多様性条約では、生物多様性に悪影響を及ぼすおそれのあるバイオテクノロジーによる遺伝子組換え生物（Living modified organism; LMO）の移送、取り扱い、利用の手続きなどについての検討も行うこととされ、これを受けて2003年に、遺伝子組み換え作物などの輸出入時に輸出国側が輸出先の国に情報を提供、事前同意を得ることなどを義務づけた国際協定、バイオセーフティーに関するカルタヘナ議定書（カルタヘナ議定書、バイオ安全議定書）が発効した。なお、カルタヘナの名は、コロンビアのカルタヘナでこの議定書に関する最初の会議が開催されたことに由来する。

日本ではこれに対応するための国内法として遺伝子組換え生物などの使用などの規制による生物の多様性の確保に関する法律（遺伝子組換え生物等規制法、カルタヘナ法（従来の組換えDNA実験指針に代わるもの））が制定され2004年に施行された。また2018年の改正では、遺伝子組換え生物等の違法な使用等により生物多様性を損なう等の影響が生じた場合、その回復を図るための必要な措置をとることを命ずることができると定められた。

②名古屋議定書

生物多様性条約では、伝資源の取得の機会（Access）とその利用から生ずる利益の公正かつ衡平な配分（Benefit-Sharing）が生物多様性の重要課題の一つであり、Access and Benefit-Sharingの頭文字をとってABSと呼ばれている。「遺伝資源の利用から生ずる利益の公正かつ衡平な配分」は条約の三つ目の目的に位置づけられ、条約第15条において遺伝資源の取得の機会に関して規定されている。

ABSの着実な実施を確保するための手続きを定める国際文書として、2010年10月に愛知県名古屋市で開催された生物多様性条約第10回締約国会合（COP10）において「名古屋議定書（正式名称：生物の多様性に関する条約の遺伝資源の取得の機会及びその利用から生ずる利益の公正かつ衡平な配分に関する名古屋議定書）」が採択された。

本議定書は、2014年10月に発効したが、日本は2011年5月に名古屋議定書に署名して以降、遺伝資源の利用実態及び他国の措置内容を踏まえて国内措置について検討を行い、2017年5月に「遺伝資源の取得の機会及びその利用から生ずる利益の公正かつ衡平な配分に関する指針」（ABS指針）が国会で承認され、その後8月20日に名古屋議定書が日本国内での効力を生じることになった。

ABS指針は、提供国法令の遵守の促進に関する措置及び利益を生物多様性の保全などに充てるなどの遺伝資源へのアクセスと利益配分（ABS）の奨励に関する措置を講ずることにより、提供国などからの信頼を獲得し遺伝資源を円滑に取得できるようにすることで、我が国国内における遺伝資源に係る研究開発の推進に資するものであり、提供国から我が国に持ち込まれた遺伝資源の適切な利用を促進するものとなっている。名古屋議定書締約国から議定書の枠組みに則って遺伝資源を取得した際には、環境大臣への報告が必要である。

3. 種苗関連国内法

（1）植物防疫法

　国際貿易による植物の移動に伴い病害虫が侵入し、農業生産に大きな被害が生じるのを防ぐために、各国とも植物検疫制度を設けている。わが国では1914（大正3）年「輸出入植物取締法」が制定されたのが最初である。一方で第2次世界大戦以前は、国内における農業生産に大きな被害を及ぼす重要病害虫に対しては、1896（明治29）年に制定された「害虫駆除予防法」があり、効果をあげてきた。戦後になり、これらの海外からの病害虫の侵入防止と、国内の重要病害の予察・防除の問題を一括して取り扱う「植物防疫法」が1950（昭和25）年に制定された。その後、幾度か改正が行われて現在に至っている。

　近年、温暖化等による気候変動、人やモノの国境を越えた移動の増加等に伴い、有害動植物の侵入・まん延リスクが高まっている一方で、化学農薬の低減等による環境負荷低減が国際的な課題となっているほか、国内では化学農薬に依存した防除により薬剤抵抗性が発達した有害動植物が発生するなど、発生の予防を含めた防除の重要性が高まっている。また、農林水産物・食品の輸出促進に取り組む中で、植物防疫官の輸出検査業務も増加するなど、植物防疫をめぐる状況が複雑化していることに対応して、有害動植物の国内外における発生の状況に対応しつつ植物防疫を的確に実施するため、植物防疫法の一部を改正する法律が令和4年4月22日に成立、5月2日に公布され、令和5年4月1日から施行されたところである。

　この法律の目的は第1条に書かれているように、輸出入植物及び国内植物を検疫し、並びに植物に有害な動植物を駆除し、及びそのまん延を防止し、もって農業生産の安全及び助長を図ることである。

　植物防疫法が扱っている事項は、国際植物検疫、国内植物検疫、緊急防除、指定有害動植物の防除、都道府県の防除の各項である。これらのうち、一般の人に一番関係してくるのは、国際植物検疫である。病害虫は新しく侵入した場所では、天敵の不在などもあり、爆発的に被害を拡大し、産業に大きな影響を与える。そのためどの国も国際検疫には力を注いでおり、一般的に土のついたものはどの国でも輸入禁止となっている。現在、輸入が禁止されている植物、栽培地検査が必要な植物、病害虫については、植物防疫法施行規則（農林水産省令）の別表としてまとめられている。

　別表一は、検疫有害動植物についてまとめたもので、従来は個別の有害動植物名をリスト化されていなかったが、現在ではまん延した場合に有用な植物に損害を与えるおそれがあることが明らかであるものについて順次ポジティブリスト化されてきており、数年ごとに改正が重ねられてきている。

　別表一の二は、その栽培地において検査を行う必要があるものについてまとめられており、ミカンクロトゲコナジラミ、トマトキバガ、コロンビアネコブセンチュウ、テンサイシストセンチュウ、バナナネモグリセンチュウ、サドンオークデス病菌、エンドウ萎ちょう病菌などの病害虫が指定されている。

　別表二には、輸入禁止地域、植物及び対象検疫有害動植物がまとめられており、チチュウカイミバエをはじめとするリスクの高い病害虫を対象として地域・植物に分けて指定されている。

　このほか、国内における病害虫の防除に大きく貢献している発生予察事業については、都道府県の防除として規定されている。さらに、一定の条件を満たさない場合に輸入禁止となるものが別表二の二に記載されており、この中には種子や栽培の用に供する植物が多く含まれている。

また、令和4年の法改正により導入された輸出検査における登録検査機関について、検査に係る機械器具その他の設備の技術上の基準が、別表二の三から六により指定されている。

（2）農薬取締法

昭和20年代には食糧増産が強く求められていたが、その元となる各種農業資材の確保は極めて難しく、農薬についても品質の不良なものが多く流通していた。このような背景の下で優良な品質の農薬を確保・流通させるため、1948（昭和23）年に農薬取締法が制定された。その後、1963（昭和38）年、1971（昭和46）年、1993（平成5）年、1999（平成11）年、2000（平成12）年と順次改正が行われた。さらに、2002（平成14）年に無登録農薬（かつて登録されていたが失効したものを含む）が全国的に流通し使用されていたことが発覚して大問題となったことを受けて、無登録農薬の製造・輸入・使用の禁止（販売は従来から禁止）、農薬使用規準に違反する農薬使用の禁止、罰則の強化（販売者のみならず全ての使用者に対して適用）、特定農薬の規定の追加がなされた。

2018年（平成30年）12月に施行された現行の農薬取締法では、再評価制度が導入されるとともに、農薬原体が含有する成分に関する評価が導入され、その結果としてジェネリック農薬の登録申請が簡素化された。旧制度においては、農薬の登録の有効期間は3年とされ、登録から3年ごとに再登録を行う必要があったが、実際上は販売継続の意思確認を行うに過ぎなかった。法改正により、すべての登録農薬は、その有効成分ごとに、定期的（15年ごと）に再評価を受けなければならないこととされ、再評価においては、その時点における新規登録の申請と同等の審査が行われることとなった。これに加え、新しい科学的知見からみて必要な場合には、随時、登録の見直しが行える制度となり、農薬の安全性の一層の向上が図られている。なお、登録の有効期間が廃止されたため、再登録は不要となった。また、2020年（令和2年）4月からは、農薬の安全性に関する審査として農薬の使用者や蜜蜂、生活環境動植物に対する影響評価の充実が図られている。

なお、現行の農薬取締法の目的は、農薬について登録の制度を設け、販売及び使用の規制などを行なうことにより、農薬の品質の適正化とその安全かつ適正な使用の確保を図り、もつて農業生産の安定と国民の健康の保護に資するとともに、国民の生活環境の保全に寄与することを目的とするとされている。

（3）特許法

特許法とは、発明をした者に、出願の日から一定期間発明の独占を許すとともに、一定期間経過後はその発明を公衆に開放することによって、発明の保護と利用を図ることを目的とした法律である。わが国では、明治4年に専売略規則（太政官布告175号）が布告され、これがわが国初の特許法となった。特許権の存続期間は出願の日から20年である。

特許法は、特許を受けるための要件、出願手続、審査手続、特許権の効力などを定めている。発明をした者は、特許出願を行い、特許庁の審査官の審査を経た上で、特許権を得ることができる。特許権侵害などの争いを審査するのは、裁判所の裁判官である。

わが国特許庁の植物の審査基準では、植物自体の発明、植物の部分（例：果実）の発明、植物の作出方法の発明、植物の利用に関する発明、遺伝子工学による植物自体の発明などを保護対象にしている。分化していない植物の細胞及び組織培養は、微生物として取り扱っている。最近は、遺伝子組換え技術などにより種々の遺伝子などを組み込んだ新規植物の出願が増加している。

（4）製造物責任（Product Liability ＝ PL）法

　PL 法とは、製品の欠陥によって生命、身体または財産に損害を被ったことを証明した場合に、被害者は製造会社などに対して損害賠償を求めることができることを定めた法律である。具体的には、製造業者が自ら製造、加工、輸入または一定の表示をして引き渡した製造物の欠陥により他人の生命、身体または財産を侵害したときは、過失の有無にかかわらず、これによって生じた損害を賠償する責任があると定められている。

　PL 法でいわれる「製造」とは、一般に部品または原材料に手を加え、新たな物品を作ることをいい、また「加工」とは、動産を材料としてこれに手を加え、その本質を保持させながら新しい属性を付加し、価値を加えることをいう。

　未加工の種子や野菜などの農産物は、基本的には自然の力を利用し生産が行われ、自然条件下で収穫したものなので、この法では「製造物」にあたらない。一般的にいって、種子の発芽を良くするために、少し傷をつけるくらいでは「製造物」にはならないが、種子に農薬などを付着させる加工を行った場合には「製造物」となると考えられている。

　野菜などの形を変える程度の処理、例えば二つや四つに切るだけでは「加工」に該当せず、サラダ状に切って原形を留めない場合、長期保存のために何らかの処理をした場合は「加工」とみなされる。

　バイオテクノロジーを使い作られた農作物も、自然の力を利用して生産されるものであり、「製造又は加工」に該当せず PL 法の適用外と理解されているが、バイテクには自然の範囲を超えた工業的な手法が中心になっているものもあり、具体的問題については裁判の判例によることとなる。

（5）種苗法

　種苗法は、①国際的な品種保護制度を定めた UPOV 条約（植物の新品種の保護に関する国際条約）に沿った品種登録制度を設けて、農林水産植物の新品種を育成した者に一定の排他的独占権（育成者権）を与えることにより、品種の育成の振興を図ること、②指定種苗の表示に関する規制、生産などに関する基準の設定などを定めた指定種苗制度によって、種苗の流通の適正化を図ることの二つを目的としている。

　このうち品種保護制度は、農業の発展のためには、美味しい、病害虫に強い、少ない面積で多くの収量が得られるなどの特性の優れた品種が必要であり、このことは消費者にとっても、食料の安定供給や豊かな食生活の実現などで大きな利益をもたらすものである。しかしながら、植物の新品種を育成するためには、通常、多大な資金や労力を費やして、長期にわたって研究開発を行う必要があるが、品種の育成者が新品種の種苗の販売によって研究開発のコストを回収できなければ、苦労して新品種の育成をしても報われず、誰も新品種を育成しようとしなくなってしまう。このため、このように苦労して植物の新品種を育成した者に知的財産権の一つである育成者権を付与し、これを一定期間保護することにより、新品種の育成を保護することを目的としている。

　具体的には、新品種の育成者が、農林水産省に品種登録の出願を行い、品種登録を受けると育成者権が与えられ、原則として、育成者権を持っている者（育成者権者）以外の者は、登録された品種（登録品種）を無断で利用することができなくなる。登録品種を利用するためには、育成者権者の許諾を受けて許諾料を支払う必要があるが、一般に店頭で正規品の種苗を購入した場合には、種苗代金の中に許諾料が含まれている。また、正規品の種苗を購入した場合でも、その種苗を用いて増殖を行う場合には、別途、育成者権者の許諾が必要となる。

巻末関係資料

　なお、2020年（令和2年）の改正法により、輸出先国の指定（海外持ち出し制限）、国内の栽培地域指定（指定地域外の栽培の制限）、登録品種の表示の義務化が2021年（平成3年）4月から施行されるとともに、従来、育成者権が及ばなかった農業者の自家増殖についても2022年（平成4年）4月から育成者権者の許諾が必要となり、登録品種の利用による国内産地の保護も強化された。

　育成者権を侵害すると、著作権法などに基づく他の知的財産権の侵害の場合と同様に、民事での損害賠償請求や刑事罰（個人の場合：10年以下の懲役若しくは1千万円以下の罰金又はこれらの併科、法人の場合：3億円以下の罰金）の対象となるので、注意が必要である。

　一方、指定種苗制度は、種苗が外観による品種の区別や発芽率などの品質の識別が困難であることから、農業生産上重要と考えられる植物及び種苗の形態を指定し（指定種苗）、適正な表示などを種苗業者に義務付けることによって種苗の識別を容易にし、種苗の流通の適正化を図るとともに農家などの生産者を保護することを目的としている。

　具体的には、一定の種苗業者を届出制とした上で、全ての種苗業者に対し、指定種苗を販売する際に一定の表示を行う義務を課すとともに、種苗の生産者及び種苗業者に種苗の生産などに関する基準を遵守する義務を課し、指定種苗の表示義務に違反した場合の是正措置、検査態勢及び違反者に対する罰則について定めている。

　なお、種苗業者とは、「指定種苗の販売を業とする者」を指しており、この場合に営利を目的とするか否かは問われておらず、例えば、都道府県、種苗会社（個人企業）、販売を目的として指定種苗を生産する農家（個人）又は農業生産法人、JA、スーパー、ホームセンターなども該当するが、届出義務が課されない種苗業者として、①都道府県、②指定種苗を専ら種苗業者以外の者に販売することを業とする者が指定されており、いわゆる小売専業の種苗業者は届出が不要とされている。

4. 種苗関連制度・組織等

（1）有機農産物と種苗、JAS法

　「有機農産物」は、科学農薬、化学肥料及び化学土壌改良材を使用しないで栽培された農産物、及び必要最小限の使用が認められる化学資材（フェロモン剤、微量要素肥料など）を使用する栽培により生産された農産物で、化学資材の使用を中止してから3年以上を経過し、堆肥などによる土作りを行った圃場で収穫されたものである。「流通及び小売」の現場で、検査認証を受けた有機農産物・食品であるか否かは、「農林物資の規格化及び品質表示の適正化に関する法律」（改正JAS法）に基づいて表示される「有機JASマーク」によって判断される。また、種苗に関しては、圃場条件の基準、肥培管理の基準、有害動植物の防除基準及び輸送・選別・調製・洗浄・貯蔵・包装その他の工程に係る管理基準に適合する種苗（種子、苗、苗木、穂木、台木その他植物体の全部または一部で繁殖の用に供されるもの）を使用すること（通常その入手が困難な場合はこの限りでない）とされている。

（2）ジーンバンク

　新しい品種や新しい食料の開発には、その基礎となる生物が必要である。農林水産業、食品産業などの技術開発の基礎資源である生物遺伝資源を収集・保存・配布する業務を総称してジー

ンバンクという。日本では、国立研究開発法人農業・食品産業技術総合研究機構（農研機構）遺伝資源センターが生物全般におけるジーンバンクの業務を行っており、有用な生物遺伝資源（植物の種子や栄養体、動物の生殖質細胞、微生物など）を国の内外から広く収集し、増殖・保存し、特性評価を行い、依頼に応じて配布している。また、遺伝資源の有効利用を図るために、センターバンクと日本各地にあるサブバンクが分担して評価したデータは、来歴情報とともにデータベースを構築してユーザーに提供するようにしている。改良品種の急速な普及や自然破壊による生物多様性や貴重な遺伝子の喪失は世界的な傾向となっており、各国とも、在来品種など貴重な遺伝資源の探索収集・保存（相互交換による重複保存と危険分散を含む）や情報のネットワーク化を図っている。

（3）オール・アメリカセレクションズ（ALL-AMERICA SELECTIONS＝AAS）

AASは、1932年に米国で設立された非営利組織の機関で、1933年から北米において花及び野菜の審査会を今日まで続け、受賞品種のレベルの高さから、世界の中でも最も権威ある審査会の一つとして評価されている。

新品種の審査は、北米に広がり、主に種苗会社、大学及びその他の園芸関係研究機関などの試験地において行われ、それぞれのサイトでは園芸専門の審査員が無償で栽培し、厳正な評価をしている。

評価の仕方は、応募品種とその品種と最も類似していると考えられる市販品種との比較で、花の場合は新品種として望まれる品質、花色、草姿、香り、開花期間、耐病性など、野菜の場合は早生性、収量性、青果の味、果実の品質、収穫の難易、草姿、耐病性などを比較審査する。

各審査員が色々な作型で審査を行い、集計された平均点が最も高い応募品種に賞が贈られる。賞の種類としては、かっては金賞、銀賞、銅賞に分かれていたが、最近は入賞に統一され、その中で特に得点の高い応募品種のみに金賞が贈られている。

このようにして選ばれた受賞品種をAASは推奨し宣伝を行い、生産、流通の促進にも寄与している。

（4）フローロセレクト（Fleuroselect＝FS）

FSは1970年に設立された花に関する国際的組織で、スイスのベルンに本拠地がある。ヨーロッパの国を中心に、アメリカ、日本、台湾、イスラエル、南アメリカなど世界の大手種苗会社、育種者、種子の流通関係者など、76の行動的なメンバーで構成されている。

FSはAASと並んで世界で最も権威のある審査会の一つで、全欧各地で花の新品種の栽培及び審査を行い、優秀と認められる新品種に1989年までは、金賞、銀賞及び銅賞に区別して授与していたが、1990年以降は佳作賞（Quality Mark）のみとし、そのうち特に優秀と認められる品種に対して金賞（Gold Medal）を与えるようになった。

あわせて受賞品種に対しては、育成者の権利保護のために、メンバー間でお互いに勝手な増殖をしない旨の約束をしている。さらに、受賞した観賞用品種のプロモーションを行っている。

（5）種苗管理センター

種苗管理センターは、種苗法に基づく品種登録制度の運用や優良種苗の生産・流通を図ることなど種苗に関する業務を総合的に実施する機関として、1986（昭和61）年にそれまでの農林水産省傘下の馬鈴しょ原原種農場、茶原種農場、さとうきび原種農場及び種苗課分室を再編統合して設立された。

— 212 —

2001（平成13）年からは、中央省庁再編の一環として独立行政法人に移行し、本所（つくば市）のほか全国に12農場、1分場、1分室が設置された。その後、2016（平成28）年には、農研機構の中に位置づけられる形で組織再編が行われた。

主な業務は、品種登録制度に基づく登録出願品種の特性調査のための栽培試験、指定種苗制度に基づく流通種苗の品質などに関する検査指導を行うための種苗検査、馬鈴しょ、茶などの優良・無病の原原種・原種などの生産・配布のための優良種苗の生産及び配布、センターの行う業務の高度化、効率化を図るための調査研究、及び農研機構遺伝資源センタージーンバンク事業のサブバンクとしての栄養繁殖性作物の保存、種子の再増殖・特性調査などの業務を行っている。

（6）知的財産と知的財産権

知的財産とは、発明、考案、植物の新品種、意匠、著作物、その他の人間の創造的活動により生み出されるもの、商標、商号その他事業活動に用いられる商品または役務を表示するもの、及び営業秘密その他の事業活動に有用な技術上または営業上の情報をいう。

知的財産権とは、特許権、実用新案権、育成者権、意匠権、著作権、商標権その他の知的財産に関して法令により定められた権利または法律上保護される利益に係る権利をいう。

これらの権利の対象である発明、商標、著作物などは人間の創造的活動により生み出され、しかも物理的に支配できないという特徴を持っている。例えば、発明のようなアイデア自体は物理的に支配できないので、知的財産権については各法律で特別の保護規定などが設けられている。

なお、わが国では知的財産立国に向けて2002（平成14）年11月の通常国会で知的財産基本法が可決成立し、この法律第2条により「知的財産権」が定義されている。従来、知的所有権ともいわれていたが、この知的財産基本法により知的財産権と呼ぶことで統一された。

（7）グリーンアドバイザー

グリーンアドバイザーは、家庭園芸について消費者に対し花と緑を十分に楽しめるよう適切な指導、助言ができることを認定された者をいう。

公益社団法人の日本家庭園芸普及協会が行うグリーンアドバイザー認定制度によるもので、同協会が実施する講習を受講し、その後実施される認定試験に合格し、さらに同協会のグリーンアドバイザー登録簿に登録されてはじめてグリーンアドバイザーの称号が与えられ、認定される。

講習の受講資格者は、18歳以上で、①園芸業務に1年以上携わった実務経験のある者、②園芸関係の学校を卒業した者または講習の次年に卒業見込みの者、③園芸に関する地域活動の指導的役割を果たすなどの園芸に精通している者、④同協会会長が①から③までに掲げる者と同等であると認めた者となっている。

認定の有効期限は、認定を受けた日から5年を経過した年の12月31日までで、認定を更新しようとする者は、有効期限が終了することになる年において、原則として同協会が実施する講習を受講し、かつ、グリーンアドバイザー登録簿に登録をしなければならない。

登録者は特典として、グリーンアドバイザーの称号を使い、業務活動ができるほか、同協会関係の催事に優先的に参加することができる。

（8）国際種子検査証明書

海外に種子を輸出する場合、輸入国側から国際種子検査証明書を要求された場合の取得

方法については、日本では種苗管理センターが国際種子検査協会（International Seed Test Association=ISTA）により認証された検査所となっている。

検査内容は、発芽検査、純潔検査、含水率検査、異種種子粒検査、病害検査などで、それぞれ決められた国際検査技術マニュアルに従って検査される。

国際種子証明書には2種類あり、種苗管理センターの検査員が直接サンプルをとって検査を行うオレンジサーティフィケートと、検査の依頼者がサンプルをとって種苗管理センターで検査を行うブルーサーティフィケートがある。

（9）種子の純度検定方法と品種判定法

種子の純度検定は、F_1 採種した種子中に何らかの事由により F_1 化していない種子が混入していないかチェックするために実施するものである。検定手法としては、実際に圃場で栽培する方法のほか、より簡便・迅速に実施可能なアイソザイム（タンパク質）、DNA を用いた生化学的方法も用いられるようになってきている。

また、品種判定法に関しては、育成者権保護の観点などから、その同一性を判定する技術の確立が急がれている。その技術的な流れとしては、純度検定と同様に DNA 分析によるものが大きなウエイトを占めてくるものと考えられる。

しかしながら、DNA による判定は品種の「表現型」との関連が必ずしも十分でない面もある点に留意が必要である。

（10）国際健全種子推進機構（International Seed Health Initiative = ISHI）

種子の健全性（種子伝染性病原体に汚染されていないこと）は、以前は各国の種子検査機関、大学、種苗会社などでそれぞれ異なった方法で検査されてきた。そのため、検査結果の信頼性と精度において、あるいは経済性も含めて、統一性に欠けるという問題があった。ISHI は、このような状況に対処しつつ、種子の健全性を保証する検査法の国際統一基準を確立してこれらの問題解決を図ることを目的として、民間主導で設立されたものである。

国際種子連盟（ISF）に事務局が置かれ、野菜（ISHI-Vegetable）、穀物（ISHI-Field Crops）、牧草（ISHI-Herbage）に分かれて活動してきたが、最近は野菜分野のみの活動となっている。

ISHI においては、参加者が既報の種々の検査方法についての比較試験とその改良を行い、最善の検査方法を選定・作出する。ISHI により確立された検査法は、国際種子検査協会（ISTA）に送られ、その承認が得られれば ISTA 公認検査法として公表されることになる。

Ⅱ．種苗関連技術事項

（1）アレロパシー

植物が放出する天然の化学物質が、多の生物（植物、微生物、昆虫、小動物など）に阻害的あるいは促進的（共栄的）な何らかの影響を及ぼす作用のことを言う。他感作用と訳される。アレロパシーの原因となる化学物質を他感物質（アレロケミカル）と呼ぶ。雑草類の発芽生育抑制や病害虫忌避などの阻害現象だけでなく、コンパニオンプランツと言われるような相互に生育促進効果のある共栄関係、さらに寄生植物と宿主の間にも関与している。しかし、自然界では植物の

巻末関係資料

生育は光、水、栄養成分などによる要因も大きく、複合的であり、アレロパシーかどうかの識別が困難な場合も多い。競争とは区別されるべきもので、干渉作用の中に競争とアレロパシーが含まれると考えられている。

（2）EC

ECとは電気伝導度のことを指し、一般的に土壌中の塩類濃度の指標として使われる。一般的にECが高すぎる場合には濃度障害により作物の生育が阻害される。この場合はクリーニングクロップとして、ソルゴーなどの栽培を行い搬出すると土壌改良効果が高い。一方、低すぎる場合には堆きゅう肥施用を行うと良い。

（3）イングリッシュガーデン

英国の気候や風土、文化、歴史を反映した庭園で、英国の歴史とともにさまざまな変遷を見せる。フォーマルガーデン、コテージガーデン、ボーダーガーデンなど、いろいろなスタイルがあるが、そこには一貫して人と植物との深い関わりがある。植物への強い情けの表れであり、植物の持っている美しさを最大限引き立たすよう、その舞台を作り、デザインに配慮している。わが国の場合、近年のガーデニングブームでイングリッシュガーデンと呼ばれるのは、このうちの宿根草を多く使った自然風な植え込みをさすことが多い。また、日本向きにアレンジしたイングリッシュ風ガーデンといった場合もある。適材適所でバランス良く、しかも永続性のあるもので、それぞれが大株に育ち、境目をはっきり区切るのではなく連続したつながりを持たせ、周囲とも調和のとれた自然な景観を作り出すものである。

（4）ウイルスフリー苗

植物にウイルスが感染すると、葉に萎縮やモザイク症状が現れたり、収量や品質の低下などを引き起こす。ウイルスは種子伝染しない場合も多いので、種子繁殖性作物では特定の種子伝染性ウイルス病に感染しないよう注意をしておけばあまり問題は生じないが、種イモや挿し木、株分けによって繁殖する栄養繁殖性作物では、一度ウイルスに感染してしまうとウイルスの除去は困難であり、大きな問題を生じることになる。しかしながら、栄養繁殖性作物においても、バイオテクノロジーの茎頂培養法を利用することにより、ウイルスが感染した個体からウイルスを除去することが可能である。

茎頂とは植物の茎の先端にある成長点（茎頂分裂組織）のことで、ウイルスがまだ侵入していない組織である。この茎頂を0.2〜0.5mmの大きさで切り出して培養するのが茎頂培養で、この技術により作出される苗がウイルスフリー苗である。

ウイルスフリー苗は、バレイショ、イチゴ、サツマイモ、カーネーション、キクなどで実用化され広く普及している。

（5）液肥（液体肥料）

肥料成分を水に溶かしたもの。原液や粉末を水で薄めてから使用するものや、既に液肥の状態でそのまま使用するものがある。施すとすぐに植物の根から吸収されるので、速効性肥料として追肥用に用いられることが多い。希釈後用いるタイプの場合、高濃度で施すと障害が生じるので、希釈倍率には注意が必要である。

（6）エディブルフラワー

　観賞用の花のうち、食用や食卓の装飾に利用される花を言い、食用花とも呼ばれる。

　花を食用として利用する習慣はわが国でも古くからあり、代表的な例では食用キク、サクラ、菜の花などはこれに当たるが、現在エディブルフラワーとして認識されるものは、洋種の草花をさす場合が多い。エディブルフラワーとして利用される種類は、人体に無害なことが絶対の条件となる。また、食卓を彩るために、花色や花形、香りなどがポイントとなる。流通においても、容器や配置のしかたなどに工夫がされ、見た目の美しさが大事である。

　多く流通している種類では、パンジー、キンギョソウ、ナスターチウム、スイトピー、プリムラなどがあげられる。

（7）F₁品種（一代雑種品種）

　ある遺伝子を持つ両親の間の交雑(交配)によってできた第1代目の子を雑種第1代といい、F_1（Fは filial 雑種世代を意味する）雑種という。このようにして作出した品種を F_1 品種と呼ぶ。

　一般に両親の交配によってできたものを F_1 品種と呼んでいるが、本来は両親系統がそれぞれ互いに異なった特性のもの同士の交雑で、遺伝的にヘテロになっていわゆる雑種強勢を示す場合の雑種品種をいう。

　初期の育種は集団の選抜や組合せにより品種を作出し、最も重要な特長が後代にずっと受け継がれていくものであった。しかし、F_1 品種はヘテロの状態の時に求める優れた表現型が均一に発現し、次の自殖世代（F_2）では特長が分離する。つまり親系統を正しく選抜して交配をすることで、親系統に無い特長あるいはいずれの親をも上回る特長が発現され、生産力を著しく高められたものが F_1 品種である。

（8）園芸療法（ホーティセラピー）

　植物の手入れ、世話などの園芸活動を通して、生活能力の改善、健康増進、心の安定、疲労回復などの治療に役立てようとするもので、病院を始め、老人ホームなどのさまざまな施設で取り入れられている。人間の五感に対し、植物が作用する部分が大きく、花や緑を見て美しいと感じ、香りや味を楽しみ、いろいろな感触を味わうなど、これらには、心の落ち着き、各々の障害の治療や軽減などの効果が認められている。特に芳香を利用する場合には、アロマセラピーと呼ばれているが、園芸療法はそれだけではなく、種子をまき、植え付けて育てるといった植物が生長していく過程の中で癒やされる部分があること、実際に土いじりや直接生き物と接するといったことを重視するものである。精神的な部分が大きく、園芸福祉と合わせたものとなることも多い。

（9）カジュアルフラワー

　切花において、業務用や贈答用として利用される花に対して、消費者の生活に密接した形で家庭で需要される花をさす。カジュアルフラワーは日常的な家庭消費を目的とするため、その生産、流通、消費の段階で、固有のニーズが求められる。すなわち、消費者にとっては購入しやすい手頃な価格、花持ちが良いこと、持ち帰りや装飾に使いやすいサイズであることなどが重要となる。また、生産・流通の段階においては、大量で均一な生産体制、継続した出荷、生産・出荷コストの低減、花専門店に加えスーパーや量販店での販売体制などが必要となる。

カジュアルフラワーとして利用される代表的な種類は、キク、カーネーション、バラ、ユリなどがあげられる。

近年、切花消費におけるカジュアルフラワーの割合は増加しているが、農林水産省において研究会や支援事業の展開などにより、カジュアルフラワーの普及定着を推進してきた経緯がある。

(10)環境緑化

緑豊かな生活環境の創造や自然環境の保全などを目的とした緑化。

緑化とは本来ある場所や人工工作物を植物によって被うこと、あるいは植物を植える行為そのものをさしていたが、最近は多義に用いられ、土地や空間を含め緑を保全したり整備することの全般を言うようになってきた。緑化の対象となる場所と空間や施設の違い、及び緑化の目的によって緑化の内容は異なるので、前に形容詞を付けて使い分けることが多い。都市の緑を整備するための都市緑化や街路緑化、造林事業に基づく国土緑化、治山治水のための山腹緑化、緑の回復のための砂漠緑化などがあり。

人間生活にとって不可欠の要素である「緑」は、近年国民経済の高度成長と社会機構の変化の中で減少してきている。また、都市部における緑の確保は従来から不十分のままである。生活環境における緑の効用は、気象条件の緩和、大気の浄化、騒音の緩和などの物理的な効用のほか、心に安らぎを与えてくれる、疲れを癒やしてくれるなど、精神面への効用も幅広くある。緑に覆われたさわやかな生活環境を創造し、人々のより健康で文化的な生活を確保するために環境緑化を押し進めることは非常に重要で意義のあることである。

従来の道路や都市公園、広場などの緑化のほか最近では河川の自然環境保全、生物の生息地（ビオトープ）の創造や復元のための緑化、ビルの屋上の緑化なども増えつつある。

(11)木子

ユリやグラジオラスなどの球根から出た地下茎の節につく小さな球根（子球）。これを育てるとユリは2～3年、グラジオラスは1～2年で開花する。

(12)キッチンガーデン

住まいに隣接した食用植物の栽培場所のことであり、家庭菜園というのが比較的近い言葉となる。台所と直結した庭で、実用的な面が多いが、最近ではさらに発展させたものとして、色彩や草姿などデザインも考慮し、観賞できるように配植したものという意味も含めて使われる。これを従来のものと区別して、ベジタブルガーデンと呼ぶこともある。さまざまな葉菜類、根菜類、ハーブ類などが植栽され、一般の草花と混植して利用することもあり、色・形・香りのバリエーションが楽しめる。品種の組合わせの際、それぞれの個性を生かし、コントラストに気を配ることがデザインのポイントとなる。

(13)クーラー育苗

冷房を使って育苗施設内を涼温に保ち、時には電照も加えながら行う育苗方法である。秋出荷の花の苗などは育苗期が真夏の高温期にあたるが、多くの花壇苗は生育適温が低いために高温で枯死したり生育不良になる。本法の導入により、これを解決して苗の生産を安定させ、健全苗を得ることができる。冷房施設は電照も含めてコストがかかるため、高冷地育苗なども利用

されている。新潟県では、融雪水を利用したハウスの冷房技術も研究されている。

（14）グラウンドカバープランツ

　地被植物と訳される。地表を緑、あるいは花が咲いた状態で覆うもので、景観形成の目的のために植栽され、また法面では土の流亡を防ぐ役割を果たし、環境保全の目的にも利用される。芝を始め、草花（1、2年草、多年草）や低木まで、広範囲の植物が対象となる。木本ではほふく性の種類が中心となり、例えばコトネアスター、ヒペリカム、フッキソウなどがあり、常緑種、落葉種いずれも含まれる。ジャノヒゲ、ヒメツルニチニチソウなど常緑多年草は、周年でしかも長期にわたるグラウンドカバーとなる。タイプ別に大きく分けた場合、茎がツル状に伸びて地を這うものと、そうでないものに分けられる。ツル性は時間の経過とともにカバー面積を広げていき、後者の場合は、同じ状態が長く保たれる。

（15）ケナフ（Kenaf）

　アオイ科の1年草。熱帯・亜熱帯アフリカが原産と言われている。学名は、Hibiscus cannabinus L.。草丈は2～4mになり、茎の上部の各葉腋に直径7～10cmの淡黄色5弁花を咲かせる。花の心部は濃い緋色となる。茎からジュートに似た良質の繊維が取れるため、世界各地の熱帯～温帯で栽培されている。タイジュート、アンバディアサ、ボンベイヘンプ、洋麻などさまざまな呼び名がある。ロープや網、麻袋、紙などに利用するほか、食用、薬用、飼料用、さらに種子の油の利用など用途が広い。最近は紙の資源としての有用性が見直され、環境保護に役立つ作物として注目されている。森林の保全やCO_2の削減に役立つことから、わが国でも栽培が増えている。性質は強く生育旺盛で栽培は容易。耐寒性はないので、春まきとする。

（16）ゲノム編集

　生物が普遍的に有する2つの重要な機構、すなわち自らの設計図であるＤＮＡを正確に複製・維持する機構、及びＤＮＡが切断された場合に正しく修復する機構を利用し、人為的に新たな変異を導入する技術であり、標的変異と標的組換えに大別される。

①標的変異

　形質転換等により導入した人工ヌクレアーゼ（DNA切断酵素タンパク）が、ゲノムDNA中の標的配列においてDNA二本鎖を切断することを利用して、標的となる配列部位に欠失、重複、挿入等の変異を導入する技術である。切断されたDNAは多くの場合に正確に元と同じ配列に復元されるが、切断と修復を繰り返すなかで異なる配列に修復されることがあり、結果として変異が導入される。遺伝的多様性のベースである自然突然変異は自然条件下において、また人為突然変異は放射線や化学物質等の処理により、同様の機構で生じるが、これらにより誘起される変異のDNA配列上の部位は人為的制御が困難であるのに対し、標的変異では標的とする特定DNA配列への変異導入頻度を人為的に大幅に高めることができる。細胞外で加工した外来DNAを移入することなく、人工ヌクレアーゼによるDNA切断後の自然修復過程に生じる変異を利用する標的変異により新たな変異を導入された植物等は、自然突然変異や人為突然変異の場合と同様に、カルタヘナ法（遺伝子組換え生物等の使用等の規制による生物の多様性の確保に関する法律、2004年施行、2018年改正）に定める遺伝子組換え生物には相当しない。

　DNA配列中の特定領域にのみ変異を導入するためには、当該配列を特異的に認識してDNAを切断する人工ヌクレアーゼが必要であり、主要な人工ヌクレアーゼとしてZFNs、TALENs、

CRISPR/Cas9 等が開発されている。最も利用が進んでいる CRISPR/Cas9 は、DNA 二本鎖切断活性が高い Cas9 タンパク質と DNA 配列中の標的部位を特異的に認識するガイド RNA（gRNA）の複合体で、標的 DNA 配列に対応する gRNA を設計することで比較的容易に作成できる。現状では、標的配列にどのような種類の変異が生じるか制御が困難、オフターゲット変異（標的配列と相同性の高い異なる配列に変異を導入）の発生等の課題があり、様々な改良が試みられている。また、植物組織に外来 DNA を持ち込まない技術として、生長点移行型 RNA ウイルスの利用技術、ゲノム編集酵素の生長点への直接導入技術等も検討されている。

②標的組換え

ジーンターゲッティング（GT）とも呼ばれ、標的となる DNA 配列と相同な配列を持つ外来 DNA を鋳型として変異を導入する手法である。多様な DNA 配列を導入することができるが、外来遺伝子を導入する場合には遺伝子組換えに位置づけられる。本手法では正確に変異を導入できるが、変異導入の頻度は標的変異と比較して低い。除草剤等に対する薬剤耐性を利用した選抜も可能であるが、この方法では導入できる変異は薬剤耐性に関わるものに限定される。変異導入頻度を高めるため、予め鋳型となる DNA を植物体内に挿入し、必要な場合に GT を誘導する手法（in plant GT 法）等も開発されている。

（17）光周性

生物が日長時間の長短に対して反応する性質のこと。植物の光周性の反応は、種子の発芽、茎の伸長、葉の形成、花芽分化、色素形成、落葉、休眠など、さまざまな生育過程で認められている。この中で、花芽分化に関する光周性の研究が、最も一般に知られている。

（18）コンテナガーデニング

コンテナとは容器のことで、ハンギングバスケット、ウインドーボックス、トラフ、プランター、そして各種の植木鉢などがあり、大小、材質もさまざまである。これに植物を植え込み、それ自体の観賞だけでなく、さまざまな空間に配置することにより、修景効果をねらうものがコンテナガーデニングである。玄関先やベランダなど家庭園芸にとどまらず、街路や公園、ビルの屋上、壁面などの都市空間や公共の場にも生かされる。単なる鉢植えと異なり、容器も観賞用になるものではなくてはならないし、植える植物との調和も大切な要素となる。植える植物は、樹木、草木なんでも含まれる。1種類のこともあるが、デザインを考えた組合わせ、寄せ植えのことが多い。また、いくつかの同じコンテナ、あるいは違うコンテナをバランス良く配置して、全体としての修景効果をねらうことも多い。

（19）CEC

CEC とは陽イオン交換容量のことで、これが大きい土壌ほどアンモニウムイオンをはじめとする陽イオンを保持する能力が高いといえる。CEC は堆きゅう肥やゼオライトなどにより高めることができる。

（20）GMO（遺伝子組換え作物）

2019 年における全世界での「遺伝子組換え作物」（GMO = Genetically Modified Organism）の栽培状況は、害虫抵抗性や除草剤耐性を有するダイズ、トウモロコシ、ワタ、ナタネ等を中心に、29 か国で 1 億 9000 万 ha に達している。GMO は環境（生物多様性等）への影響及び食品や飼料

としての安全性に関する厳しい確認を経て承認されている。2024年現在、日本では9品目（ダイズ、トウモロコシ、バレイショ、ナタネ、綿実、アルファルファ、てん菜、パパイヤ、からしな）の農産物とそれを原料とする33加工食品群・334種類の安全性が確認されており、海外からの輸入により食用油、コーンスターチ、コーンシロップ等の原料、家畜飼料等として使用されている。

安全性の確認項目は、挿入遺伝子の安全性、挿入遺伝子により産生されるタンパク質の有害性の有無、アレルギー誘発性の有無、挿入遺伝子が間接的に作用して他の有害物質を産生する可能性の有無、遺伝子を挿入したことにより成分に重大な変化を起こす可能性の有無等である。これまでに海外では、アレルギー性物質の生成（スターリンクコーン）の疑いが指摘される等、未知のタンパク質の危険性が警告された事例がある。スターリンクコーンの場合には、当該タンパク質が消化酵素で分解しにくいため、アレルギーを引き起こす可能性あるとされた。また、交雑による挿入遺伝子の意図しない拡散も指摘されている。日本では、これらを受けて安全性評価基準の見直しが行われ、またJAS法等の改正によりGMO食品に対する表示義務が課されている。

（21）敷き藁

植物の株元に藁を敷き詰めること。水分の蒸発作用や雑草の抑制、保温などの効果がある。近年は、ビニールシートで代替されることが多い。

（22）ジベレリン処理

ジベレリンは植物ホルモンの一種で、イネ馬鹿苗病菌の代謝産物として1926年に黒沢英一により発見された。

ジベレリン処理とは、様々な生理作用を持つこのジベレリンを生長調節物質として農業に利用することであり、主な用途は以下のとおりである。

①茎の伸長促進：ジベレリンの特徴的な生理作用が茎の伸長促進であり、サツキ、シラン、夏ギク、ミヤコワスレなどの栽培で利用されている。

②開花調節：開花に低温処理や長日条件が必要な植物に処理を施すと、それらの条件がなくても花芽形成、開花促進の効果がある。

③発芽促進・休眠打破：発芽に光や低温が必要な種子に処理を施すと、それらの条件がなくても発芽が促進される。また、休眠中の種子やテッポウユリの球根などに対し休眠打破の効果がある。

④単為結果・果実肥大：ジベレリン処理によるブドウの無核化は、なくてはならない農業技術として定着している。

（23）種子の休眠

一般的に、完熟種子が、発芽すべき環境条件になっても発芽しない状態になっていることを一次休眠という。乾燥状態におくと休眠状態の完熟種子の休眠が次第に弱くなることを後熟というが、後熟後、休眠がなくなり種子が発芽する状態になったあと、再度休眠状態にはいった場合、それを二次休眠という。

休眠した種子は物質代謝が著しく低く抑えられており、非休眠種子より寿命が長い。このため種子の休眠は、低温や乾燥に対して著しい抵抗力のある種子の状態で、子孫を残すのに適した環境になるのをじっと待つことが目的と思われる。人工的な休眠打破の方法は植物によって異なるが、ジベレリン処理や低温加湿・高温乾燥処理などがある。

巻末関係資料

（24）植物ホルモン

植物体内において自発的に生産され、その後に作用部位に移動して微量でありながら成長促進、発芽促進、生育抑制などの生理的機能を発揮する有機化合物の総称である。研究が進み機能が明らかになりつつある植物ホルモンにはオーキシン、ジベレリン、サイトカイニン、アブシジン酸、エチレン、ブラシノライドなどがある。それぞれ単独または相互に補完し合いながら植物の生長に関わっている。また、最近では情報伝達機能も持つ物質として注目されている。

一方、トマトトーンなどのような天然の植物ホルモンと同じ機能を持つ物質が数多く人為的にも合成されている。これらを含めてより広い意味で「植物生長調節物質」と呼んでいる。これらの働きをうまく活用すれば生育の調整、収量や品質の向上が得られる。

オーキシン：成長点で生成され茎や葉を経て根に向かって移動する。茎葉の成長を促し果実の着果と肥大の促進作用を持つ。トマトトーンは類似剤として知られている。

ジベレリン：若い葉や未熟種子さらには根冠で生成され上下に移動する。生育促進や長日と低温の代替え作用による花芽分化の促進、発芽促進などの作用を持つ。ブドウの単為結果促進による種無し化がよく知られている。

サイトカイニン：主に根冠で生成され活力が高い地上部に向けて移動するが移動しにくいホルモンである。葉の緑色の保持、気孔を開いて蒸散作用促進、果実への養分集積などの作用がある。

アブシジン酸：主として緑葉や種子及び根冠で生成され茎頂に移動する。葉や果実などの離脱促進、種子や芽の休眠誘導、生長阻害、気孔を閉じての蒸散抑制作用が知られている。また、セル成型苗の保存性向上効果が認められている。

エチレン：オーキシンに促進されながら根で生成されて果実や老化組織に移動する。成長、呼吸、成熟、老化、葉緑素の分野促進作用を持つ。また分解過程において殺菌作用がある酸化エチレンを生成する。

ブラシノライド：セイヨウアブラナの花粉から分離されたホルモンで、低温下などの不良環境下における生育促進効果や増収効果を持つ。

（25）生物農薬

環境保護などの面から、環境に影響の少ない農薬へのニーズが高まっている。農作物の生産に化学農薬の利用を減らし、自然界に存在する微生物や天敵昆虫を利用した生物農薬は環境にやさしい農薬として注目されている。その代表的な BT 剤は、昆虫病原菌 Bacillus turingiensis の産生するタンパク毒素を製剤化したもので、安全性が高く、アブラナ科野菜などの大害虫「コナガ」の殺虫剤として広く使用されている。

微生物農薬は作用する相手が限られていること、効果が表れるのに時間がかかるといった欠点がある。これらの欠点は遺伝子操作によって改良する試みがなされている。BT 剤以外にもマメハモグリバエの天敵などが販売されている。今後、天敵農薬や微生物資材の開発が進むにともなって、天敵微生物、天敵農薬と組合せた低農薬管理技術による農業生産が可能になるであろう。

（26）Ｔ／Ｒ率

植物の根の生育状況を示す指標の一つ。地上部（Top）重／地下部（Root）重の割合（％）。一般的にその値の低い方が、根の生育が旺盛な健常な植物とされる。

— 221 —

（27）DIF

　昼温と夜温の較差（difference）が植物の生育に与える効果のこと（DIF は difference の略）。通常（昼温－夜温）の数値で表示される。昼温と夜温が同じ時はゼロ、夜温が昼温より高い時はマイナス。植物は一般的に昼温が高く夜温が低い方が草丈が伸びる。これを逆に利用して、鉢物や花壇苗の草丈の抑制を行うこともある。

（28）土壌三相

　固相、液相、気相の三つの相のことで、土壌はこの三相から構成されている。固相は無機質の鉱物粒子と、有機質の動植物遺体や生物を指す。液相は、固相の隙間の一部か全部を満たしている水を指す。気相は、液相以外の、固相の隙間を指す。これら三相の割合は土壌環境により異なり、作物が健全に生育するには、固相が 45 ～ 50％、液相及び気相がそれぞれ 20 ～ 30％の比率が適しているといわれる。一般的には固相の比率が高くなるのが問題となるが、深耕・心土破砕による土の膨軟化、緑肥などの有機物のすき込み、土壌改良資材の投入などにより団粒構造の促進や通気性の改善を行う。

（29）取り木

　栄養繁殖法の一種。母株から枝を切り離すことなく、土中または空中で不定根を発生させて、発根後に枝を母株から切り離し養成する繁殖法。母株と同じ形質の個体を繁殖することが出来る。
　しかし、一時に大量に繁殖することが出来ないため、挿し木では発根が困難な種類に対して行われるのが通常である。

（30）ビオトープ

　ビオは生物の意味で、トープはギリシャ語で場所を意味するトポスに由来する。直訳すると「生物の場」で、野生生物が生活する場所ということになる。多くの生物が共に生きる場合、複雑な相互関係ができてある一定のバランスが保たれるような一つの生態系が作られる。この自然生態系の場がビオトープで、自然保護運動の一環として「ビオトープの復元」があげられる。河川や林、野原、耕作地、都市空間などさまざまな場所が対象となるが、人間の生活の場においては、景観や利用面なども考慮して、ほとんどの場合はビオトープの要素を取り入れたものということになる。全く自然のままではなく、公園的な意味合いのあるビオトープになるため、本来のビオトープと区別して、ビオガーデンと呼ばれることもある。

（31）品種（系統、アイソジェニックライン）

　品種とは、実用的形質に関して他の集団とは区別されるがその集団内では均一性が高く一定の遺伝的特性を持った集団をいう。他殖性植物の品種では環境条件が安定している限り遺伝的にも安定しているが、各個体の遺伝型は相互に異なり、多くはヘテロの遺伝子対を多数持っている。自殖性植物の品種では、在来種は多くの純系の混系集団とみなされるし、交雑による育成種は多少とも異質性を持ち、核内ではヘテロ性が強いとみなされる。系統とは、祖先を共通とした遺伝子型の等しい集団で、純系にほぼ等しいが、実際にはその系統の特徴として許される範囲内での変異は含まれている。アイソジェニックラインとは、同質遺伝子系統で全く同一な遺伝子構成をもつ集団の全個体をいう。例えば、クローン、一卵性双生児、ホモ純系などである。近

— 222 —

巻末関係資料

年イネの育種において、ササニシキやコシヒカリのような良食味品種に、いもち病真性抵抗性遺伝子を導入したアイソジェニックラインが育成されている。

(32)腐葉土

　広葉樹の落葉を集め、堆積して自然に発酵、分解させて腐らせて、半ばぼろぼろの状態になったもの。通気、排水、保水性に優れており、培養土として使用される。また、土壌を団粒化させる改良用土としてもよく、微量要素を含んでおり植物の栽培に適している。

(33)プラスチックフィルム類

　農業用プラスチックフィルムは施設園芸の基幹資材として周年栽培、促成栽培、抑制栽培など今日の多様な栽培形態を支えている。利用用途はハウス外張、ハウス内張、トンネル、マルチング、防霜ベタガケ、遮光、防虫用に大別される。

　外張被覆資材は塩ビを素材とする「農ビ」、複層ポリオレフィンフィルムを素材とする「農PO」、「農酢ビ」などの軟質フィルムが中心となっている。近年、長期展張被覆材需要の高まりとともにPET系、フッ素系樹脂を素材とする硬質フィルム、またポリカーボネート、アクリル、FRP樹脂をベースとする硬質版など5～15年の耐用年数を持つ製品需要が増えている。

　ハウス内張、トンネル、マルチング分野は多くの機能性樹脂の登場と技術進展により保温、遮光、遮熱、透水、地温上昇や雑草抑制、反射光利用などの多様な製品が登場している。また環境意識の高まりとともに、生分解性プラスチックの導入も進んでいる。

　農業用廃プラスチックの適正処理、リサイクルなどの環境対策についても各都道府県単位に「農業プラスチック適正処理推進協議会」が設置されて、行政、業界、生産者が一体となって取組を行っている。

(34)フラワーランドスケーピング

　花による緑化（緑花）で、緑だけでなく花を取り入れて景観を形成することを意味する。造園と園芸を合わせて発展させた新しい産業、あるいは文化とも言える。利用する花の使い方や種類の違いにより、大きく次のように類別される。

①花壇：一定の区画内を花で埋めるもので、デザインはさまざま。1、2年草主体の植え替え花壇と、宿根草主体の据え置き花壇がある。

②コンテナガーデニング：鉢やコンテナ（容器）に花を植え、さまざまな組合わせや配置により空間を修景する。人工地盤や仮設的な緑花に有効。

③ワイルドフラワーによる緑花：種子から容易に育ち、放植に耐える野生草花や園芸草花を1種あるいは数種類の混合で利用する。同一条件の広い面積の緑花に有効。

④グラウンドカバープランツによる緑花：平坦地あるいは法面などの地表面、さらに壁面を含めたさまざまな面を緑や花で密にしかも低く被覆することにより、修景その他の機能目的を果たす。

⑤野生植物による緑花：わが国在来の野生植物を生かし、自然植生に近い形で、ほとんどメンテナンスのいらないナチュラルな景観を作り出す。

(35)ペレニアルガーデン

　宿根草を中心に植栽された花壇のことであり、据え置きで原則として少なくとも数年間は植

え替えを行わない。宿根草という言葉自体、含まれる植物の種類の範囲は流動的であり、また宿根草だけで構成される花壇だけでなく、1、2年草などと組合わせたコンビネーション花壇もこれに含めることが多いので、今のところはっきりした定義はない。

イングリッシュガーデンの要素も取り入れた自然風な混植花壇といった意味合いが強い。ペレニアルとは多年草の意味であり、多年草の中に宿根草が含まれる。宿根草はその名のとおり、根が宿ると書き、冬に地上部が枯れても株が残って毎年花を咲かせるものをさす。このため、ハーディペレニアルという英語が該当する。ペレニアルガーデンでは、数多くの種類の宿根草を組合わせて植栽するので、四季の移り変わりがはっきりと表れ、季節によってさまざまな表情を見せるものとなる。

（36）pH

pH とは、水素イオン濃度を 1 から 14 の数字で表す指標で、7 を中性とする。7 より大きくなる程水素イオン濃度が低くなり、アルカリ性が強くなる。逆に、7 より小さくなる程水素イオン濃度が高くなり、酸性が強くなる。一般に畑地では酸性になりやすく、水田ではアルカリ性になりやすい。野菜を栽培する場合、最適 pH は 5 ～ 7 とされている。酸性土壌での低 pH の改善には石灰質資材の投入を行う。逆にアルカリ性土壌での高 pH の場合、硫酸カルシウム・硫黄などを使って高 pH を適正値にして、この際に生じる過剰な塩類を灌漑水によって取り除く。

（37）マイクロチューバー

マイクロチューバーは、培養容器内で形成されたウイルスフリーの微小な（0.2g 以上）塊茎のことである。一般的にはバレイショで形成されるものをいうがヤマノイモ類やサトイモにおいても作ることができる。

通常、バレイショにおいてウイルスフリーの種イモを作るには、茎頂培養を利用してウイルスフリー化した植物体を順化し、次に隔離施設や圃場に定植して栽培し種イモを収穫する方法がとられる。しかし、大量に種イモを増殖する場合、培養室での培養苗の増殖、順化、圃場への定植などにかなりの手間と規模とコストがかかってしまう。

これに比べて、マイクロチューバーを利用する場合は、培養容器内で塊茎を形成させるため順化の必要がなく、圃場への植え付けも容易である。また、貯蔵が可能であるため小さなスペースで大量に保存でき、植え付け時期が来るまで計画的に生産、貯蔵ができるというメリットがある。

しかし、現状では、培養容器内で塊茎を作らせることは、培養条件や培地を変更するなど培養段階での手間がかかること、また、それに伴い培養コストが増大することなど問題点があり、あまり普及するに至っていない。

なお、マイクロチューバーを 5 ～ 30g 程度まで大きくしたものはミニチューバーと呼ばれているが、バレイショのマイクロチューバーからミニチューバーまでを対象にした国際基準「国際貿易される無菌ばれいしょ増殖資材及びミニチューバー」（ISPM33）が、2010 年の IPPC 総会で採択されている。

（38）有機質肥料

天然の動植物から得た素材（油粕、魚粉、鶏ふん、牛ふん、堆肥など）を原料として作られた肥料。この肥料は土中の微生物の働きで長い時間をかけて分解されるために、その効果は緩やかで、長い期間持続する。植物を植え付ける前に施しておくと良い。また土壌の団粒化など土壌改

良効果もある。

（39）養液栽培

土を使うことなく、作物の生育に必要な養分を溶かした培養液を与えて生育させる栽培方法の総称で、無土壌栽培とも呼ばれる。設置のメリットは、土と根を切り離した栽培を施設内で行い、施肥をはじめとする栽培全般の省力化を通じての生産安定と多収化にある。このシステムの導入により野菜の企業的栽培や清浄野菜の大規模生産が容易に行える。

他方、養液栽培は土と根が分離されることによる作物の生理的な変化への対応や、培養液の組成の工夫や病原菌による汚染防止対策などが必要である。

わが国独自の養液栽培研究の歴史は、昭和38年に園芸試験場久留米支場で開発された「循環式水耕」に始まり、その後各種の農業用新資材の開発に伴って産・官・学・農家などによって多くの栽培システムが開発されている。対象作物は年々拡大し、トマト、キュウリ、メロン、イチゴ、コネギ、ミツバ、サラダナ、アオジソ、バラ、カーネーションなど多くの作物が養液栽培されるようになり、2014（平成26）年の養液栽培面積は1,826haである。

養液栽培法は、栽培装置内で作物の根を支持する培地を使う方式である「固形培地方式」と、使わない方法である「非固形培地方式」とに大別される。そして前者には砂耕、れき耕、くん炭耕、ウレタン耕、ロックウール耕がある。また、後者には水耕、水気耕、噴霧水耕が含まれる。このうち水耕法では、培養液の給液方式により液面上下法、環流法、通気法、落とし込み法、噴射法などの多彩なシステムが開発されている。

（40）連作（連作障害）

同一作物を同一圃場に毎年続けて栽培すること。このことにより収量が低下する事態を連作障害「いや地」現象という。原因としては、地力の低下、特定栄養素の不足、病害虫の増加など複合的な要因が考えられるが、明確な原因はわからない。連作障害の程度は植物によりいろいろである。植えた次年から障害が発生するものや、長い間連作しても収量の減じない種類もある。

（41）ロックウール栽培

ロックウール栽培はデンマークで開発され、1980年代にオランダを中心にトマト栽培に使われ始め、日本にも80年代前半にロックウールの輸入や国内生産が始まった。

ロックウールは、製鉄の際に出るスラグをコークスや石灰石と混合し、1600℃くらいの高熱で溶解したものを、遠心力を使い綿菓子状に吹き飛ばして作る無機質の繊維で、この繊維を圧縮加熱したり、バインダーを使い成型したものをマット、ベッド、ブロック、ポットなどと呼び、土の代わりに栽培培地として使用する。

肥料には液肥を使い、培養液の供給ポンプの流量・水位、液温の調節、液肥のタンク混合、培養液供給時刻設定などの種々の機能について自動化システムが開発されて省力化が進んでいる。液肥の供給も当初は垂れ流し式であったが、その後は循環式の比率が高まり、液肥のコスト面でも大幅に改善が進んだ。

トマト、ピーマン、ナス、バラ、キクなどに利用され、省力、多収、高品質といった面で評価されている。反面、ロックウール使用後の廃材処理は問題点となっている。

— 225 —

Ⅲ．園芸関係年表

西暦	和暦	日本	アメリカ (A)・ヨーロッパ
1561	永禄 4	武田信玄川中島の戦い	ゲスネル　チューリップを命名
1708	宝永 5	貝原益軒「大和本草」の稿が成る	
1717	享保 2	徳川吉宗大岡忠相を江戸町奉行に起用	トーマス・フェヤチャイルド　カーネーションと美女撫子の人工交配に成功（初の種間交雑）
1740	元文 5	青木昆陽吉宗の命によりオランダ語の学習を始める	
1753	宝暦 3		リンネ「植物の種」刊行、二名法確立
1787	天明 7	徳川家斉寛政の改革に着手	W・カーティス「カーティス・ボタニカルマガジン」創刊
1789	寛政 1		A・ジュシュー植物の科を分類
1804	文化 1		ナポレオン皇帝即位、英国王立園芸協会設立（R.H.S）
1829	文政 12	伊藤圭介雄しべ・雌しべの用語創案	
1832	天保 3	大蔵永常「再種方付録」に稲の雌雄図の描写を掲載	
1840	天保 11	徳川家慶天保の改革	ジョーゼフ・パクストン総ガラス張りの大温室完成
1848	嘉永 1	松平佐金吾定朝「花菖培養録」序本	
1865	慶応 1		グレゴール・メンデル　メンデルの法則を発見
1867	慶応 3	徳川慶喜大政奉還	H.T. バラ、ラ・フランス、四季咲バラが作出され近代バラの幕開け
1875	明治 8	津田 仙「農業雑誌」発刊	
1877	明治 10	三田育種場開場	
1882	明治 15	ルイス・ボーマー横浜・山手にて球根輸出を始める	
1890	明治 23	横浜植木会社創業	
1891	明治 24	横浜植木会社業界初の株式会社化	
1898	明治 31	ユリの輸出 500 万球超える	
1900	明治 33		ド・フリーズらメンデルの法則を再発見
1909	明治 42		ルーサー・バーバンクシャスタ - デージーを作出 (A) ベナリー社（ドイツ）F_1 ベゴニア "プリマドンナ" を発表
1910	明治 43		生花通信配達組織（FTD）設立 (A)
1913	大正 2		第 1 回チェルシーフラワーショウ開催
1919	大正 8		キクは短日植物 (A)
1920	大正 9		ガーナー、アラード日長効果を発見 (A)
1923	大正 12	高級園芸市場組合発足、せり制度による始めての市場で日比谷公園にて開設園芸学会創立	
1925	大正 14	メロン "アールスフェボリット" をイギリスより導入	
1930	昭和 5	キクの遮光栽培 オールダブルペチュニア作出	植物特許法（プラントパテント法）制定 (A)
1932	昭和 7		オール・アメリカ・セレクション (AAS) 組織発足 (A)
1935	昭和 10	生長ホルモン挿木に利用	
1939	昭和 14		ミューラー DDT の殺虫効果を発見
1942	昭和 17	木原均 3 倍体種子なしスイカの育成理論発表	
1945	昭和 20	大井上康ブドウ "巨峰" 育成	
1947	昭和 22	農産種苗法制定	
1949	昭和 24	固定相場制（360 円 /US ＄）を採用	ユリ "エンチャントメント" 作出 (A)
1950	昭和 25	タキイ種苗会社キャベツ "F_1 長岡交配 1 号" 作出（自家不和合性利用）	
1951	昭和 26	西村シンテッポウユリ作出（白花高砂百合に青軸鉄砲百合を交配し育成） 農業ビニール発売	
1953	昭和 28	(社) 日本生花通信配達協会 (JFTD) 発足	ワトソン、クリック DNA の二重らせん構造を解明 (A)
1955	昭和 30		プラスチック製温室の建設始まる (A)
1958	昭和 33	尺貫法を廃止しメートル法を全面採用へ プラスチックスプランターなど発売	
1959	昭和 34	西貞夫ハクラン作出（胚培養）	
1962	昭和 37	矮化剤ホスホン	矮化剤 B ナイン発売 (A)
1963	昭和 38	切り花ダンボール箱出荷輸送試験実施	

1964	昭和 39	NHK 趣味の園芸放映（カラー化 1970）	
1965	昭和 40	ピートモス再輸入（最初は明治末横浜植木会社か？）	コロンビア切花をアメリカに輸出開始
1967	昭和 42		B.P.I 第 1 回花壇苗会議
1968	昭和 43	ポリ鉢発売	
1969	昭和 44	花壇苗を生産統計に入る	セル成型苗の生産概念
1973	昭和 48	第 1 次オイルショック固定相場制から変動相場制に移行セル成型苗生産開始	
1974	昭和 49	ウイルスフリー苗実用化	
1976	昭和 51	農林省果樹花き課新設	
1978	昭和 53	農林水産省発足 農産種苗法一部改正	切り花の鮮度保持剤 STS オランダで実用化メルヒャースポマト作出（細胞融合）
1979	昭和 54	ペレット・シード発売	
1980	昭和 55	育苗用トレー導入 「絶滅のおそれのある野生動植物種の国際取引に関する条約」（ワシントン条約）批准	
1982	昭和 57	「植物の新品種の保護に関する国際条約」（UPOV）に加盟種苗法一部改正	
1987	昭和 62	球根輸入オランダより条件付自由化	
1988	昭和 63	(社) 家庭園芸普及協会設立	アメリカ花壇苗産業 36% のシェア、花産業の中で第 1 位
1990	平成 2	国際花と緑の博覧会開催 オランダ産球根ユリ 39 品種、チューリップ 55 品種自由化	
1991	平成 3	第 1 回日本フラワー＆ガーデンショウ開催	
1992	平成 4	第 1 回ジャパンフラワーフェスティバル開催 イングリッシュガーデンが人気 「絶滅のおそれのある野生動植物の保存に関する法律」制定 グリーンアドバイザー制度創設	
1993	平成 5	生物多様性条約（CBD）を批准・発効	
1994	平成 6		カルジーン社トマト "フレーバー・セーバー"（遺伝子組換え）商品化
1996	平成 8	カイワレ大根における病原性大腸菌 O157 による食中毒事件	
1997	平成 9	ガーデニングブーム "ガーデニング" が新語・流行語大賞のトップテンに	ウィルマット　クローン羊 "ドリー" 誕生
1998	平成 10	種苗法全面改正、育成者権が強化される	ウイスコンシン大ヒト ES 細胞（胚性幹細胞）作出成功（A）
1999	平成 11	第 1 回国際バラとガーデニングショウ開催	
2002	平成 14		FIS と ASSINSEL の合併により国際種子連盟（ISF）発足
2004	平成 15		食料農業植物遺伝資源条約（ITPGRFA）発効
2005	平成 17	気候変動に関する国際連合枠組条約の京都議定書批准・発効	
2006	平成 18	種苗法登録品種表示マーク（PVPマーク）使用開始	
2012	平成 24		シャルパンティエ、ダウドナらが CRISPR／Cas9 によるゲノム編集を発表
2013	平成 25	ITPGRFA批准・発効	
2014	平成 26		CBD名古屋議定書発効・EU規則公布
2017	平成 29	CBD名古屋議定書批准・発効	アメリカがITPGRFAに加盟（A）

Ⅳ．発芽試験基準概要表

種　　　　　名	発芽床	温度（℃）	算定日（日）開始	算定日（日）締切	備　　　考（休眠打破のための勧告を含む追加指示；追加指示；追加推奨）
花き類					
Papaver nudicaule アイスランドポピー	TP	15；10	4-7	14	光；KNO_3
Papaver rhoeas ヒナゲシ	TP	20−30；20；15	4-7	14	KNO_3；予冷；光
Portulaca grandiflora マツバボタン	TP；BP	20−30；20	4-7	14	光；予冷；KNO_3
Primula malacoides プリムラ・マラコイデス	TP	20−30；20；15	7-14	28	KNO_3；予冷
Primula polyantha プリムラ・ポリアンサ	TP	20−30；20；15	7-14	28	KNO_3；予冷
Rhodanthe humboldtiana	TP；BP	20−30；15	7-14	21	予冷
Rhodanthe manglesii ヒロハノハナカンザシ	TP；BP	20−30；15	7-14	21	予冷
Rudbeckia hirta ヘンルウダ	TP；BP	20−30；20	4-7	21	予冷；光
Rudbeckia fulgida （ルドベキア）	TP；BP	20−30；20	4-7	21	予冷；光
Salvia splendens サルビア	TP	20−30；20	4-7	21	予冷
Schizanthus pinnatus （シザンサス）	TP；BP	15；10	4-7	14	予冷
Leucanthemum maximum シャスターデージー	TP；BP	20−30；20	4-7	21	予冷；光
Silene pendula オオマンテマ（フクロナデシコ）	TP；BP	20−30；20	5-7	28	KNO_3
Limonium sinuatum スターチス・シニュアータ（ハナハマサジ）	TP；BP；S	15；10	5-7	21	水に24時間浸漬
Matthiola incana ストック（アラセイトウ）	TP	20−30；20	4-7	14	KNO_3；予冷
Helianthus annuus ヒマワリ	BP；TPS；S；O	20−30；25；20	4	10	予熱；予冷
Lathyrus odoratus スイートピー	TP；BP；S	20	5-7	14	予冷
Dianthus barbatus ヒゲナデシコ（アメリカナデシコ）	TP；BP	20−30；20	4-7	14	予冷
Thunbergia alata ツンベルギア	TP；BP	20−30；20	4-7	21	−
Titonia speciosa メキシコヒマワリ　チトニア	TP	20−30	4	8	光
Torenia fournieri トレニア	TP	20−30	5-7	14	KNO_3
Verbena Hybrida Group バーベナ	TP	20−30；20；15	7-10	28	KNO_3；予冷
Catharanthus roseus ビンカ	TP；BP	20−30	6	23	光
Viola odorata ニオイスミレ	TP	20；10	4-7	21	KNO_3；予冷
Erysimum cheiri ニオイアラセイトウ（ウォールフラワー）	TP	20−30；20；15	4-5	14	KNO_3；予冷；光
Erysimum × marshallii チェランサス	TP	20−30；20；15	4-7	14	KNO_3；予冷
Zinnia elegans ヒャクニチソウ（ジニア）	TP；BP	20−30；20	3-5	10	予冷；光
Freesia refracta フリージア	TP；BP	20；15	7-10	35	種子穿孔；または外種皮の断片を切取るまたは削り取る；予冷

— 228 —

巻末関係資料

種　　　　　　　　名	発芽床	温度(℃)	算定日(日)		備　　　考 （休眠打破のための勧告を含む 追加指示；追加指示；追加推奨）
			開始	締切	
Gaillardia aristata オオテンニンギク	TP；BP	20−30；20	4-7	21	予冷；光
Gaillardia pulchella テンニンギク	TP；BP	20−30；20	4-7	21	予冷；光
Gerbera jamesonii ガーベラ	TP	20−30；20	4-7	14	−
Sinningia speciosa グロキシニア	TP	20−30；20		28	予冷
Gomphrena globosa センニチコウ	TP；BP	20−30；20	4-7	14	KNO_3
Gypsophila elegans カスミソウ	TP；BP	20；15	4-7	14	光
Xerochrysum bracteatum ムギワラギク（ヘリクリサム、テイオウカイザイク）	TP；BP	20−30；15	4-7	14	KNO_3；予冷；光
Heliotropium arborescens ヘリオトロープ	TP	20−30；20	7	21	−
Alcea rosea タチアオイ（ホリホック）	TP；BP	20−30；20	4-7	21	子葉先端部で種子を穿孔
Impatiens walleriana （インパチェンス）アフリカホウセンカ	TP；BP	20−30；20	4-7	21	KNO_3；予冷；光
Ipomoea quamoclit ルコウソウ	TP；BP；S	20−30；20	4-7	21	種子を穿孔するか外種皮の 断片を切り取るまたは削り 取る
Ipomoea purpurea アサガオ（マルバアサガオ）	TP；BP；S	20−30；20	4-7	21	種子を穿孔するか外種皮の 断片を切り取るまたは削り 取る
Ipomoea alba ヨルガオ	TP；BP；S	20−30；20	4-7	21	種子を穿孔するか外種皮の 断片を切り取るまたは削り 取る
Bassia scoparia コキア（ホウキギ） （旧 Kochia scoparia ）	TP；BP	20−30；20	4-7	14	GA_3；予冷
Consolida ajacic ヒエンソウ(チドリソウ、ラークスパー)	TP；BP	20；15；10	7-10	21	予冷
Delphinium × cultorum デルフィニウム	TP；BP	20；15；10	7-10	21	予冷；光
Linaria maroccana リナリア（ヒメキンギョソウ）	TP	15；10	4-7	21	予冷
Loberia erinus ロベリア（ルリチョウチョウ）	TP	20−30；20	7-14	21	KNO_3；予冷
Lupinus hartwegii Hartweg Lupine	TP；BP；S	20−30；20	4-7	21	子葉先端部で種子を穿孔するか 外種皮の断片を切り取るまたは 削り取る；予冷
Lupinus hybrids ルピナス	TP；BP；S	20−30；20	4-7	21	−
Lupinus polyphyllus ワシントンルピナス（シュッコンルピナス）	TP；BP；S	20−30；20	4-7	21	−
Tagetes erecta アフリカンマリーゴールド	TP；BP	20−30；20	3-5	14	光
Tagetes patula フレンチマリーゴールド	TP；BP	20−30；20	3-5	14	光
Mimosa pudica オジギソウ（ミモザ）	TP；BP	20−30；20	4-7	28	水に24時間浸漬
Mirabilis jalapa オシロイバナ	TP；BP；S	20−30；20	4-7	14	予冷；光
Myosotis scorpioides ワスレナグサ	TP；BP	20−30；20；15	5-7	21	予冷；光
Tropaeolum majus キンレンカ（ナスタチウム）	TP；BP；S	20−30；20；15	4-7	21	予冷
Nemophila menziesii ネモフィラ・メンジエシー	TP；BP	15；10	5-7	21	予冷

— 229 —

種　　　　名	発芽床	温度（℃）	算定日（日）		備　　　　考（休眠打破のための勧告を含む追加指示；追加指示；追加推奨）
			開始	締切	
Nigella damascena クロタネソウ	TP；BP	20−30；20；15	7-10	21	KNO₃；予冷；15℃・暗黒下に14日置いた後、20−30℃に移す
Viola tricolor （パンジー）	TP	20−30；20	4-7	21	KNO₃；予冷
Petunia × atkinsiana ペチュニア	TP	20−30；20	5-7	14	KNO₃；予冷
Phlox drummondii フロックス	TP；BP	20−30；20；15	5-7	21	KNO₃；予冷
Platycodon grandiflorus キキョウ	TP	20−30	8	21	光
Ageratum houstonianum （アゲラタム）カッコウアザミ	TP	20−30；20	3-5	14	−
Lobularia maritima スイートアリッサム（ニワナズナ）	TP	20−30；20；15	4-7	21	KNO₃；予冷
Amaranthus tricolor ハゲイトウ	TP	20−30；20	4-5	14	KNO₃；予冷
Antirrhinum majus キンギョソウ	TP	20−30；20	5-7	21	KNO₃；予冷
Aquilegia vulgaris セイヨウオダマキ	TP；BP	20−30；15	7-14	28	予冷；光
Armeria maritama （アルメリア）ハマカンザシ	TP；BP	20−30；15	4-7	21	KNO₃
Callistephus chinensis アスター（エゾギク）	TP	20−30；20	4-7	14	光
Impatiens balsamina ホウセンカ	TP；BP	20−30；20	4-7	21	KNO₃；予冷；光
Begonia semperflorens シキザキベゴニア	TP	20−30；20	7-14	21	予冷
Bellis perennis ヒナギク（デージー）	TP	20−30；20	4-7	14	予冷
Calceolaria × herbeohybrida カルセオラリア（キンチャクソウ）	TP	20−30；15	7	21	KNO₃；予冷
Calendula officinalis キンセンカ	TP；BP	20−30；20	4-7	14	予冷；KNO₃；光
Campanula medium フウリンソウ	TP；BP	20−30；20	4-7	21	予冷；光
Capsicum spp. トウガラシ属	TP；BP；S	20−30	7	14	KNO₃
Dianthus caryophyllus カーネーション	TP；BP	20−30；20	4-7	14	予冷
Celosia argentea ノゲイトウ	TP	20−30；20	3-5	14	予冷
Centaurea cyanus ヤグルマソウ（ヤグルマギク）	TP；BP	20−30；20；15	4-7	21	予冷；光
Pericallis cruenta サイネリア	TP	20−30；20	4-7	21	予冷
Cleome hassleriana （クレオメ）セイヨウフウチョウソウ	TP	20−30；20	7	28	KNO₃
Plectocephalus scutellarioides （コリウス）キンランジソ	TP；BP	20−30；20	5-7	21	光
Cosmos bipinnatus コスモス	TP；BP	20−30；20	3-5	14	KNO₃；予冷；光
Cosmos sulphureus キバナコスモス	TP；BP	20−30；20	3-5	14	KNO₃；予冷；光
Cyclamen persicum シクラメン	TP；BP；S	20；15	14-	35	KNO₃；水に24時間浸漬
Dahlia pinnata （ダリア）テンジクボタン	TP；BP	20−30；20；15	4-7	21	予冷

種　　　　　名	発芽床	温度 (℃)	算定日 (日)		備　　　考 (休眠打破のための勧告を含む 追加指示；追加指示；追加推奨)
			開始	締切	
Dianthus chinensis セキチク	TP；BP	20—30；20	4-7	14	予冷
Digitalis purpurea ジギタリス	TP	20—30；20	4-7	14	予冷
Dimorphotheca sinuata アフリカキンセンカ	TP	15	4	10	予冷
Eschscholzia californica ハナビシソウ (カリフォルニアポピー)	TP；BP	15；10	4-7	14	KNO₃；光
Euphorbia heterophylla ショウジョウソウ	TP	20—30	6	16	光
Eustoma grandiflorum ユーストマ　リシアンサス　トルコギキョウ	BP	20—30	7	＋	
Brassica oleracea ハボタン	BP；TP	20—30；20	5	10	KNO₃；予冷
蔬菜類					
Raphanus sativus ダイコン	TP；BP；S	20—30；20	4	10	予冷
Brassica rapa カブ (含むハクサイ、タイサイ類)	BP；TP	20—30；20	5	7	KNO₃；予冷
Brassica rapa ハクサイ	BP；TP	20—30；20	5	7	KNO₃；予冷
Brassica rapa ツケナ	BP；TP	20—30；20	5	7	KNO₃；予冷
Brassica rapa ハナナ	BP；TP	20—30；20	5	7	KNO₃；予冷
Brassica oleracea キャベツ (類)	BP；TP	20—30；20	5	10	KNO₃；予冷
Brassica oleracea メキャベツ	BP；TP	20—30；20	5	10	KNO₃；予冷
Brassica oleracea ブロッコリー	BP；TP	20—30；20	5	10	KNO₃；予冷
Brassica oleracea カリフラワー	BP；TP	20—30；20	5	10	KNO₃；予冷
Lactuca sativa レタス	TP；BP	20	4	7	予冷
Apium graveolens セロリ	TP	20—30	10	21	KNO₃；予冷；光
Cryptotaenia japonica ミツバ	TP	20—30	10	16	光
Allium fistulosum ネギ	TP；BP；S	20；15	6	12	予冷
Allium cepa タマネギ	TP；BP；S	20；15	6	12	予冷
Solanum melongena ナス	TP；BP；S	20—30	7	14	－
Solanum lycopersicum トマト	TP；BP；S	20—30	5	14	KNO₃
Capsicum spp. トウガラシ属	TP；BP；S	20—30	7	14	KNO₃
Capsicum spp. ピーマン	TP；BP；S	20—30	7	14	KNO₃
Corchorus olitorius モロヘイヤ （タイワンツナソ）	TP；BP	30	3	5	－
Cucumis sativus キュウリ	TP；BP；S	20—30；25	4	8	[PP推奨]
Cucumis melo シロウリ	BP；S	20—30；25	4	8	[PP推奨]
Cucumis melo メロン	BP；S	20—30；25	4	8	[PP推奨]
Cucurbita spp. カボチャ属	BP；S	20—30；25	4	8	[PP推奨]

| 種　　　　　　名 | 発芽床 | 温度(℃) | 算定日（日） | | 備　　　考 |
			開始	締切	（休眠打破のための勧告を含む 追加指示；追加指示；追加推奨）
Citrullus lanatus スイカ	BP；S	20—30；25	5	14	[PP推奨]
Glycine max ダイズ	BP；TPS；S	20—30；25	5	8	—
Phaseolus vulgaris インゲン	BP；TPS；S	20—30；25；20	5	9	—
Vicia faba ソラマメ	BP；S；O	20	4	14	予冷
Zea mays トウモロコシ	BP；TPS；S	20—30；25；20	4	7	—
Arctium lappa ゴボウ	BP；TP	20—30；20	14	35	予冷
Daucus carota ニンジン	TP；BP	20—30；20	7	14	—
Spinacia oleracea ホウレンソウ	TP；BP	15；10	7	21	予冷
Lagenaria siceraria ヒョウタン、ユウガオ	BP；S	20—30	4	14	[PP推奨]
Momordica charantia ツルレイシ（ニガウリ）	BP；S	20—30；30	4	14	—
Glebionis coronaria シュンギク	TP；BP	20—30；15	4-7	21	予冷；光
Beta vulgaris フダンソウ、ビート（テンサイ）類	TP；BP；S	20—30； 15—25；20	4	14	予洗(多発芽性：2時間；遺伝 的単発芽性：4時間)。最高 25℃で再乾燥。
Petroselinum crispum パセリ	TP；BP	20—30；20	10	28	—
Asparagus officinalis アスパラガス	TP；BP；S	20—30	10	28	—
Abelmoschus esculentus オクラ	TP；BP；S	20—30	4	21	—
Perilla frutescens シソ	TP；BP	20—30；20	5-7	21	予冷
Allium tuberosum ニラ	TP	20—30；20	6	14	予冷
Cichorium intybus チコリー	TP	20—30；20	5	14	KNO_3
香料・ハーブ類					
Allium schoenoprasum チャイブ、アサツキ、エゾネギ	TP；BP；S	20；15	6	14	予冷
Anethum graveolens ディル（イノンド）	TP；BP	20—30；10—30	7	21	予冷
Anthriscus cerefolium チャービル（セルフィーユ）	TP；BP	20—30	7	21	予冷
Apium graveolens スープセロリー	TP	20—30	10	21	KNO_3　；予冷；光
Borago officinalis ボリジ（ルリヂシャ）	TP；BP	20—30；20	5	14	—
Carum carvi キャラウェー	TP	20—30	7	21	—
Coriandrum sativum コリアンダー（コエンドロ）	TP；BP	20—30；20	7	21	—
Cuminum cyminum クミン	TP	20—30	5	14	—
Cynara cardunculus カルドン（アーティチョークの原種）	BP；S	15—20；20	7	21	—
Eruca sativa ロケット（キバナスズシロ）	TP；BP	20	4	7	—
Foeniculum vulgare フェンネル（ウイキョウ）	TP；BP；TS	20—30	7	14	—

— 232 —

種　　　　　　名	発芽床	温度(℃)	算定日(日) 開始	算定日(日) 締切	備　考 (休眠打破のための勧告を含む 追加指示；追加指示；追加推奨)
Lavandula angustifolia ラベンダー	TP；BP；S	20−30；20	7-10	21	GA_3；予冷
Lepidium sativum ガーデンレタス（コショウソウ）	TP	20−30；20	4	10	予冷
Matricaria chamomilla カミツレ	TP	20−30；20	4-7	14	予冷
Mentha × piperita セイヨウハッカ	TP	20−30	7-14	21	KNO_3；予冷
Nasturtium officinale クレソン（ウォータークレス）	TP；BP	20−30	4	14	－
Origanum majorana マジョラム（マヨラナ）	TP	20−30；20	7	21	
Origanum vulgare オレガノ（ハナハッカ）	TP	20−30；20	7	21	
Ocimum basilicum バジル（メボウキ）	TP	20−30	4	14	KNO_3
Rheum rhaponticum ルバーブ（ショクヨウダイオウ）	TP	20−30	7	21	－
Rosmarinus officinalis ローズマリー（マンネンロウ）	TP	20−30；20	7	28	－
Rumex acetosa スイバ (Sorrel)	TP	20−30	3	14	予冷
Ruta graveolens ルー	TP；BP	20−30；20	7	28	予冷
Salvia officinalis セージ	TP	20−30；20	4-7	21	予冷
Sanguisorba minor オランダワレモコウ (Little Burnet)	TP；BP	20−30；20	7	28	－
Satureja hortensis サマセイボリー（キダチハッカ）	TP	20−30	5	21	
Satureja montana Savory Winter	TP	20	5	21	GA_3
Thymus vulgaris タイム（タチジャコウソウ）	TP	20−30；20	7	21	－
Tragopogon porrifolius サルシフィー（バラモンジン）	TP；BP	20	5	10	予冷
Valerianella locusta コーンサラダ（ノヂシャ）	TP；BP	20；15	7	28	GA_3；予冷

牧草類

種　　　　　　名	発芽床	温度(℃)	算定日(日) 開始	算定日(日) 締切	備　考
Avena sativa エンバク	BP；S	20	5	10	予熱(30〜35℃)；予冷
Secale cereale ライムギ	TP；BP；S	20	4	7	予冷；GA_3
Setaria italica アワ	TP；BP	20−30	4	10	－
Arachis hypogaea ラッカセイ	BP；S	20−30；25	5	10	殻を除去；予熱(40±2℃)
Luffa acutangula トカドヘチマ	BP；S	30	4	14	－
Luffa aegyptiaca ヘチマ	BP；S	20−30；30	4	14	－
Sesamum indicum ゴマ	TP	20−30	3	6	－
Medicago sativa アルファルファ	TP；BP	20	4	10	予冷
Lotus corniculatus バースフットトレフォイル	TP；BP	20−30；20	4	12	予冷
Paspalum notatum バヒアグラス（キシュウスズメノヒエ）	TP	20−35；20−30	7	28	H_2SO_4；KNO_3
Cynodon dactylon バーミューダグラス（ギョウギシバ）	TP	20−35；20−30	7	21	KNO_3；予冷；光

種　　　　　名	発芽床	温度(℃)	算定日(日)		備　　考 (休眠打破のための勧告を含む 追加指示；追加指示；追加推奨)
			開始	締切	
Agrostis capillaris コロニアルベントグラス	TP	20−30；15−25；10−30	7	28	KNO₃；予冷
Agrostis stolonifera クリーピングベントグラス	TP	20−30；15−25；10−30	7	28	KNO₃；予冷
Agrostis canina ベルベットベントグラス	TP	20−30；15−25；10−30	7	21	KNO₃；予冷
Poa annua Annual Bluegrass	TP	20−30；15−25	7	21	KNO₃；予冷
Poa compressa Canada Bluegrass	TP	15−25；10−30	10	28	KNO₃；予冷
Poa pratensis ケンタッキーブルーグラス	TP	20−30；15−25；10−30	10	21	KNO₃；予冷
Poa nemoralis ウッドブルーグラス	TP	20−30；15−25；10−30	10	21	KNO₃；予冷
Andropogon gerardii ビッグブルーステム	TP	20−30	7	28	KNO₃；予冷
Schizachyrium scoparium リトルブルーステム	TP	20−30	7	28	KNO₃；予冷
Bromus marginatus マウンテンブローム	TP	20−30；15−25	7	14	KNO₃；予冷
Bromus inermis スムースブロームグラス(スズメノチャヒキ)	TP	20−30；15−25	7	14	KNO₃；予冷
Bromus dactyloides バッファローグラス	TP；S	20−35	7	28	KNO₃；光
Cenchrus ciliaris ブッフェルグラス	TP；S	20−35；20−30	7	28	予熱；KNO₃；予冷
Phalaris canariensis カナリーグラス(ヤリクサヨシ)	TP；BP	20−30；15−25	7	21	KNO₃；予冷
Phalaris arundinacea リードカナリーグラス(クサヨシ)	TP	20−30	7	21	KNO₃；予冷
Axonopus fissifolius コモンカーペットグラス	TP	20−35	10	21	KNO₃；光
Sorghum x almum コロンブスグラス	TP；BP	20−35；20−30	5	21	予冷
Cynosurus cristatus クレステッドドッグテイル(クシガヤ)	TP	20−30	10	21	KNO₃；予冷
Medicago polymorpha カリフォルニアバークローバー(ウマゴヤシ)	TP；BP	20	4	14	−
Melilotus albus ホワイトスイートクローバー(コゴメハギ)	TP；BP	20	4	7	予冷
Trifolium hybridum Rose Clover　アルサイククローバー	TP；BP	20	4	10	ポリエチレン袋に封入；予冷
Trifolium alexandrinum エジプシアンクローバー(バーシームクローバー)	TP；BP	20	3	7	−
Trifolium incarnatum クリムソンクローバー	TP；BP	20	4	7	ポリエチレン袋に封入；予冷
Trifolium repens ラディノクローバー(シロクローバー)	TP；BP	20	4	10	ポリエチレン袋に封入；予冷
Trifolium pratense アカクローバー	TP；BP	20	4	10	予冷
Trifolium glomeratum ストロベリークローバー	TP；BP	20	4	10	−
Trifolium subterraneum サブタレニアンクローバー　デースドバークローバー	TP；BP	20；15	4	14	<暗黒>
Paspalum dilatatum ダリスグラス(シマスズメノヒエ)	TP	20−35	7	28	KNO₃；光
Dichondra micrantha ディコンドラ	TP	20−30	7	21	−
Festuca ruba subsp. commutata チューイングフェスク	TP	15−25	7	21	KNO₃；光
Festuca rubra レッドフェスク(オオウシノケグサ)	TP	20−30；15−25	7	14	KNO₃；予冷

種　　　　　　　　　名	発芽床	温度（℃）	算定日（日）開始	算定日（日）締切	備　　　考（休眠打破のための勧告を含む追加指示；追加指示；追加推奨）
Festuca trachyphlla ハードフェスク	TP	15—25	7	21	KNO_3；光
Festuca pratensis メドウフェスク（ヒロハウシノケグサ）	TP	20—30；15—25	7	14	KNO_3；予冷
Festuca ovina シープフェスク（ウシノケグサ）	TP	20—30；15—25	7	14	KNO_3；予冷
Festuca arundinacea トールフェスク（オニウシノケグサ）	TP	20—30；15—25	7	14	KNO_3；予冷
Panicum maximum ギニアグラス	TP	15—35；20—30	10	28	KNO_3；予冷
Phalaris stenoptera ハーディンググラス	TP	10—30	7	29	光；予冷
別法	TP	15—25	7	14	光；予冷
Oryzopsis hymenoides インディアンライスグラス	TP	15	7	42	予冷　4週間
別法	S	5—15,15,15—25	7	28	予冷　4週間
Zoysia japonica ノシバ	TP	20—35	10	28	KNO_3
Sorghum halepense ジョンソングラス	TP；BP	20—35；20—30	7	35	－
Eragrostis trichodes サンドラブグラス	TP	20—30	5	14	KNO_3；光；予冷6週間
Eragrostis curvula ウィーピングラブグラス	TP	20—35；15—30	6	10	KNO_3；予冷
Pueraria lobata クズ	BP	20—30	5	14	－
Lesspedeza stipulacea コレアンレスペデザ	TP；BP；S	20—35	5	14	
Lesspedeza striata コモンレスペデザ	TP；BP；S	20—35	5	14	
Lupinus albus ホワイトルーピン	BP；S	20	5	10	
Lupinus angustifolius ブルールーピン	BP；S	20	5	10	予冷
Lupinus luteus イエロールーピン	BP；S	20	10	21	予冷
Vicia sativa コモンベッチ	BP；S	20	5	14	予冷
Vicia villosa ヘアリーベッチ	BP；S	20	5	14	予冷
Astragalus cicer Chickpea Milkvetch	BP；TP	15—25；20			予冷
Brassica napus var.napobrassica ルタバガ（スウェーデンカブ）	BP；TP	20—30；20	5	14	予冷
Zoysia matrella マニラグラス	TP	35—20	10	28	KNO_3；光
Alopecurus pratensis メドウフォックステイル	TP	20—30；15—25；10—30	7	14	KNO_3；予冷
Poa trivialis Rough Bluegrass、ラフストークドメドウグラス	TP	20—30；15—25	7	21	KNO_3；予冷
Echinochloa crus-galli ヒエ（ジャパニーズミレット）	TP	20—30；25	4	10	予熱(40±2℃)
Pennisetum glaucum パールミレット（トウジンビエ）	TP；BP	20—30；20—35	3	7	－
Pannisetum purpureum ネピアグラス	BT；TP	20—30	3	10	
Arrhenatherum elatius トールオートグラス	TP	20—30	6	14	予冷
Dactylis glomerata オーチャードグラス（カモガヤ）	TP	20—30；15—25	7	21	KNO_3；予冷

| 種　　　　名 | 発芽床 | 温度（℃） | 算定日（日） | | 備　　　考 |
			開始	締切	（休眠打破のための勧告を含む 追加指示；追加指示；追加推奨）
Panicum antidotale ブルーパニックグラス	TP	20—30	7	28	－
Panicum maximum var.Trichoglume グリーンパニックグラス	TP	15—35	10	28	KNO₃；光
Agrostis gigantea レッドトップ	TP	20—30； 15—25；10—30	5	10	KNO₃；予冷
Bromus catharticus レスクグラス（イヌムギ）	TP	20—30	7	28	KNO₃；予冷
Chloris gayana ローズグラス	TP	20—35；20—30	7	14	KNO₃；光
Lolium multiflorum イタリアンライグラス（ネズミムギ）	TP	20—30； 15—25；20	5	10	KNO₃；予冷
Lolium perenne ペレニアルライグラス（ホソムギ）	TP	20—30； 15—25；20	5	10	KNO₃；予冷
Sporobolus cryptandrus サンドドロップシード	TP	5—35；15—35	7	28	KNO₃；光：予冷4週間
Sorghum bicolor ソルガム（モロコシ）	TP；BP	20—30；25	4	10	予冷
Sorghum sudanense スーダングラス	TP；BP	20—30	4	10	予冷
Panicum virgatum スイッチグラス	TP	15—30	7	28	KNO₃；予冷
Anthoxanthum odoratum スイートバーナルグラス	TP	20—30	6	14	－
Phleum pratense チモシー（オオアワガエリ）	TP	20—30；15—25	7	10	KNO₃；予冷
Holcus lanatus ベルベットグラス（シラゲガヤ）	TP	20—30	6	14	KNO₃；予冷
Agropyron desertorum スタンダードホイートグラス	TP	20—30；15—25	5	14	KNO₃；予冷
Elymus canadensis カナダワイルドライ	TP	15—30	7	21	光；予冷　2週間
Psathyrostachys juncea Russian wild-rye	TP	20—30	5	14	予冷

（注）

1. 青字及び茶字はISTA基準に記載が無いもので、青字はAOSAの1981年版により、また茶字はAPSAの補足データによる。
　また、下線を付したものは、日本の指定種苗検査条件による。
2. 発芽床の記号は、以下のとおり。
　BP：紙の間、PP：プリーツろ紙、TP：紙の上、TPS：砂で覆った紙の上、S：砂、TS：砂の上、O：有機質栽培媒体。
3. 備考欄の記号は以下のとおり。
　GA₃：ジベレリン溶液を水の代わりに使用、KNO₃：0.2％の硝酸カリウム溶液を水の代わりに使用、TTZ：テトラゾリウム検査。
4. 温度欄の記載が複数あるものは、いずれかの温度条件を適用する。

索引 1 （第1章〜第3章） ※球根類、野菜類、花き類、飼料・緑肥作物の品種名等は目次及び本文を参照のこと

【あ】

RAPD（無作為増幅多型） ················ 16

RFLP（制限酵素断片長多型） ············ 16

ISTA（国際種検査協会） ················ 10

ISTA 規定 ····························· 36

アグロバクテリウム ···················· 15

【い】

異種種子 ····························· 37

異常芽生 ····························· 38

一次休眠 ····························· 22

遺伝子（DNA）検査 ···················· 40

移動ベンチ ··························· 72

【う】

ウイルスフリー苗 ······················ 69

【え】

AFLP（増幅断片長多型） ················ 16

栄養繁殖 ····························· 8

栄養繁殖系苗 ························· 68

営利用苗 ····························· 59

SNP（一塩基多型） ···················· 16

F1 種（F1 品種／交配種／一代雑種品種）··· 10・25

【か】

化学的消毒法 ························· 50

過湿障害 ····························· 24

花粉培養 ····························· 14

潅水装置 ····························· 72

【き】

休眠 ································· 22

夾雑物 ······························· 37

【く】

グローアウト法 ························· 40

【け】

血清学的検査法 ······················· 40

【こ】

嫌光性種子 ··························· 21

高温障害 ····························· 24

高恒温乾燥法 ························· 39

好光性種子 ··························· 21

硬実 ································· 23

硬実種子 ····························· 38

高品質種子 ··························· 10

小売用苗（家庭菜園用苗） ·············· 59

固定種 ······························· 25

根頭癌腫（クラウンゴール） ············· 15

【さ】

サイジング ··························· 33

細胞質雄性不稔性（CMS） ·············· 13

細胞融合 ····························· 14

【し】

GSPP ······························· 31

シードテープ ······················· 46・52

自家不和合性 ························· 13

自殖弱勢 ····························· 26

自殖種子 ····························· 10

自殖性植物 ··························· 26

死滅種子 ····························· 38

充実種子 ····························· 32

種子汚染 ····························· 31

種子含水率 ··························· 44

種子春化型（シードバーナリー） ········· 29

種子処理法（種子消毒） ················ 50

種子伝染病 ························· 31・47

種子伝染 ····························· 47

種子伝播 ····························· 47

種子繁殖 ····························· 8

種子屋通り ··························· 11

雌雄異株植物 ························· 28

種皮 ································· 19

種皮処理 ····························· 54

純潔種子 ····························· 37

新鮮種子 ……………………… 38
振動デック …………………… 33

【す】
スーパーセル苗 ……………… 74

【せ】
正常芽生 ……………………… 38
生物検定法 …………………… 40
生物的消毒法 ………………… 50
セックスリバース …………… 28
セル成型苗 ……………… 58・61

【そ】
相対湿度 ………………… 34・44
組織培養苗 …………………… 69

【た】
他殖性植物 …………………… 26
断根挿し接ぎ ………………… 65

【ち】
チェーンポット ……………… 67
地下子葉型発芽 ……………… 22
地上子葉型発芽 ……………… 22

【つ】
接木苗 ………………………… 64
接木ロボット ………………… 72
土詰め機 ……………………… 72

【て】
Ti プラスミド ………………… 15
DNA マーカー ………………… 16
低温障害 ……………………… 24
低恒温乾燥法 ………………… 39
手交配 ………………………… 27

【に】
二次休眠 ……………………… 22

【ぬ】
抜き苗 ………………………… 67

【は】
パーティクルガン …………… 15
胚 ……………………………… 18
胚珠培養 ……………………… 14
胚乳 …………………………… 19
胚培養 ………………………… 14
ハイブリッド利用 …………… 13
剥皮種子 ……………………… 53
播種機 ………………………… 72
発芽インキュベーター ……… 38
発芽孔 ………………………… 19
発芽室 ………………………… 73
発芽適温 ……………………… 21
発芽不良 ……………………… 23

【ひ】
SPS 協定 ……………………… 55
フィルムコート種子 ………… 53

【ふ】
風媒 …………………………… 28
物理的消毒法 ………………… 50
プライミング（発芽促進処理） ……… 46
プライミング種子 …………… 54
ブロッター法 ………………… 40

【へ】
閉鎖型苗生産システム ……… 73
臍 ……………………………… 19
ペレット種子 ………………… 52

【ほ】
訪花昆虫 ……………………… 27
防湿包装 ……………………… 45
ポット苗 ……………………… 63

【ま】
埋土種子 ……………………… 41

【み】
未熟種子 ……………………… 32
緑植物春化型（グリーンバーナリー） …………… 29

【む】

無性繁殖 ……………………………… 8
無胚乳種子 …………………………… 19
無病種子 ……………………………… 31

【め】

メリクロン苗 ………………………… 69

【や】

葯培養 ………………………………… 14

【ゆ】

雄性不稔性 …………………………… 13
有胚乳種子 …………………………… 19
輸入検査 ……………………………… 55

【よ】

養生室 ………………………………… 73
呼び接ぎ ……………………………… 66

索引2 （種苗関連技術事項）

【あ】

アレロパシー ………………………… 214

【い】

EC …………………………………… 215
イングリッシュガーデン …………… 215

【う】

ウイルスフリー苗 …………………… 215

【え】

液肥（液体肥料）…………………… 215
エディブルフラワー ………………… 216
F1 品種（一代雑種品種）………… 216
園芸療法（ホーティセラピー）…… 216

【か】

カジュアルフラワー ………………… 216
環境緑化 ……………………………… 217

【き】

木子 …………………………………… 217
キッチンガーデン …………………… 217

【く】

クーラー育苗 ………………………… 217
グラウンドカバープランツ ………… 218

【け】

ケナフ ………………………………… 218
ゲノム編集 …………………………… 218

【こ】

光周性 ………………………………… 219
コンテナガーデニング ……………… 219

【し】

CEC …………………………………… 219
GMO（遺伝子組換え作物）………… 219
敷き藁 ………………………………… 220
ジベレリン処理 ……………………… 220
種子の休眠 …………………………… 220
植物ホルモン ………………………… 221

【せ】

生物農薬 ……………………………… 221

【て】

T/R 率 ………………………………… 221
DIF …………………………………… 222

【と】

土壌三相 ……………………………… 222
取り木 ………………………………… 222

【ひ】

ビオトープ …………………………………… 222

品種（系統、アイソジェニックライン）……… 222

【ふ】

腐葉土 ………………………………………… 223

プラスチックフィルム類 ………………… 223

フラワーランドスケーピング ………………… 223

【へ】

ペレニアルガーデン ………………………… 223

pH ………………………………………………… 224

【ま】

マイクロチューバー ………………………… 224

【ゆ】

有機質肥料 …………………………………… 224

【よ】

養液栽培 ……………………………………… 225

【れ】

連作（連作障害） …………………………… 225

【ろ】

ロックウール栽培 …………………………… 225

●『新・種苗読本』編集委員会　委員（五十音順）（初版時）

金子　昌彦	（カネコ種苗株式会社）
野原　宏	（野原種苗株式会社）
初田　和雄	（タキイ種苗株式会社）
望月　龍也	（東京都農林総合研究センター）　※編集委員長
油木　大樹	（株式会社武蔵野種苗園）
渡邊　弘章	（株式会社サカタのタネ）
福田　豊治	（一般社団法人日本種苗協会）　　※委員会事務局

●『新・種苗読本』執筆者（五十音順）（いずれも初版または第2版の執筆時の所属）

新井　裕之	（株式会社サカタのタネ）	西本　淳	（カネコ種苗株式会社）
大無田龍一	（株式会社サカタのタネ）	野原　宏	（野原種苗株式会社）
小黒　晃	（株式会社ミヨシグループ）	林　宏信	（タキイ種苗株式会社）
上島　武	（カネコ種苗株式会社）	林　義明	（カネコ種苗株式会社）
寄能　靖夫	（タキイ種苗株式会社）	藤田　和義	（株式会社ミヨシグループ）
小泉　勉	（カネコ種苗株式会社）	藤谷　秀文	（タキイ種苗株式会社）
塩見　寛	（タキイ種苗株式会社）	古田　隆	（株式会社サカタのタネ）
庄村　正憲	（タキイ種苗株式会社）	星野　健一	（カネコ種苗株式会社）
関　晶夫	（株式会社サカタのタネ）	森山　昭	（株式会社サカタのタネ）
立川　裕信	（株式会社武蔵野種苗園）	望月　龍也	（東京都農林総合研究センター）
中村　誠二	（株式会社サカタのタネ）	吉田　明史	（株式会社花の大和）

2025 年 3 月 25 日　第 1 刷発行

新・種苗読本（第 2 版）

編　集　一般社団法人　日本種苗協会

発　行　一般社団法人　日本種苗協会
　　　　会　長　　　油木　大樹
　　　　〒 113-0033　東京都文京区本郷 2-26-11
　　　　電話 03-3811-2654　FAX 03-3818-6039
発　売　一般社団法人　農山漁村文化協会
　　　　〒 335-0022　埼玉県戸田市上戸田 2-2-2
　　　　電話 048-233-9351（営業）　048-233-9374（編集）
　　　　FAX 048-299-2812
〈制作〉　㈱農文協プロダクション　ISBN978-4-540-24175-8
〈印刷・製本〉　株式会社明祥
© 一般社団法人日本種苗協会　2025 Printed in Japan
定価はカバーに表示　〈検印廃止〉

乱丁、落丁本はお取り替えいたします。